高职高专“十二五”规划教材

热轧无缝钢管生产

主　编　张秀芳
副主编　柴书彦　赵　杰

北　京
冶 金 工 业 出 版 社
2015

内 容 提 要

本书共分6个学习情境，主要内容包括钢管生产概述、管坯准备与加热、毛管生产、荒管生产、成品管生产、钢管精整，每个学习情境及任务项后都有对应的思考与练习，并配有电子课件。

本书为材料成型与控制技术专业的教材，也可作为轧钢技术人员、企业员工培训教材及参考书。

图书在版编目(CIP)数据

热轧无缝钢管生产/张秀芳主编.—北京：冶金工业出版社，2015.10

高职高专“十二五”规划教材

ISBN 978-7-5024-6171-3

Ⅰ.①热…　Ⅱ.①张…　Ⅲ.①热轧—无缝钢管—高等职业教育—教材　Ⅳ.①TG335.71

中国版本图书馆CIP数据核字(2015)第242100号

出 版 人　谭学余

地　　址　北京市东城区嵩祝院北巷39号　邮编　100009　电话　(010)64027926

网　　址　www.cnmip.com.cn　电子信箱　yjcbs@cnmip.com.cn

责任编辑　俞跃春　美术编辑　杨　帆　版式设计　葛新霞

责任校对　卿文春　责任印制　杨　帆

ISBN 978-7-5024-6171-3

冶金工业出版社出版发行；各地新华书店经销；固安华明印业有限公司印刷

2015年10月第1版，2015年10月第1次印刷

787mm×1092mm　1/16；11.75印张；280千字；176页

35.00 元

冶金工业出版社　投稿电话　(010)64027932　投稿信箱　tougao@cnmip.com.cn

冶金工业出版社营销中心　电话　(010)64044283　传真　(010)64027893

冶金书店　地址　北京市东四西大街46号(100010)　电话　(010)65289081(兼传真)

冶金工业出版社天猫旗舰店　yjgycbs.tmall.com

(本书如有印装质量问题，本社营销中心负责退换)

天津冶金职业技术学院材料成型与控制技术专业及冶金技术专业“十二五”规划教材编委会

序

2011 年，是“十二五”开局年，我院继续深化教学改革，强化内涵建设。以冶金特色专业建设带动专业建设，完成了冶金技术专业作为中央财政支持专业建设的项目申报，形成了冶金特色专业群。在教学改革的同时，教务处试行项目管理，不断完善工作流程，提高工作效率；规范教材管理，细化教材选取程序；多门专业课程，特别是专业核心课程的教材，要求其内容更加贴近企业生产实际，符合职业岗位能力培养的要求，体现职业教育的职业性和实践性。

我院还与天津市教委高职高专处联合召开“天津市高职高专院校经管类专业教学研讨会”，聘请国家高职高专经济类教学指导委员会专家作专题讲座；研讨天津市高职高专院校经管类专业教学工作现状及其深化改革的措施，对天津市高职高专院校经管类专业标准与课程标准设计进行思考与探索；对“十二五”期间天津高职高专院校经管类专业教材建设进行研讨。

依据研讨结果和专家的整改意见，为了推动职业教育冶金技术专业教育改革与建设，促进课程教学水平的提高，我们组织编写了冶炼方向职业教育系列教材。编写前，我院与冶金工业出版社联合举办了“天津冶金职业技术学院‘十二五’冶金类教材选题规划及教材编写会”，并成立了“天津冶金职业技术学院材料成型与控制技术专业及冶金技术专业‘十二五’规划教材编委会”，会上研讨落实了高职高专规划教材及实训教材的选题规划情况，以及编写要点与侧重点，并确定了第一批的 8 种规划教材，即《热轧无缝钢管生产》、《冶金过程检测技术》、《型钢生产》、《钢丝的防腐与镀层》、《金属塑性变形与轧制技术》、《连铸生产操作与控制》、《炼钢生产操作与控制》和《炼铁生产操作与控制》。第二批规划教材，如《冶炼基础知识》等也陆续开始编写工作。这些教材涵盖了钢铁生产主要岗位的操作知识及技能，所具有的突出特点是：理实结合、注重实践。编写人员是有着丰富教学与实践经验的教师，有部分参编人员来自企业生产一线，他们提供了可靠的数据和与生产实际接轨的新工艺新技术，保证了本系列教材的编写质量。

本系列教材是在培养提高学生就业和创业能力方面的进一步探索和发展，符合职业教育教材“以就业和培养学生职业能力为导向”的编写思想，相信它对贯彻和落实“十二五”时期职业教育发展的目标和任务，以及对学生在未来职业道路中的发展具有重要意义。

天津冶金职业技术学院 教学副院长 孔维军

2014年8月

前　言

本书是材料成型与控制技术专业的重要核心课程，也是高职高专材料技术类“基于工作工程”的教改教材（冶金轧钢类）。根据职业教育的培养目标，以及深化校企合作要求，本书邀请了天津钢管集团有限公司的赵杰等高级工程师合作编写。全书由张秀芳担任主编，柴书彦、赵杰担任副主编，宫娜、贾寿峰、冯学军、韩建新、肖艳等参编；由雷希梅、孔维军审核。

本书在编写过程中得到学院各级领导、天津无缝钢管集团有限公司的大力支持，在此深表感谢。

编写过程中参考了其他一些企业、院校的技术资料和相关的教材、专著，在此对文献作者表示感谢。由于编者水平有限，书中存在不足之处，敬请读者批评指正，以便于修订时进一步完善。

本书配套的教学课件读者可从冶金工业出版社官网（http://www.cnmip.com.cn）教学服务栏目中下载。

编　者

2015 年 2 月

前言

目录

学习情境1　钢管生产认知

【学习目标】

一、知识目标

（1）钢管分类和基本概念。

（2）钢管技术条件的基本内容。

（3）钢管的主要生产方法。

二、技能目标

（1）常用性能指标测定方法。

（2）文献阅读与综述能力（了解无缝钢管生产的方法及其主流生产技术）。

【工作任务】

（1）认识热连轧无缝钢管生产过程及设备构成（钢管生产认识）。

（2）综述热连轧无缝钢管的生产工艺。

【实践操作】

（1）通过现场参观钢管生产过程或观看钢管生产录像、动画，对钢管生产具备一定的感性认识后，根据指定的关键词通过网络检索获取信息，对所获信息加工处理后，完成热轧无缝钢管生产工艺的综述报告，达到认识热连轧无缝钢管生产工艺过程的目的。

（2）常用性能指标的测定：

1）钢管理论重量的计算。对按梯形排列的一堆钢管，其长度均为20m，请根据公式：$W=\rho S\pi(D-S)\times10^{-3}$，计算其质量。

2）钢管弯曲度的测算。根据局部弯曲度和全长总弯曲度的定义，对一根钢管分别测量后，计算出其局部弯曲度与全长总弯曲度。

【知识学习】

一、钢管的分类

钢管是两端开口并具有中空断面，而且其长度与断面周长之比较大的钢材。钢管是一种经济钢材，是钢铁工业中的一项重要产品，通常占全部钢材总量10%左右，它在国民经济中的应用范围极为广泛。由于钢管具有空心断面，因而最适合作流体的输送管道；同时与相同重量的圆钢比较，钢管的断面系数大、抗弯抗扭强度大，而成为各种机械和建筑结构上的重要材料，尤其在石油钻采、冶炼和输送领域或行业需用最多，其次在地质钻探、化工、建筑工业、机械工业、飞机和汽车制造，以及锅炉、医疗器械、家具和自行车等方面，都需要大量的各种钢管。近年来，随着原子能、火箭、导弹和航天工业等新技术的发展，钢管在国防工业、科学技术和经济建设中的地位愈加重要，有着工业“血管”之称。就用途来说，管道用管最多，结构次之。因用途不同，则技术要求各异，生产方法也有所不同。目前生产的钢管外径由0.1～4500mm、壁厚为0.01～250mm。为了区分其特点，钢管通常按如下的方法分类：

（1）按生产方式分。钢管分为无缝管和焊管两大类，无缝钢管又可分为热轧管、冷轧管、冷拔管和挤压管等；冷拔、冷轧是钢管的二次加工；焊管分为直缝焊管和螺旋焊管等。

（2）按钢管的断面形状分。按横断面形状可分为圆管和异形管；异形管有矩形管、菱形管、椭圆管、六方管、八方管以及各种断面不对称管等；按纵断面形状可分为等断面管和变断面管；变断面管有锥形管、阶梯形管和周期断面管等。

（3）按钢管的材质分。钢管分为普通碳素钢管、碳素结构钢管、合金结构管、合金钢钢管、轴承钢管、不锈钢管以及为节省贵重金属和满足特殊要求的双金属复合管、镀层和涂层管等。

（4）按管端形状分。根据管端状态可分为光管和车丝管（带螺纹钢管）。车丝管又可分为普通车丝管（输送水、煤气等低压用管，采用普通圆柱或圆锥管螺纹连接）和特殊螺纹管（石油、地质钻探用管，采用特殊螺纹连接，对于重要的车丝管），对一些特殊用管，为弥补螺纹对管端强度的影响，通常在车丝前先进行管端加厚（内加厚、外加厚或内外加厚）。

（5）按外径（D）和壁厚（S）之比（D/S）分。根据不同地比值，将钢管分为特厚管（$D/S \leqslant 10$）、厚壁管（$D/S=10\sim20$）、薄壁管（$D/S=20\sim40$）和极薄壁管（$D/S \geqslant 40$）。

（6）按用途分。油井管（套管、油管及钻杆等）、管线管、锅炉管、机械结构管、液压支柱管、气瓶管、地质管、化工用管（高压化肥管、石油裂化管）、船舶用管等。

二、钢管的技术要求

（一）钢管生产技术依据

钢管的产品标准是现场组织钢管生产的技术依据，是钢管产品的考核标准，也是供需双方在现有生产水平下所能达到的一种技术协议。国家和行业标准规定的内容如下：

（1）品种。即钢管产品的规格标准。规定了各种钢管产品应具有的断面形状，单重，几何尺寸及其允许偏差等。

（2）技术条件。即钢管产品的质量标准（或性能标准）。规定了钢管产品的化学成分、力学性能、工艺性能、表面质量以及其他特殊要求。

（3）验收规则和试验方法。即钢管产品的检验标准。规定了检查验收的规则和做试验时的取样部位。同时还规定了试样的形状尺寸、试验条件及试验方法。

（4）包装、标志和质量证明书。即钢管产品的交货标准。规定了成品管交货验收时的包装要求、标志方法及填写质量证明书等。

有些专用钢管需要按照国际或国外先进标准组织生产，如石油专用管（如套管、油管、钻杆和管线管等）按照API标准，锅炉管按照ASME标准等。

（二）具体内容

（1）对钢管的尺寸偏差的要求。根据国标 GB/T 17395《无缝钢管尺寸、外形、重量及允许偏差》对尺寸偏差的要求，可分为标准化和非标准化两种，分别有四个等级，见表1-1和表1-2。

表1-1　外径允许偏差

标准化外径允许偏差		非标准化外径允许偏差	
偏差等级	外径允许偏差	偏差等级	外径允许偏差/%
D1	±1.5%，最小±0.75mm	ND1	+1.25 -1.50
D2	±1.0%，最小±0.50mm	ND2	±1.25
D3	±0.75%，最小±0.30mm	ND3	+1.25 -1.0
D4	±0.50%，最小±0.10mm	ND4	±0.8

表1-2　壁厚允许偏差

<table>
<tr><td colspan="6">标准化壁厚允许偏差</td></tr>
<tr><td colspan="2" rowspan="3">偏差等级</td><td colspan="4">壁厚允许偏差</td></tr>
<tr><td colspan="4">S/D</td></tr>
<tr><td>0.1 < S/D</td><td>0.05 < S/D≤0.1</td><td>0.025 < S/D≤0.05</td><td>S/D≤0.025</td></tr>
<tr><td colspan="2">S1</td><td colspan="4">±15%，最小±0.6mm</td></tr>
<tr><td rowspan="2">S2</td><td>A</td><td colspan="4">±12.5%，最小±0.4mm</td></tr>
<tr><td>B</td><td colspan="4">正偏差取决于重量要求
-12.5%</td></tr>
<tr><td rowspan="3">S3</td><td>A</td><td colspan="4">±10%，最小±0.2mm</td></tr>
<tr><td>B</td><td>±10%</td><td colspan="2">±12.5%，最小±0.4mm</td><td>±15%</td></tr>
<tr><td>C</td><td colspan="4">正偏差取决于质量要求　　-10%</td></tr>
<tr><td rowspan="2">S4</td><td>A</td><td colspan="4">±7.5%，最小±0.15mm</td></tr>
<tr><td>B</td><td>±7.5%</td><td>±10%</td><td>±12.5%</td><td>±15%</td></tr>
<tr><td colspan="2">S5</td><td colspan="4">±5%，最小±0.10mm</td></tr>
<tr><td colspan="6">非标准化壁厚允许偏差</td></tr>
<tr><td colspan="2">偏差等级</td><td colspan="4">壁厚允许偏差/%</td></tr>
<tr><td colspan="2">NS1</td><td colspan="4">+15
-12.5</td></tr>
<tr><td colspan="2">NS2</td><td colspan="4">+15
-10</td></tr>
<tr><td colspan="2">NS3</td><td colspan="4">+12.5
-10</td></tr>
<tr><td colspan="2">NS4</td><td colspan="4">+12.5
-7.5</td></tr>
</table>

注：S 为钢管公称壁厚；D 为钢管公称外径。

（2）对钢管的长度要求。根据国标 GB/T 17395《无缝钢管尺寸、外形、重量及允许偏差》对钢管的长度要求，可分通常长度、定尺长度和倍尺长度。

1）通常长度。钢管一般长度以通常长度交货。通常长度应符合规定，热轧管为 3000 ~ 12000mm；冷轧管为 2000 ~ 10500mm。热轧短尺管的长度不小于 2m，冷轧短尺管的长度不小于 1m。

2）定尺长度和倍尺长度。定尺长度和倍尺长度应在通常长度范围内，全长允许偏差分为三级。每个倍尺长度按规定留出切口余量：当外径 ≤159mm 时，切口余量为 5 ~ 10mm；当外径 > 159mm 时，切口余量为 5 ~ 10mm。全长允许偏差见表 1-3。

表 1-3　全长允许偏差

全长允许偏差等级	全长允许偏差/mm
L1	0 ~ 20
L2	0 ~ 10
L3	0 ~ 5

（3）外形。根据国标 GB/T 17395《无缝钢管尺寸、外形、重量及允许偏差》对钢管外形尺寸的要求，包括弯曲度、椭圆度。

1）弯曲度。钢管的弯曲度分为全长弯曲度和每米弯曲度两种。对钢管全长测得的弯曲度称为全长弯曲度，全长弯曲度分为 5 级；对钢管每米长度测得的弯曲度称为每米弯曲度，每米弯曲度分为 5 级，见表 1-4。

表 1-4　弯曲度

全长弯曲度/%		每米弯曲度/mm · m⁻¹	
弯曲度等级	不大于	弯曲度等级	不大于
E1	0.20	F1	3.0
E2	0.15	F2	2.0
E3	0.10	F3	1.5
E4	0.08	F4	1.0
E5	0.06	F5	0.5

2）椭圆度。钢管的椭圆度分为 4 级，见表 1-5。

表 1-5　钢管的椭圆度

椭圆度等级	椭圆度不大于外径允许偏差/%
NR1	80
NR2	70
NR3	60
NR4	50

（4）质量。根据国标 GB/T 17395《无缝钢管尺寸、外形、质量及允许偏差》对钢管质量的要求，钢管按实际质量交货，也可按照理论质量交货。实际质量交货可分为单根质量或每批质量两种。钢管每米的理论质量按下面的公式计算：

$$W=\rho S\pi(D-S)\times10^{-3} \tag{1-1}$$

式中　W——钢管的理论质量，kg/m；

ρ——钢的密度，kg/dm^3；

D——钢管的公称外径，mm；

S——钢管的公称壁厚，mm。

1）按照理论质量交货的钢管，单根钢管理论质量与实际质量的允许偏差分为5级，见表1-6。

表1-6　质量允许偏差

质量允许偏差等级	单根钢管质量允许偏差/%
W1	±10
W2	±7.5
W3	+10 -5
W4	+10 -3.5
W5	+6.5 -3.5

2）按理论质量交货的钢管，每批不小于10t钢管的理论质量与实际质量允许偏差为±7.5%或±5%。

（5）技术条件。通常，按照钢管的用途及其工作条件的不同，应对钢管尺寸的允许偏差、表面质量、化学成分、力学性能、工艺性能及其他特殊性能等提出不同的技术条件。根据用途分为：

1）一般无缝钢管。用作输送水、气、油等各种流体管道和制造各种结构零件时，应对其机械性能如抗拉强度、屈服强度和伸长率作抽样试验。输送管一般在承压的条件下工作，还要求做水压试验和扩口、压扁、卷边等工艺性能试验。对于大型长输原油、成品油、天然气管线用钢管更是增加了碳当量、焊接性能、低温冲击韧性、苛刻腐蚀条件下应力腐蚀、腐蚀疲劳及腐蚀环境下强度等要求。

2）普通锅炉管。用于制造各种结构锅炉的过热蒸汽管和沸水管。高压锅炉管用于高压或超高压锅炉的过热蒸汽管、热交换器和用于高压设备的管道。上述热工设备用钢管都在不同的高温高压的条件工作，应保证良好的表面状态、力学性能和工艺性能。一般均要检验其力学性能，做压扁和水压试验，高压锅炉管还要求做有关晶粒度的检验以及更严格的无损检测。

3）机械用无缝钢管。要求须有较高的尺寸精度、良好的力学性能和表面状态。如轴承管要求较高的耐磨性、组织均匀和严格的内、外径公差。除做一般的力学性能检验项目外，还要做低倍、断口、退火组织（球化组织、网状光、带状），非金属夹杂物（氧化物、硫化物、点状等）、脱碳层及其硬度指标等试验。

4）化肥工业用高压无缝钢管。常在压力为2200～3200MPa、工作温度为－40～400℃和腐蚀性的环境下输送化工介质（如合成氨、甲醇、尿素等）。化肥工业用高压无缝钢管应具有较强的抗腐蚀性能、良好的表面状态和力学性能。除做力学性能、压扁和水压试验外，应根据不同的钢种作相应的晶间腐蚀试验、晶粒度和更严格的无损检测。

5）石油、地质钻探用钢管。在高压、交变应力、腐蚀性的恶劣环境下工作，故应有高的强度级别，并能抗磨、抗扭和耐腐蚀等性能。按照钢级的不同应做抗拉强度、屈服强度、伸长率、冲击韧性及硬度等试验。对于石油油井用的套管、油管和钻杆，更是详细划分了钢级、类别，以及适用于不同环境、地质情况由用户自己选择的较高要求的附加技术条件，满足不同的特殊需求。

6）化工、石油裂化、航空和其他机械行业用的各种不锈耐热耐酸管。除做力学性能与水压试验外，还要专门作晶间腐蚀试验，压扁、扩口及无损检测等试验。

（6）某钢管公司的主要产品管线管、油管和套管的主要技术要求。目前国内外广泛使用的油气输送钢管采用的标准有：美国石油学会的 API SPEC 5L《管线管规范》；国际标准 ISO3183—1 ~ ISO3183—3《石油天然气 输送钢管 交货技术条件》；对于一些重要的长输管线，根据具体的使用环境都有自己的补充采购技术条件。

1）在 API 油气输送钢管标准中钢管的分类及其主要区别。按照 API SPEC 5L 的规定，输送钢管分为 PLS1 和 PLS2 两个产品级别，对这两类产品规定了不同的技术条件。

其主要区别是：相对于 PLS1，PLS2 级别对碳当量、断裂韧性、最大屈服强度和最大抗拉强度规定了强度要求。对硫、磷等有害元素的控制也加严了要求。无缝管的无损检验成为强制要求。对质保书必须填写的内容及试验完成后可追溯性成为强制要求。

2）在 ISO 油气输送钢管标准中钢管的分级及其主要区别。在 ISO3183 油气输送钢管标准中，钢管按照质量要求之间的差异，共分为 A、B、C 三部分，也被称为 A、B、C 三级要求。其主要区别是在 ISO3183—1A 级标准要求中制定了与 API SPEC 5L 的规定相当的基本质量要求，这些主要的质量要求是通用的。在 ISO3183—2B 级标准要求中除基本要求之外附加了有关韧性和无损检验方面的要求。还有某些特殊用途，例如酸性环境、海洋条件及低温条件等对钢管的质量和试验有着非常严格的要求，主要反映在 ISO3183—3C 级标准要求中。

3）油气输送管道对钢的主要性能要求：

① 强度。一般的油气输送管道都是根据钢材的屈服强度设计的。采用屈服强度较高的钢制管，可以提高管道工作压力，获得较好的经济效益。因此，管道用钢的屈服强度已经从最初的碳素钢逐步发展起来，20 世纪 40 年代为 X42 ~ X52 钢级，60 年代末达到 X60 ~ X70 钢级。现已正式生产和正式使用屈服强度更高的 X80 ~ X100 钢级。

② 韧性。50 年代和 60 年代，世界许多地区都发生过油气管道的破裂事故。通过对这些事故的分析，大大促进了人们对管道韧性指标的认识。API 5L 规定，除常规的力学性能检验外，生产厂还应按 SR5 和 SR6 补充要求进行 V 形缺口冲击试验和落锤撕裂试验（即 DWTT）。钢管出厂前应进行严格的无损检验。尽管如此，对于长输管道来说，要完全避免起裂（Initiation of fracture）是困难的，还必须着眼于裂纹失稳扩展的阻止。研究表明，可以用控制 DWTT 值的办法达到止裂。为此，世界许多国家对管道钢规定了 DWTT 试验的断口剪切面积百分比的最低值。

③ 可焊性。由于野外敷设管道的现场条件恶劣，钢管对接焊接时，要求有良好的可焊性。可焊性差的钢管焊接时易在焊缝产生裂纹，并使焊缝及热影响区硬度增加、韧性下降，增加管道破裂的可能性。钢材可焊性设计原则实际上是对马氏体转变点及淬硬性的控

制。根据合金元素对马氏体转变点的影响和实际经验确定的碳当量计算公式，被用来评定钢的可焊性。普遍采用的碳当量公式为：

$$w(C_{eq}) = w(C) + \frac{w(Mn)}{6} + \frac{w(Cr) + w(Mo) + w(V)}{5} + \frac{w(Ni) + w(Cu)}{15} \tag{1-2}$$

$w(C_{eq})$ 一般应控制在0.40以下。实际上，大多数钢厂均控制在0.35以下。

④ 延展性。如果延展性不足，将导致冷弯成型过程钢板劈裂或在焊接过程产生层状撕裂。因此，API标准对管道焊管除规定进行压扁试验外，还要求进行导向弯曲试验。为提高延展性，关键是减少钢中非金属夹杂物，并控制夹杂物的形态和分布。

⑤ 耐腐蚀性。输送含硫油气时管道内壁接触硫化氢和二氧化碳，会导致氢脆和应力腐蚀破裂。一般采用降低钢的含硫量、控制硫化物形态、改善沿壁厚方向的韧性等措施。主要特点是通过微合金化和控制轧制，在热轧状态获得高强度、高塑性、韧性和良好的可焊性。为了全面满足石油天然气输送管道对钢的性能要求，除了严密设计外，对硫、磷等有害元素的控制也非常严格。一般含硫量控制在0.010%以下，以提高钢的塑性、韧性，特别是横向韧性。

4）石油专用管中的油管和套管在API标准中的分类。石油专用管中的油管和套管在API 5CT标准中分类见表1-7。在API 5CT中套管和油管分为4组、19个钢级。按照制造方法又分为无缝管和焊管两大类。除L80-9Cr、L80-13Cr、C90-1、C90-2、T95-1、T95-2共计6钢级限定使用无缝管外，其他钢级除可以使用无缝管还可以使用电阻焊或电感应焊接方法生产的直缝焊管。其热处理工艺，除第1组3个钢级外，第1组N80Q类、第2、3、4组共在API 5CT中套管和油管分为4组、19个钢级。14个钢级都必须进行全长淬火+回火处理，并对第2组的8个钢级规定了最低回火温度。对第1组、第2组M65钢级和第3组共7个钢级只规定了S、P含量最大值，而未规定其他主要化学成分。对第2组和第4组共12个钢级规定了化学成分要求。

表1-7　石油专用管中油管和套管分类

组别	套管钢级	类　型	制造方法	热处理	最低回火温度/℃
1	2	3	4	5	6
1	H40	—	S或EW	None	—
	J55	—	S或EW	None	—
	K55	—	S或EW	N、N&T	—
	N80	1	S或EW	N、N&T	—
	N80	Q	S或EW	Q&T	
2	M65	—	S或EW	N、N&T、Q&T	—
	L80	1	S或EW	Q&T	566
	L80	9Cr	S	Q&T	593
	L80	13Cr	S	Q&T	593
	C90	1	S	Q&T	621
	C90	2	S	Q&T	621
	C95	—	S或EW	Q&T	538
	T95	1	S	Q&T	649
	T95	2	S		649

续表 1-7

组别	套管钢级	类 型	制造方法	热处理	最低回火温度/℃
3	P110	—	S 或 EW	Q&T	—
4	Q125	1	S 或 EW	Q&T	—
	Q125	2	S 或 EW	Q&T	—
	Q125	3	S 或 EW	Q&T	—
	Q125	4	S 或 EW	Q&T	—

注：S—无缝管；EW—焊管；N—正火；N&T—正火 + 回火；Q&T—淬火 + 回火。

5）油管和套管的钢级表达的含义。在 API SPEC 5CT 标准中，套管和油管的钢级标明其屈服强度和一些特殊的特征。钢级标注通常用 1 个字母和 2 或 3 个数字表示，如 N80。在大多数情况下，按照字母在字母表中的顺序，越往后的字母，代表管子的屈服强度越大。例如，N80 一级钢材的屈服强度要比 J55 的大。数字符号是以千磅每平方英寸表示的管材最小屈服强度来确定的。例如：N80 钢级的最低屈服强度为 80，000lb/in^2。API SPEC 5CT 标准列出的套管钢级有：H40、J55、K55、N80、M65、L80、C90、C95、T59、P110、Q125；套管钢级有：H40、J55、N80、L80、C90、T59、P110。

6）国内外使用的非 API 油管、套管种类。为满足油田特殊地质工况环境，目前国内外使用的非 API 油管、套管种类除了 API 标准的套管外，国内外还研究和发展了满足油田特殊地质工况环境使用的非 API 套管，包括：用于深井的超高强度油管、套管；高抗挤毁套管；含硫化氢油气井中使用的抗硫化氢应力腐蚀油管、套管；用于低温油气井的高强度油管、套管；用于只有二氧化碳和氯离子，几乎不含硫化氢腐蚀性环境下使用的油管、套管；用于硫化氢、二氧化碳和氯离子三者共存强烈腐蚀性环境下使用的油管、套管。

7）石油专用管中的油管和套管 API 标准的螺纹连接的基本情况　石油专用管中的油管和套管 API 标准的螺纹连接由两部分组成：管子或公端和接箍或母端。有外螺纹的叫管子或公端。有内螺纹的叫接箍或母端。两个公端用一个接箍连接起来，接箍是一段外径比管子稍大的短管。两端车有内螺纹。所有带 API 螺纹和接箍的套管和管线管都是不加厚的。油管是不加厚或外加厚。管端的内径大约等于管体的内径。但加厚端的外径比管体大。整体连接油管的两端是加厚的。

API 规范中包括 4 种螺纹，即管线管螺纹、圆螺纹、偏梯形螺纹以及直连形螺纹。管线管、圆螺纹、偏梯形的螺纹在拧接装配时要求配合在一起，达到用密封填充脂一起阻止从螺纹泄漏。直连形套管螺纹末设计成密封的。直连形连接的密封是采用金属对金属的密封来达到的。API 标准螺纹的主要参数有：

① 螺纹长度（除偏梯形螺纹）。从螺纹起点（管端）到消失点的长度。

② 螺纹高度。即螺纹齿顶到齿底间的距离。

③ 螺距。即螺纹任一点沿轴向到相邻齿的对应点的距离。

④ 螺纹锥度。即以英寸表示的每英寸螺纹长度的螺纹直径变化。

⑤ 紧密距。即管子或接箍端面到环规或塞规拧紧位置间沿轴向测得的距离。

⑥ 螺纹尾扣锥度（仅偏梯螺纹）。即切削工具的快速退刀造成螺纹末端有一个陡峭的斜度。

（三）钢管技术要求中常用术语

1. 通用术语

（1）交货状态。交货状态是指交货产品最终塑性变形或最终热处理的状态。一般不经过热处理交货的称热轧或冷拔（轧）状态或制造状态；经过热处理交货的称热处理状态，或根据热处理的类别称正火（常化）、调质、固溶、退火状态。订货时，交货状态需在合同中注明。

（2）按实际重量交货或按理论重量交货。实际重量交货时，其产品重量是按称重（过磅）重量交货；理论重量交货时，其产品重量是按钢材公称尺寸计算得出的重量。

（3）保证条件。按现行标准的规定项目进行检验并保证符合标准的规定，称作保证条件。保证条件又分为：

1）基本保证条件（又称必保条件）。无论客户是否在合同中注明，均需按标准规定进行该项检验，并保证检验结果符合标准规定。如化学成分、力学性能、尺寸偏差、表面质量以及探伤、水压实验或压扁或扩口等工艺性能实验，均属必保条件。

2）协议保证条件。标准中除基本保证条件外，尚有“根据需方要求，经供需双方协商，并在合同中注明”或“当需方要求……时，应在合同中注明”；还有的客户，对标准中基本保证条件提出加严要求（如成分、力学性能、尺寸偏差等）或增检验项目（如钢管椭圆度、壁厚不均等）。上述条款及要求，在订货时，由供需双方协商，签署供货技术协议并在合同中注明。因此，这些条件又称为协议保证条件。

（4）批。标准中的“批”是指一个检验单位，即检验批。若以交货单位组批，称交货批。当交货批量大时，一个交货批可包括几个检验批；当交货批量少时，一个检验批可分为几个交货批。“批”的组成通常有下列规定：

1）每批应由同一牌号（钢级）、同一炉（罐）号或同一母炉号、同一规格和同一热处理制度（炉次）的钢管组成。

2）对于优质碳素钢结构管、流体管，可以不同炉（罐）的同一牌号、同一规格和同一热处理制度（炉次）的钢管组成。

3）焊接钢管每批应由同一牌号（钢级）、同一规格的钢管组成。

（5）纵向和横向。标准中称纵向是指与加工方向平行（即顺加工方向）者；横向是指与加工方向垂直（加工方向即钢管轴向）。做冲击功实验时，纵向试样的断口因与加工方向垂直。故称横向断口；横向试样的断口因与加工方向平行，故称纵向断口。

2. 钢管外形、尺寸术语

（1）公称尺寸和实际尺寸：

1）公称尺寸是标准中规定的名义尺寸，是用户和生产企业希望得到的理想尺寸，也是合同中注明的订货尺寸。

2）实际尺寸是生产过程中所得到的实际尺寸，该尺寸往往大于或小于公称尺寸。这种大于或小于公称尺寸的现象称为偏差。

（2）偏差和公差：

1）偏差。在生产过程中，由于实际尺寸难于达到公称尺寸要求，即往往大于或小于公称尺寸，所以标准中规定了实际尺寸与公称尺寸之间允许有一差值。差值为正值的叫正偏差，差值为负值的叫负偏差。

2）公差。标准中规定的正、负偏差值绝对值之和称为公差，也称“公差带”。偏差是有方向性的，即以“正”或“负”表示；公差是没有方向性的，因此，把偏差值称为“正公差”或“负公差”的称法是错误的。

（3）交货长度。又称用户要求长度或合同长度。标准中对交货长度有以下几种规定：

1）通常长度（又称非定尺长度）。凡长度在标准规定的长度范围内而且无固定长度要求的，均称为通常长度。例如结构管标准规定：热轧（挤压、扩）钢管 3000 ~ 12000mm；冷拔（轧）钢管 2000 ~ 10500mm。

2）定尺长度。定尺长度应在通常长度范围内，是合同中要求的某一固定长度尺寸。但实际操作中都切出绝对定尺长度是不大可能的，因此标准中对定尺长度规定了允许的正偏差值。以结构管标准为例：生产定尺长度管比通常长度管的成材率下降幅度较大，生产企业提出加价要求是合理的。加价幅度各企业不尽一致，一般为基价基础上加价 10% 左右。

3）倍尺长度。倍尺长度应在通常长度范围内，合同中应注明单倍尺长度及构成总长度的倍数（例如 3000mm × 3，即 3000mm 的 3 倍数，总长为 9000mm）。实际操作中，应在总长度的基础上加上允许正偏差 20mm，再加上每个单倍尺长度应留切口余量。以结构管为例，规定留切口余量：外径≤159mm 为 5 ~ 10mm；外径 > 159mm 为 10 ~ 15mm。若标准中无倍尺长度偏差及切割余量规定时，应由供需双方协商并在合同中注明。

4）范围长度。范围长度在通常长度范围内，当用户要求其中某一固定范围长度时，需在合同中注明。例如：通常长度为 3000 ~ 12000mm，而范围定尺长度为 6000 ~ 8000mm 或 8000 ~ 10000mm。可见，范围长度比定尺和倍尺长度要求宽松，但比通常长度加严很多。

（4）壁厚不均。钢管壁厚不可能各处相同，在其横截面及纵向管体上客观存在壁厚不等现象，即壁厚不均。为了控制这种不均匀性，在有的钢管标准中规定了壁厚不均的允许指标，一般规定不超过壁厚公差的 80%（经供需双方协商后执行）。

（5）椭圆度。在圆形钢管的横截面上存在着外径不等的现象，即存在着不一定互相垂直的最大外径和最小外径，则最大外径与最小外径之差即为椭圆度（或不圆度）。为了控制椭圆度，有的钢管标准中规定了椭圆度的允许指标，一般规定为不超过外径公差的 80%（经供需双方协商后执行）。

（6）弯曲度。钢管在长度方向上呈曲线状，用数字表示出其曲线度即称为弯曲度。标准中规定的弯曲度一般分为如下两种：

1）局部弯曲度。用 1m 长直尺靠量在钢管的最大弯曲处，测其弦高（mm），即为局部弯曲度数值，其单位为 mm/m，表示方法如 2.5mm/m。此种方法也适用于管端部弯曲度。

2）全长总弯曲度。用一根细绳，从管的两端拉紧，测量钢管弯曲处最大弦高（mm），然后换算成长度（以米计）的百分数，即为钢管长度方向的全长弯曲度。例如：钢管长度为 8m，测得最大弦高 30mm，则该管全长弯曲度应为：0.03 ÷ 8m × 100% = 0.375%。

(7) 尺寸超差。尺寸超差或称为尺寸超出标准的允许偏差。此处的“尺寸”主要指钢管的外径和壁厚。此处的偏差可能是“正”的，也可能是“负”的，很少在同一批钢管中出现“正、负”偏差均出格的现象。

3. 化学分析术语

钢的化学成分是关系钢材质量和最终使用性能的重要因素之一，也是制定钢材，乃至最终产品热处理制度的主要依据。因此，在钢材标准的技术要求部分，往往第一项就规定了钢材适用的牌号（钢级）及其化学成分，并以表格形式列入标准中，是生产企业和客户验收钢及钢材化学成分的重要依据。

(1) 钢的熔炼成分。一般标准中规定的化学成分即指熔炼成分。它是指钢冶炼完毕、浇注中期的化学成分。为使其具有一定代表性，即代表该炉或罐的平均成分，在取样标准方法中规定，将钢水在样模内铸成小锭，在其上刨取或钻取样屑，按规定的标准方法（GB/T 223）进行分析，其结果必须符合标准化学成分范围，也是客户验收的依据。

(2) 成品成分。又称为验证分析成分，是从成品钢材上按规定方法（GB/T 222）钻取或刨取样屑，并按规定的标准方法（GB/T 223）进行分析得来的化学成分。钢在结晶和以后塑性变形中，因钢中合金元素分布的不均匀（偏析），因此允许成品成分与标准成分范围（熔炼成分）之间存在有偏差，其偏差值应符合 GB/T 222 之规定。由于两个实验室分析同一样品的结果有显著差别并超出两个实验室的允许分析误差，或者生产企业与使用部门、需方与供方对同一样品或同一批钢材的成品分析有分歧意见时，可由第三方具有丰富分析经验的权威单位进行再分析，即称为仲裁分析。仲裁分析结果即为最终判定依据。

4. 力学性能术语

钢材力学性能是保证钢材最终使用性能的重要指标，它取决于钢的化学成分和热处理制度。在钢管标准中，根据不同的使用要求，规定了拉伸性能（抗拉强度、屈服强度或屈服点、伸长率）以及硬度、韧性指标，还有用户要求的高、低温性能等。

(1) 抗拉强度（R_m）。试样在拉伸过程中，在拉断时所承受的最大力（F_m），除以试样原横截面积（S_0）所得的应力，称为抗拉强度（R_m），单位为 N/mm^2（MPa）。它表示金属材料在拉力作用下抵抗破坏的最大能力。计算公式为：

$$R_m = \frac{F_m}{S_0} \tag{1-3}$$

式中　F_m——试样拉断时所承受的最大力，N；

　　　S_0——试样原始横截面积，mm^2。

(2) 屈服点。具有屈服现象的金属材料，试样在拉伸过程中力不增加（保持恒定）仍能继续伸长时的应力，称屈服点。若力发生下降时，则应区分上、下屈服点。屈服点的单位为 N/mm^2（MPa）。上屈服点（R_{eL}）为试样发生屈服而力首次下降前的最大应力；下屈服点（R_{eH}）为当不计初始瞬时效应时，屈服阶段中的最小应力。屈服点的计算公式为：

$$R_{eL}、R_{eH} = \frac{F_S}{S_0} \tag{1-4}$$

式中　F_S——试样拉伸过程中屈服力，N；

S_0——试样原始横截面积，mm^2。

（3）断后伸长率（A）。在拉伸试验中，试样拉断后其标距所增加的长度与原标距长度的百分比，称为伸长率。以 A 表示，单位为%。计算公式为：

$$A = \frac{L_1 - L_0}{L_0} \tag{1-5}$$

式中　L_1——试样拉断后的标距长度，mm；

L_0——试样原始标距长度，mm。

（4）断面收缩率（Z）。在拉伸试验中，试样拉断后其缩径处横截面积的最大缩减量与原始横截面积的百分比，称为断面收缩率。以 Z 表示，单位为%。计算公式如下：

$$Z = \frac{S_0 - S_1}{S_0} \tag{1-6}$$

式中　S_0——试样原始横截面积，mm^2；

S_1——试样拉断后缩径处的最少横截面积，mm^2。

（5）硬度指标。金属材料抵抗硬的物体压陷表面的能力，称为硬度。根据试验方法和适用范围不同，硬度又可分为布氏硬度、洛氏硬度、维氏硬度、肖氏硬度、显微硬度和高温硬度等。对于管材一般常用的有布氏、洛氏、维氏硬度三种。

1）布氏硬度（HB）。用一定直径的钢球或硬质合金球，以规定的试验力（F）压入式样表面，经规定保持时间后卸除试验力，测量试样表面的压痕直径（L）。布氏硬度值是以试验力除以压痕球形表面积所得的商。以 HBS（钢球）表示，单位为 N/mm^2（MPa），其计算公式为：

$$HB = \frac{2F}{\pi D\left(D - \sqrt{D^2 - d^2}\right)} \tag{1-7}$$

式中　F——压入金属试样表面试验力，N；

D——试验用钢球直径，mm；

d——压痕平均直径，mm。

测定布氏硬度较准确可靠，但一般 HBS 只适用于 $450N/mm^2$（MPa）以下的金属材料，对于较硬的钢或较薄的板材不适用。在钢管标准中，布氏硬度用途最广，往往以压痕直径 d 来表示该材料的硬度，既直观，又方便。举例：120HBS10/1000/30：表示用直径 10mm 钢球在 1000kgf（9.807kN）试验力作用下，保持 30s（秒）测得的布氏硬度值为 $120N/mm^2$（MPa）。

2）洛氏硬度（HR）。洛氏硬度试验同布氏硬度试验一样，都是压痕试验方法。不同的是，它是测量压痕的深度。即，在初始试验力（F_0）及总试验力（F）的先后作用下，将压头（金钢厂圆锥体或钢球）压入试样表面，经规定保持时间后，卸除主试验力，用测量的残余压痕深度增量（e）计算硬度值。其值是个无名数，以符号 HR 表示，所用标尺有 A、B、C、D、E、F、G、H、K 等 9 个标尺。其中常用于钢材硬度试验的标尺一般为 A、B、C，即 HRA、HRB、HRC。硬度值用下式计算：

当用 A 和 C 标尺试验时　　$HR = 100 - e$　　(1-8)

当用 B 标尺试验时　　$HR = 130 - e$　　(1-9)

式中，e 为残余压痕深度增量，以规定单位 0.002mm 表示，即当压头轴向位移一个单位

(0.002mm）时，即相当于洛氏硬度变化一个数。e 值越大，金属的硬度越低，反之则硬度越高。上述3个标尺适用范围是HRA（金刚石圆锥压头）20～88；HRC（金刚石圆锥压头）20～70；HRB（直径1.588mm钢球压头）20～100。

洛氏硬度试验是目前应用很广的方法，其中HRC在钢管标准中使用仅次于布氏硬度HB。洛氏硬度可适用于测定由极软到极硬的金属材料，它弥补了布氏法的不足，较布氏法简便，可直接从硬度机的表盘读出硬度值。但是由于其压痕小，故硬度值不如布氏法准确。

3）维氏硬度（HV）。维氏硬度试验也是一种压痕试验方法，是将一个相对面夹角为136°的正四棱锥体金刚石压头以选定的试验力（F）压入试验表面，经规定保持时间后卸除试验力，测量压痕两对角线长度。维氏硬度值是试验力除以压痕表面积所得之商，其计算公式为：

$$HV = 1.8544 \times \frac{F}{d^2} \tag{1-10}$$

式中　HV——维氏硬度符号，MPa；

F——试验力，N；

d——压痕两对角线的算术平均值，mm。

维氏硬度采用的试验力 F 为5（49.03）、10（98.07）、20（196.1）、30（294.2）、50（490.3）、100（980.7）Kgf（N）等六级，可测硬度值范围为5～1000HV。表示方法举例：640HV30/20表示用30Kgf（294.2N）试验力保持20s（秒）测定的维氏硬度值为640N/mm^2（MPa）。维氏硬度法可用于测定很薄的金属材料和表面层硬度。它具有布氏、洛氏法的主要优点，而克服了它们的基本缺点，但不如洛氏法简便。维氏法在钢管标准中很少用。

（6）冲击韧性指标。冲击韧性是反映金属材料对外来冲击负荷的抵抗能力，一般由冲击功（A_k）表示，其单位为J（焦耳）。冲击功试验（简称“冲击试验”），因试验温度不同而分为常温、低温和高温冲击试验三种；若按试样缺口形状又可分为“V”形缺口和“U”形缺口冲击试验两种。

冲击试验是用一定尺寸和形状（10mm×10mm×55mm）的试样（长度方向的中间处有“U”形或“V”形缺口，缺口深度2mm），在规定试验机上受冲击负荷打击下自缺口处折断的实验。冲击吸收功 A_{kv}（u）是具有一定尺寸和形状的金属式样，在冲击负荷作用下折断时所吸收的功。常温冲击试验温度为20±5℃；低温冲击试验温度范围为15～－192℃；高温冲击试验温度范围为35～1000℃。低温冲击试验所用冷却介质一般为无毒、安全、不腐蚀金属和在试验温度下不凝固的液体或气体。如无水乙醇、固态二氧化碳（干冰）或液氮雾化气（液氮）等。

三、钢管的主要生产方法

钢管的主要生产方法有热轧（包括挤压）、焊接和冷加工三大类。

（1）热轧无缝钢管。其生产过程是将实心管坯（或钢锭）穿孔并轧制成具有要求的形状、尺寸和性能的钢管。整个过程有三个主要变形工序：1）穿孔，将实心坯（锭）穿轧成空心毛管；2）轧管，将毛管轧成接近要求尺寸的荒管；3）定减径，将荒管不带芯棒轧制成具有要求的尺寸精度和真圆度的成品管。

生产中，按产品品种、规格和生产能力等条件不同而选择不同类型的轧管机。由于不同类型的轧管机轧管时轧件的运动学条件、应力状态条件、道次变形量、总变形量和生产率等有所不同，因此必须为它配备在变形量和生产率方面都匹配的穿孔机和其他前后工序的设备，从而不同的轧管机相应构成了不同的轧管机组。热轧无缝钢管的生产方法就是以机组中轧管机类型分类的，目前常用的热轧无缝钢管生产方法见表1-8。一个机组的具体名称以该机组品种规格和轧管机类型来表示，如168连轧管机组就是指其产品的最大外径为168mm左右的、轧管机为连轧管机的机组。钢管热挤压机组用挤压机的最大挤压力（吨位）或产品规格范围来表示其型号。

表1-8 常用热轧无缝钢管生产方法

生产方法	原料（管坯）	主要变形工序用设备		产品范围			
		穿孔	轧管	外径（D）/mm	壁厚（S）/mm	D/S	荒管最大长度/m
自动轧管机组	圆轧坯	二辊式斜轧穿孔机 桶形辊或锥形辊	自动轧管机（plug mill）	12.7~426	2~60	6~48	10~16
	连铸圆坯						
	连铸方坯	推轧穿孔机（PPM）和延伸机		165~406	5.5~40		
连轧管机组	圆轧坯	二辊式斜轧穿孔机 桶形辊或锥形辊	浮动、半浮动和限动（MPM、PQF）	16~194	1.75~25.4	6~30	20~33
	连铸圆坯						
	连铸方坯	推轧穿孔机（PPM）和延伸机	限动（MPM）	48~426	3~40	6~40	
三辊轧管机组	圆轧坯 连铸坯	二辊斜轧或三辊斜轧	三辊轧管机（ASSEL）	21~250	2~50	4~40	8~13.5
皮尔格轧机组	圆锭	二辊斜轧穿孔	皮尔格轧机	50~720	3~170	4~40	16~28
	方锭或多棱锭	压力穿孔和斜轧延伸					
	连铸管坯						
顶管机组	方坯	压力穿孔和斜轧延伸	顶管机	17~1200	3~220	4~30	14~16
	圆坯	斜轧穿孔					
热挤压机组	圆锭、方锭或多棱锭	压力穿孔或钻孔后压力穿孔	挤压机	25~1425	2	4~25	~25

（2）焊接钢管生产方法。将管坯（钢板或钢带）用各种成型方法弯卷成要求的横断面形状，然后用不同的焊接方法将焊缝焊合的过程。成型和焊接是其基本工序，焊管生产方法就是按这两个工序的特点来分类的。连续直缝焊主要使用有ERW和高频焊两种方法；UOE法是生产大口径直缝电焊的主要方法，为非连续的；另外还有螺旋焊，主要是钢板宽度受限制时为生产大口机管而采取的方法。

（3）冷加工。即钢管的二次加工，方法有冷轧、冷拔和冷旋压三种，其产品范围见表1-9。冷轧机和冷旋压机的规格用其产品规格和轧机形式表示；冷拔机规格用其允许的额定拔制力来表示。如 LG-150 表示成品外径最大为 150mm 的二辊周期式冷轧管机；LD-30 表示成品外径最大为 30mm 的多辊式冷轧管机；LB-100 表示拔制力额定值为 100t 的冷拔管机。

表 1-9　目前钢管冷加工的产品规格范围

参数 方法	外径 D/mm		壁厚 S/mm		D/S
	最大	最小	最大	最小	
冷轧	500.0	4.0	60.0	0.04	60 ~ 250
冷拔	762.0	0.1	20.0	0.01	2 ~ 2000
冷旋压	4500.0	10	38.1	0.04	可达 12000 以上

【思考与练习】

1-1　简述钢管的基本概念。

1-2　钢管有哪些类型？

1-3　钢管生产的技术条件的具体要求有哪些？

1-4　钢管的生产方法有哪些？

1-5　钢管成品检验包括哪些性能测试？具体操作方法有哪些？

学习情境2　管坯准备与加热

任务1　选　　料

【学习目标】

一、知识目标

(1) 了解管坯的种类、钢管用钢的类型等知识。

(2) 熟练掌握管坯（缺陷、几何尺寸）的验收要求、检验方法等知识。

二、技能目标

(1) 掌握管坯准备的技术要求及操作规程。

(2) 熟悉管坯的品种规格、技术条件。

(3) 管坯存放、上料的操作。

【工作任务】

(1) 按工艺要求进行管坯选料的操作。

(2) 原料缺陷处理方法。

【实践操作】

一、连铸圆管坯的复检验收

连铸圆管坯采用TGGK 01—2004企标复验收，主要抽查项目内容见表2-1。

表2-1　连铸圆管坯基本参数

圆坯公称直径 D /mm	允许偏差/mm	圆坯最大与最小直径差/mm	拉矫机压痕部位的椭圆度/mm	最大切斜度/mm	各规格圆坯的质量/$kg \cdot m^{-1}$
150	±2.1	4.0	6.0	8.0	137.84
(180)	±2.52	4.5	7.2	9.5	199.75
(200)	±2.8	5.0	8.0	10.5	245.04
210	±3.0	5.0	8.0	11.0	270.16
(230)	±3.22	5.75	9.2	12.5	326.12
251	±3.5	6.28	10.04	13.5	388.40

(1) 圆管坯公称直径及允许偏差。符合其他规格的公称直径允许偏差为D±1.4%，但最大允许偏差为±4.5mm。

(2) 长度和允许偏差。通常长度为4.2~9.6m；定尺和倍尺圆坯，当圆坯公称直径不大于210mm时，其长度允许偏差为0～+80mm，当圆坯公称直径大于210mm时，其长度允许偏差为0～+50mm；自用单倍尺圆坯的长度允许偏差为0～+30mm。

（3）椭圆度。最大与最小直径差不大于公称直径的2.5%（拉矫机压痕部位的椭圆度不大于公称直径的4.0%）。

（4）端面切斜度。圆坯切割端面应与轴线垂直，切斜度不大于3°，但最大切斜不允许超过15mm。

（5）端面平整度。端面应切平，圆心100mm范围内高低之差≤15mm。

（6）弯曲度。圆坯弯曲度不大于3mm/m；长度不大于6.5m的管全长最大弯曲度不大于20mm；长度为6.5～10.0m的管全长最大弯曲度不大于25mm。

（7）质量。管坯按理论质量交货，密度按7.8t/m^3计算。

（8）标记。圆坯一端应自动打印标记，至少应包括炉号、流号。当自动打印不能标示清楚时，应在圆坯表面或端面用白色油漆书写。

（9）管坯牌号和化学成分，见表2-2。

表2-2　管坯牌号和化学成分　　（质量分数/%）

用途	牌号	C	Si	Mn	P（≤）	S（≤）	Ni（≤）	Cr（≤）	Mo（≤）	Cu（≤）	Al	V
高压锅炉管、高压化肥管、石油裂化管	20G（壁厚<18mm）	0.19～0.24	0.17～0.37	0.50～0.65	0.025	0.02	0.25	0.25	0.15	0.20	溶铝≤0.010	≤0.08
	20G（壁厚≥18mm）	0.19～0.24	0.17～0.37	0.36～0.65	0.025	0.02	0.25	0.25	0.15	0.20	酸溶铝≤0.01	≤0.08
	20MnG	0.19～0.24	0.17～0.37	0.75～1.00	0.025	0.02	0.25	0.25	0.15	0.20	0.005～0.040	≤0.08
	25MnG	0.24～0.30	0.17～0.37	0.75～1.00	0.025	0.02	0.25	0.25	0.15	0.20	0.005～0.040	≤0.08
	15MoG	0.14～0.20	0.17～0.37	0.55～0.80	0.025	0.02	0.25	0.25	0.25～0.35	0.20	0.005～0.040	
	20MoG	0.18～0.25	0.17～0.37	0.55～0.80	0.025	0.02	0.25	0.25	0.44～0.65	0.20	0.005～0.040	
	12CrMoG 12CrMo	0.09～0.15	0.17～0.37	0.50～0.70	0.025	0.02	0.25	0.40～0.70	0.40～0.55	0.20	0.005～0.040	
	15CrMoG 15CrMo	0.12～0.18	0.17～0.37	0.50～0.70	0.025	0.02	0.25	0.90～1.10	0.40～0.55	0.20	0.005～0.040	
	12Cr2MoG 12Cr2Mo	0.09～0.15	0.25～0.50	0.50～0.70	0.025	0.02	0.25	2.0～2.5	0.90～1.20	0.20	0.005～0.040	
	12Cr1MoVG	0.10～0.15	0.17～0.37	0.50～0.70	0.025	0.02	0.25	1.0～1.2	0.25～0.35	0.20	0.005～0.040	0.20～0.30
液压支架管	20	0.17～0.24	0.17～0.37	0.35～0.65	0.030	0.03	0.25	0.25	0.15	0.20		
	30	0.32～0.40	0.17～0.35	0.50～0.80	0.030	0.03	0.25	0.25	0.15	0.20	0.005～0.040	
	45	0.42～0.50	0.17～0.37	0.50～0.80	0.030	0.03	0.25	0.25	0.15	0.20	0.005～0.040	

续表 2-2

用途	牌号	C	Si	Mn	P（≤）	S（≤）	Ni（≤）	Cr（≤）	Mo（≤）	Cu（≤）	Al	V
液压支架管	27SiMn	0.24 ~ 0.32	1.10 ~ 1.40	1.10 ~ 1.40	0.030	0.03	0.30	0.30	0.15	0.30	0.005 ~ 0.040	
	20CrMo4	0.18 ~ 0.23	0.17 ~ 0.35	0.60 ~ 0.85	0.030	0.03	0.25	0.9 ~ 1.2	0.15 ~ 0.30	0.30	0.005 ~ 0.040	
	30CrMo4	0.28 ~ 0.33	0.17 ~ 0.35	0.60 ~ 0.85	0.030	0.03	0.25	0.9 ~ 1.2	0.15 ~ 0.30	0.30	0.005 ~ 0.040	
	39CrMo4	0.38 ~ 0.43	0.17 ~ 0.35	0.60 ~ 0.85	0.030	0.03	0.25	0.9 ~ 1.2	0.15 ~ 0.30	0.320	0.005 ~ 0.040	

二、管坯上料

两台17.5 + 17.5t磁盘吊将管坯由料架吊到上料台架上，拨料钩将管坯放到运输辊道上经测长称重合格的管坯拨翻至缓冲台架（不合格的剔到剔除台架上）步进式台架将管坯横移至链式提升机。

【知识学习】

一、管坯类型

为了满足各行业对钢管的不同要求，除了改进生产工艺外，最终要的是合理选择钢管的用钢。无缝钢管用钢按制造方法、化学成分、用途、力学性能、质量和成型方法等进行分类。

（1）按照使用方法，钢可分为制造机械零件和结构用钢、石油地质钻探用钢、制造各类工具用的碳素钢和合金工具钢、特殊性能钢（不锈钢、耐热钢、耐酸钢、低温用钢等）。

（2）按照冶炼方法，钢可分为电炉炼钢、平炉钢、吹氧转炉钢等。

（3）管坯类型按照成型方法分为：

1）钢锭—开坯—管坯。尽管连铸管坯是无缝钢管生产中的发展方向，但由于我国的经济条件和连铸技术的限制，不少钢管厂仍然使用轧制管坯生产无缝钢管，即使用不同的钢锭在开坯后轧制成一定规格的管坯。

钢锭是铸造组织，通过轧制钢锭的组织可以得到改善：枝晶、柱晶和粗大晶粒被破碎，钢锭通过轧制变形可以得到晶粒细小的、均匀的轧制组织；改变钢中夹杂物的分布情况，成分偏析在一定程度上得到改变；气泡的焊合及不被氧化的气泡在高温下进行焊合。

由钢锭到管坯的总变形量是决定金属组织和力学性能的主要因素之一，即轧制变形对管坯的内部组织和质量有影响。由钢锭到管坯总的变形可用压缩比表示，压缩比是指钢锭断面积与管坯断面积之比，即延伸系数。实践表明压缩比在8 ~ 12范围内就能保证管坯内部组织质量和良好的力学性能，再提高压缩比对管坯质量就没有多大影响。

2）连铸方坯—开坯—管坯。

3）连铸圆坯。生产无缝钢管的成本和质量在很大程度上取决于管坯，一般来说，管坯费用在钢管生产成本中约占70%。采用连铸坯生产无缝钢管比使用轧坯的成本要降低20%以上。连铸管坯的表面质量和内部质量都比轧制坯好，从连铸坯到成品管所承受的总变形量要比钢锭到成品管小得多，连铸坯表面光洁，较好的不用清理就可以生产出内外表面质量很高的钢管。

（4）按照化学成分，钢可分为碳钢和合金钢两大类。

根据含碳量不同，碳钢又分为低碳钢（含碳量在0.3%以下）、中碳钢（含碳量在0.3%~0.5%）、高碳钢（含碳量在0.6%以上）；根据合金元素的不同，合金钢又分为低合金钢、中合金钢和高合金钢。

（5）按照浇注方法，钢可分为沸腾钢、镇静钢和半镇静钢。

二、管坯要求

（一）几何尺寸要求

几何尺寸要求如下：外径公差为±1.4%；椭圆度为<2.5%；横断面斜度：≤3°；圆管坯在滑道上应能够滚动，其弯度不应超过2.5mm/m；按轧管机要求，可购买的钢管可以是单一的长度或者多种长度，偏差不应超过长度的1%。

（二）冶金要求

如果没有另外规定化学成分，在管坯的化学成分分析中，不应超过的限度是：$w(P+S)<0.045\%$；$w(O_2)<40\times10^{-6}$；$w(N_2)<100\times10^{-6}$；$w(H_2)<4\times10^{-6}$。

（三）对铸坯表面质量的要求

连铸圆坯表面质量的检查方法有：（1）肉眼检查法；（2）无损探伤检查法，主要包括磁力和涡流探伤等。连铸圆坯表面缺陷主要有：（1）表面裂纹；（2）表面夹渣和凹坑；（3）表面气孔和皮下气泡；（4）重接与切、划伤。

1. 连铸圆坯的表面裂纹

连铸圆坯的表面裂纹分为纵裂纹和横纵裂纹。表面纵裂纹是铸坯表面沿轴向形成的裂纹；表面横裂纹是铸坯表面与轴向垂直形成的裂纹。通常表面横裂纹发现较少，表面纵裂纹较为容易产生，如图2-1所示。

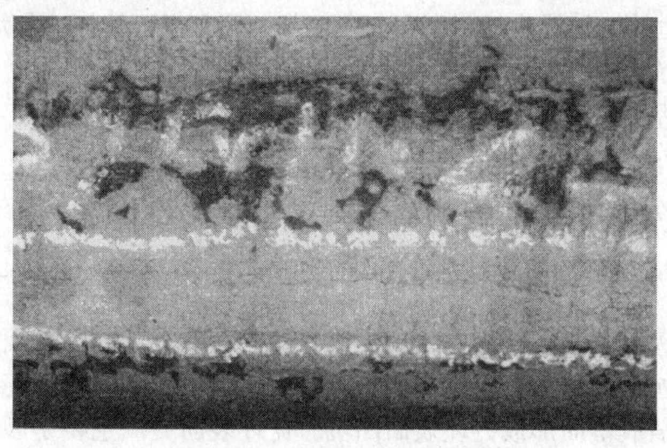

图2-1 铸坯表面纵裂纹

一般认为，连铸圆坯表面纵裂纹主要是由于铸坯凝固初期坯壳厚度不均匀所致，形成于钢水在结晶器内的凝固过程，扩展于随后的二次冷却过程。当连铸圆坯表面裂纹比较细小时，可通过修磨清理掉。但如果连铸圆坯表面裂纹比较严重时，则会造成圆坯报废。

减少连铸圆坯表面纵、横裂纹的措施有：

(1) 选择与生产铸坯钢种、规格相匹配的铸机弧形半径，采用连续多点矫直技术。

(2) 合理控制钢水中磷、硫、氧、氮、铝、铜、铅、锡、砷、锑、铋的含量，减少钢中非金属夹杂物数量。如控制钢中磷含量不大于0.015%，硫含量不大于0.015%，可大大降低铸坯纵裂纹的发生率；钢中铜含量不大于0.20%，可以减少星状裂纹的发生率；钢中 $w(Mn)/w(S) > 40$，有利于消除星状裂纹。

(3) 严格控制开浇温度。要确保低过热度浇钢，而且要确保钢包钢水温度均匀，减小钢包钢水温降。具体措施是：钢包、中间包必须烘烤；钢包、中间包包衬要绝热；钢包、中间包钢水要加覆盖剂保温等。

(4) 结晶器浸入式水口插入深度要合适，必须与结晶器对中，结晶器与二冷室导向辊要准确对中弧度。

(5) 严格按照中间包钢水过热度调整拉坯速度，拉坯速度尽可能恒定。

(6) 按钢种和规格选用合适的结晶器保护渣，并保证保护渣能连续均匀地流入到结晶器与铸坯的间隙中。

(7) 确保结晶器振动平稳，采用“高振频，小振幅”的结晶器振动工艺。

(8) 保证结晶器液面稳定，采用结晶器液面自动控制系统，使液面波动控制在±5mm以内。实践表明，相对于手动控制，液面自动控制的纵裂纹发生率可降低0.1%；横裂纹发生率可降低0.6%。

(9) 保证合理的结晶器内壁镀层均匀，表面平滑，选用锥度连续变化（如抛物线形）的多锥度结晶器，水缝均匀，确保连铸坯传热均匀。

(10) 采用热顶结晶器，即通过镶入导热性差的材料，降低结晶器弯月面处的导热性，延缓坯壳的收缩，减轻铸坯表面凹陷，从而减小铸坯纵裂纹的发生率。此办法对包晶钢种最为有效。

(11) 采用结晶器电磁搅拌技术，均匀坯壳凝固组织，减小结晶器内部铸坯圆周由于冷热不均而产生的热应力。

(12) 选择合适的结晶器冷却制度和二次冷却制度，保证铸坯冷却均匀，对于合金钢，结晶器冷却宜为弱冷，二次冷却最好采用气雾冷却方式。

(13) 保证合适的铸坯矫直温度，要避免在脆性区温度区间（700~900℃）矫直，选择铸坯矫直温度高于920℃，最好在950℃以上。

(14) 对合金钢，要采取铸坯下线缓冷的工艺，避免低温裂纹的产生。

2. 连铸圆坯的表面夹渣和凹坑

连铸圆坯表面夹渣是指铸坯表面或皮下镶嵌的大颗粒渣子；而表面凹坑是指铸坯表面局部凹陷，有些凹坑是因结晶器中固态保护渣卷入，造成结晶器内坯壳表面夹渣，铸坯出结晶器后，表面夹渣脱落而形成铸坯表面凹坑。铸坯表面夹渣主要是因为结晶器保护渣熔点过高所致。铸坯表面夹渣和凹坑一般可通过修磨清理掉，不会造成铸坯或深加工后的产品报废。夹渣与凹坑如图2-2和图2-3所示。

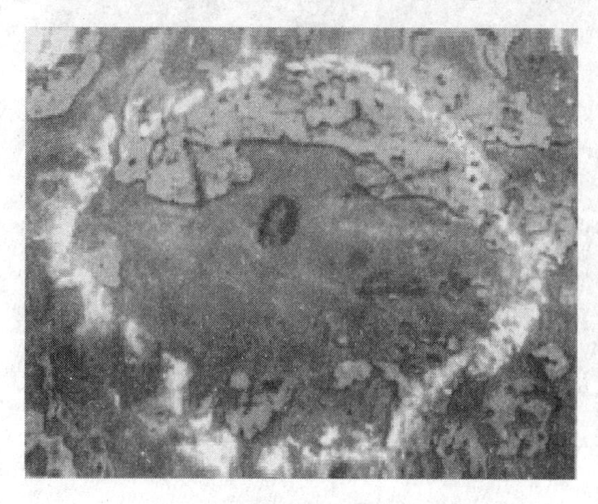

图2-2　表面夹渣

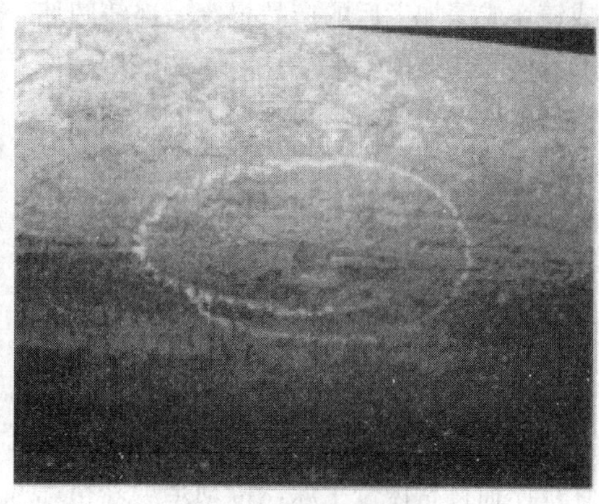

图2-3　表面凹坑

减少连铸圆坯表面夹渣和凹坑的措施有：

（1）按钢种和规格选用合适的结晶器保护渣。结晶器保护渣要易于吸附钢水 Al_2O_3 夹杂物，且性能稳定；维持结晶器中合适的保护渣液渣层厚度（7～12mm）；同时注意季节变化对结晶器保护渣使用质量的影响。

（2）确保浇注用耐火材料抗侵蚀性良好，特别是钢包长水口、中间包浸入式水口、中间包塞棒、中间包挡渣墙的质量必须确保。

（3）保证全程保护浇注良好，特别是钢包长水口密封要良好，吹氩保护正常。减少因二次氧化形成的夹杂物进入结晶器保护渣，造成结晶器保护渣熔点升高，形成铸坯表面夹渣。

（4）严格按照中间包钢水过热度调整拉坯速度，拉坯速度尽可能恒定，减少“卷渣”现象。

（5）中间包浸入式水口插入深度要合适，不能过浅（一般应大于150mm），否则易发生“卷渣”现象。

（6）检查二冷区段支撑辊是否粘有冷钢，注意及时清理辊上的氧化铁皮。

（7）保证结晶器液面稳定，采用结晶器液面自动控制系统，使液面波动控制在±5mm以内。研究表明：液面波动为±200mm时，皮下夹渣深度小于2mm；液面波动为±40mm时，皮下夹渣深度小于4mm；液面波动大于40mm时，皮下夹渣深度小于70mm。实践表明，相对于手动控制，液面自动控制的夹渣发生率可降低0.4%。

（8）采用“高振频、小振幅”的结晶器振动工艺。

（9）采用低过热度浇钢工艺，特别是开浇第一炉的钢水过热度要低且均匀，可以采取镇静降温的办法来保证低过热度开浇。

（10）提高钢水洁净度，减少钢中夹杂物总量。

3. 连铸圆坯的表面气孔和皮下气泡

连铸圆坯表面气孔是指在铸坯表面暴露存在的垂直于铸坯轴向的圆形小孔，皮下气泡则是没有暴露的存在于铸坯表皮下的气孔。铸坯表面气孔和皮下气泡主要是由于钢中氧或氢含量过高所致。该缺陷不易清理，常造成铸坯或深加工后的产品报废。连铸圆坯的表面气孔如图 2-4 所示。

图 2-4　表面气孔

电炉炼钢减少连铸圆坯表面气孔和皮下气泡的措施有：

(1) 控制出钢液过氧化现象，电弧炉要尽量控制熔清碳不小于 0.08%，要保证钢水脱氧良好。

(2) 保证钢水有足够的真空脱气时间，严格执行有关真空脱气处理的规定。

(3) 注意跟踪原辅材料的湿度变化，保证原辅材料保持干燥，特别是炉外精炼期间加入的合金、渣料等，有条件最好烘烤。如果没有原辅材料烘烤条件，应根据空气湿度变化，用真空处理的方法予以弥补（尤其对于大规格铸坯）。

(4) 保证中间包覆盖剂、结晶器保护渣水分小于 0.5%。

(5) 保证全程保护浇注良好，特别是钢包长水口密封要良好，吹氩保护正常，减少钢水二次氧化。

(6) 严格控制开浇温度，要确保低过热度浇钢，特别足开浇第一炉的钢水过热度要低，可以采取镇静降温的办法来保证低过热度开浇，以减少吸气的可能。

4. 连铸圆坯表面的重接、切伤和划伤

连铸圆坯表面重接缺陷是指由于钢水浇注中断（即拉矫机突然停止）而在弯月面处产生凝壳，不能与再浇的钢水相融，在铸坯表面产生环绕铸坯的接痕，也称为“双浇”。表面重接如图 2-5 所示。

图 2-5　表面重接

切伤缺陷是指由于连铸切割系统异常切割，而在铸坯表面留下的切割痕迹。划伤缺陷是指外来坚硬异物黏附在输送辊子上或输送辊子不转，而引起的铸坯表面的机械损伤。铸坯表面重接和切伤多是偶然发生的，而铸坯表面划伤只要出现就是连续、大量发生，且上述缺陷都与设备异常有关，因此必须经常巡视检查在线铸坯表面质量，发现问题及时处理，避免缺陷大量发生。

对连铸坯表面轻微的划伤一般对通过修磨清理掉，不会造成铸坯或深加工后的产品报废。但连铸坯表面重接、切伤一般会造成铸坯报废。

对于不是很严重的管坯表面缺陷，目前主要有去除全部表面缺陷的火焰清理法、扒皮法和去除部分缺陷的机械清理、人工清理、修磨等方法。如果表面缺陷过深，上述方法难以根除，则铸坯必须报废，否则会造成下一道工序产生废品，产生更大的浪费。

（四）对铸坯表面质量的要求

凝固组织：钢水在凝固过程中，结晶成不同大小的晶体，各个晶体受内在化学成分及冷却条件的影响，在长大时形成具有不同特点、不规则的晶粒，这种组织称为凝固组织。铸坯内部正确的凝固组织是指铸坯横断面上等轴晶和柱状晶的比例合理，特别是铸坯外部与心部的等轴晶越多、尺寸越小越好。铸坯内部凝固组织的状态，也即结晶组织对下一步的加热与穿管工序的产品质量有直接影响。

铸坯内部的中心疏松与裂纹在铸坯穿管时会造成钢管内折，即钢管内壁产生折叠的缺陷。铸坯的中心偏析即铸坯中心部位碳、锰、磷、硫化学元素含量与其他部位的不均匀性，就会引起钢材内部力学性能的不均匀性，造成管坯深加工时后步工序产生产品缺陷。

检查铸坯内部质量的方法有硫印和酸浸低倍两种，当前比较通用的是酸浸低倍观察。

1. 铸坯中心偏析

铸坯中心偏析是指在铸坯轴心附近发生的溶质元素浓度的偏析。铸坯中心偏析是由于铸坯凝固过程中的体积收缩引起横断面液心内化液相的流动而造成的。

防止出现铸坯中心偏析的措施主要有：

（1）通过吹氩搅拌均匀钢水化学成分，尽可能降低钢中易偏析元素的含量，例如控制磷含量不大于0.015%，硫含量不大于0.010%。

（2）严格控制开浇温度，确保低过热度浇钢，减小柱状晶的宽度，增大等轴晶比例，达到减少中心偏析的目的。

（3）合理确定铸坯拉速，杜绝高温浇钢。

（4）采用电磁搅拌技术，消除柱状晶的“搭桥”，增大中心等轴晶比例，减少中心偏析。

（5）保证结晶器浸入式水口必须与结晶器对中。

2. 铸坯的中心疏松与缩孔

将铸坯沿轴线剖开，就会发现中心附近有许多细小的孔隙，这些小孔隙就是中心疏松。中心疏松严重时会形成更大的孔隙，即中心缩孔。铸坯中心疏松与缩孔的产生主要是铸坯凝固末期钢水不能及时补充凝固收缩所致。中心疏松和缩孔如图2-6和图2-7所示。

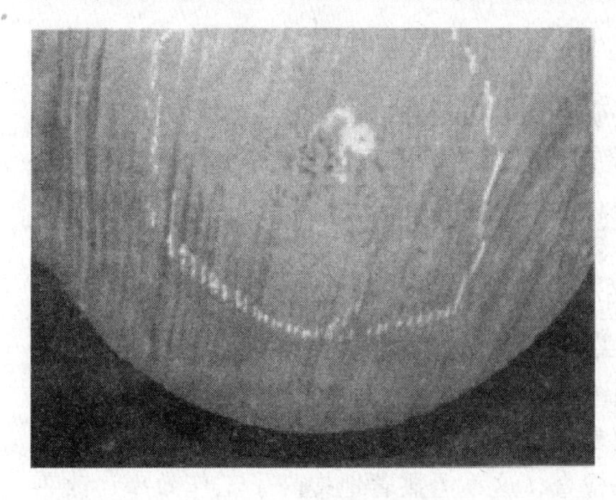

图2-6　中心疏松

图2-7　缩孔

防止出现铸坯中心疏松与缩孔的措施主要有：

（1）严格控制开浇温度，确保低过热度浇钢，严禁高温浇钢。

（2）严格按照中间包钢水过热度调整拉坯速度，并保持恒定。

（3）二次冷却选择弱冷制度，保证铸坯二次冷却要均匀，最好采用气雾冷却方式。

（4）采用电磁搅拌技术，消除柱状晶的“搭桥”，增大中心等轴晶比例。

3. 铸坯的内部裂纹

铸坯内部裂纹是指各种应力（包括热应力、机械应力、相变应力）作用在脆弱的凝固界面上产生的裂纹。根据内部裂纹出现的部位分为皮下裂丝、中部裂纹和心部裂纹，如图2-8所示。

图2-8　皮下、中部与心部裂纹

防止出现铸坯内部裂纹的措施主要有：

（1）严格控制开浇温度，确保低过热度浇钢，严禁高温浇钢。一般认为，中间包内钢水过热度控制在20～30℃为宜。

（2）对于不同的钢种选择合理的结晶器冷却和二次冷却制度，防止铸坯内部产生较大的热应力。

（3）保证铸坯匀速冷却，避免较大的铸坯“回温”现象，一般铸坯“回温”应小于100℃。

（4）保证中间包与结晶器对中，结晶器与二冷室导向辊要准确对中弧度。

（5）严格按照中间包钢水过热度调整拉坯速度，并保持恒定。

（6）调整好各流各架拉矫机的压力，避免过大。

（7）确保电磁搅拌器搅拌参数合适，以获得均匀的凝固组织，其中的等轴晶区比例应在40%以上。

（8）选择与生产铸坯钢种、规格相匹配的铸机弧形半径，采用连续多点矫直技术。

三、管坯表面质量控制

对管坯严格检查和彻底清理表面缺陷，是确保钢管质量和提高成材率的重要措施，许多钢管厂家对此工作都极为重视。通常管坯检查和表面缺陷清理应当在管坯生产厂完成，轧管厂应根据相应的技术条件和要求对管坯进行复检。

管坯表面不得有肉眼可见的裂纹、结疤、针孔、夹渣、夹杂、发裂等缺陷，允许有深度不超过1.5mm的机械划痕、划伤和凹坑存在。圆坯端面不允许有肉眼可见的缩孔。

管坯表面缺陷允许清除，清除深度不超过实际直径的4%，清除处应圆滑无棱角，清除的长深比大于8，宽深比大于6，在同一截面周边上清除深度达直径4%的区域不超过一处。

为了暴露管坯表面缺陷，以便于检查，通常先采用酸洗、剥皮等方法去除管坯表面氧化铁皮。现在多采用无损探伤检查来代替人工检查，这不但显著地提高了工作效率、改善劳动条件，而且提高了检查的质量。不同钢种采用不同的表面缺陷清理方法：

（1）中、低碳钢多采用高效率的表面火焰清理法。

（2）高碳钢和合金钢采用砂轮磨修。

（3）重要用途钢管和高合金管坯采用整根剥皮—检查—局部磨修。虽然剥皮清理金属消耗大、成本高，但由于能提高钢管质量和成材率，故经济上还是合理的。

【思考与练习】

2-1-1 管坯的技术条件包括什么内容？

2-1-2 简述管坯清理方法。

材料成型与控制技术专业

《钢管生产》学习工作单

班级： 小组编号： 日期： 编号：

组员姓名：

<table>
<tr><td colspan="2">实训任务：识别管坯的表面和内部铸造组织缺陷与管坯复检条件</td></tr>
<tr><td colspan="2">相信你：在认真填写完这张实训工单后，你会对管坯复检验收条件有进一步的认识，能够站在班组长或工段长的角度完成管坯复检验收的任务。</td></tr>
<tr><td colspan="2">基本技能训练：
实训任务：识别管坯的表面和内部铸造组织缺陷
表面纵裂纹的编号是：________
表面夹渣的编号是：________
表面凹坑的编号是：________
表面气孔的编号是：________
表面重接的编号是：________
中心疏松的编号是：________
缩孔的编号是：________
皮下、中部与心部裂纹的编号是：________</td></tr>
<tr><td colspan="2">基本知识：
连铸圆坯对钢的化学成分要求中主要元素的指标举例？
连铸圆坯对钢中有害气体的要求？
有害残余元素的含量？
管坯中夹杂物的来源分类？
对铸坯外形尺寸的要求内容和指标？</td></tr>
<tr><td colspan="2">综合技能知识：
你准备采取哪些方法对管坯表面缺陷进行清理？</td></tr>
<tr><td>教师
评语</td><td></td></tr>
<tr><td colspan="2">成绩根据课程考核标准给出：</td></tr>
</table>

管坯的表面和内部铸造组织缺陷，如图 2-9 所示。

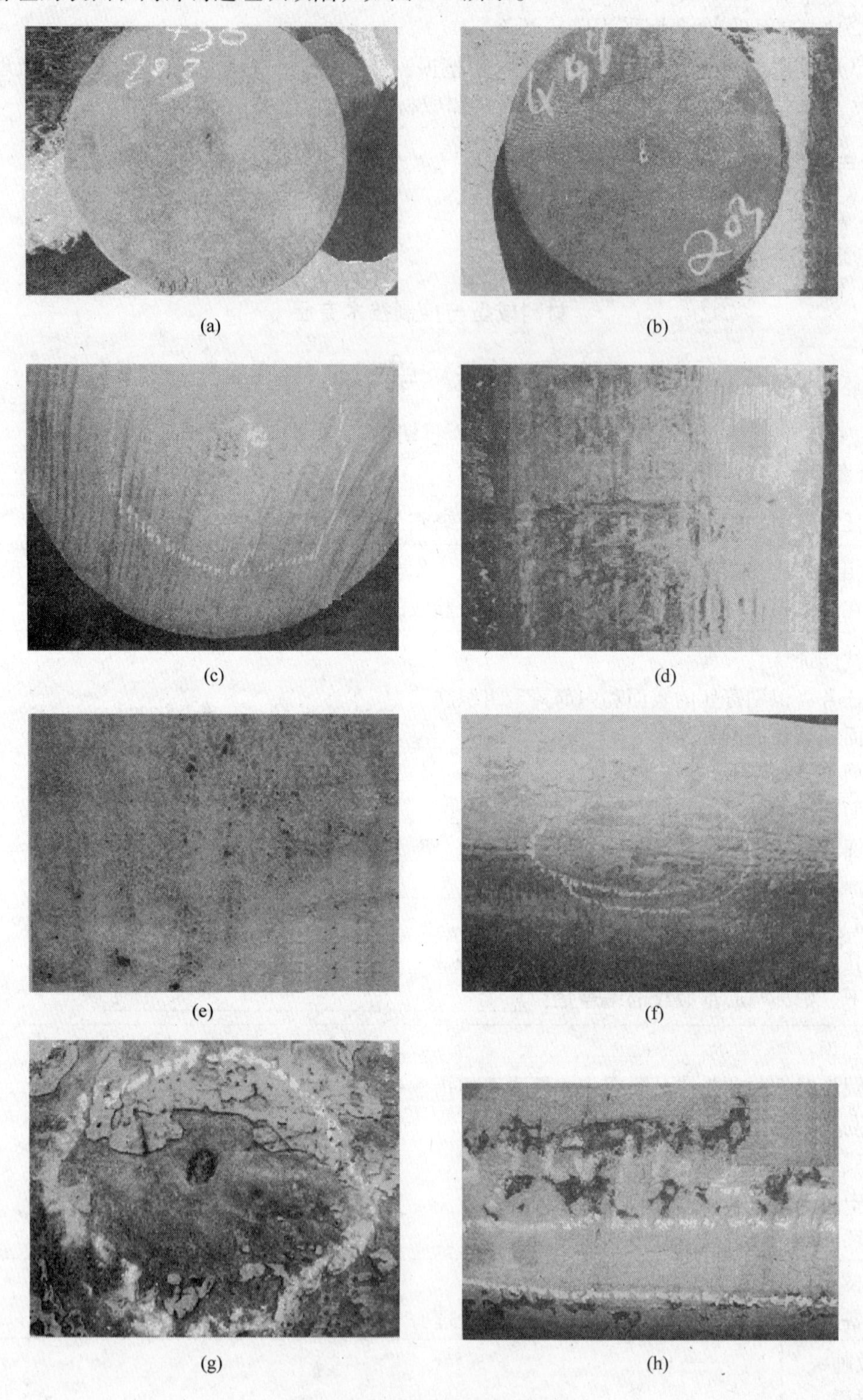

图 2-9　表面和内部铸造的缺陷

任务2 管 坯 锯 切

【学习目标】

一、知识目标

（1）掌握管坯工段的组成、管坯的备料过程。

（2）了解管坯工段的主要设备。

二、技能目标

（1）熟悉管坯的品种规格、技术条件。

（2）锯切操作。

【工作任务】

（1）按工艺要求进行管坯锯切的操作。

（2）管坯锯切长度的计算。

【实践操作】

一、连铸圆管坯的锯切

链式提升机将管坯提升至5m平台拨至台架上，然后从台架上用拨料钩拨至锯前分配小车上，通过小车横移分配给3台锯。管坯锯为卧式圆盘锯，型号为HK700E-55，由奥地利MFL公司设计制造。

（1）参数。锯片直径 D_{max} = 800mm、D_{min} = 630mm；锯片法兰直径为240mm；齿数50～60；对130/185工件计算切屑厚度0.1～0.15mm；每次重磨后锯片寿命10～20m²；锯片重磨次数8～10；锯片更换用时3～5min；主驱动AC电机55kW；芯轴旋转无级变速34～90r/min（180）；AC电机进给能力6.9kW；无级变速进给100～2000mm/min；快速返回恒定值8000mm/min；中心润滑系统0.1kW；刷扫装置0.12kW；液压3条锯切系统2×75kW；西门子控制系统S7；表示质量 R_a25μm；平直度最大0.5/100mm；毛刺高度1.2mm；切屑长度公差±1mm；尺寸：宽大约2850mm、长大约1200mm、高大约1920mm；每条坯质量大约14000kg；一个切断周期为70s（包括夹紧、管坯切断、锯片返回、打开夹紧装置和管坯出料以及切头、切尾的时间，但不包括管坯运输时间）；3台锯的最大生产能力为50万吨/年。

（2）设备构成。管坯锯有一特殊的倒向装置（液压伺服装置）有利于减振和提高锯的使用寿命（只在进给时起作用）。锯床有两个夹紧装置分布于入出口（输入区有辊道支撑保证弯坯的夹紧）锯切后入口端。夹紧打开保证锯片返回时不与坯子接触。

1）进给锯齿轮。锯齿轮减振（由三个固定齿轮的减振组成，作为可移动的减振避免了锯片相对于轴向的摆动）。

2）刷扫装置。在锯片的底部安装有一个驱动刷扫装置，清扫齿上的铁屑，不会影响锯片的寿命。

3）锯片喷射润滑。为了提高锯片的使用寿命，高负载润滑剂的容器由空气雾化少量浇注在锯片上，没有残留。

4）锯片冷却装置。一个特殊的喷嘴，冷的空气 -5℃喷在锯片上。

（3）锯切后的定尺坯。锯切后的定尺坯经出口辊道和称重装置后拨至装料机前缓冲链（注：3号锯前有一尚需切头的单倍尺坯上料台架，称重后有一回炉坯上料台架），缓冲移送链将管坯运至装料机下辊道前，坯子由翻料钩从链上翻至辊道上称重合格的管坯由装料机装入环形炉，称重不合格的管坯由辊道运输至剔除台架前剔除。

二、管坯锯切长度的计算

根据生产计划，计算出各种品种规格的管坯锯切长度，并打印计算结果作为生产计划的一部分下发执行。

计算方法：

$$L_p = 4(L_c + \Delta L)(D - S)S/Kd^2 \tag{2-1}$$

式中　L_p——管坯长度，mm；

L_c——钢管长度，mm；

ΔL——切头尾长度，mm；

D，S——成品管外径、壁厚，mm；

K——烧损系数；

d——管坯直径，mm。

以代表规格 $\phi114.3\text{mm} \times 4.5\text{mm} \times 13.5\text{mm}$ 为例，计算该产品所需要的管坯长度。

已知：$L_c = 27\text{m}$、$\Delta L = 1.46\text{m}$、$K = 0.98$、$d = 210\text{mm}$

由式（2-1）得：

$$L_p = 4(L_c + \Delta L)(D - S)S/Kd^2 = 4 \times (27 + 1.46) \times (114.3 - 4.5) \times 4.5 / (0.98 \times 210^2) = 1.302\text{m}$$

【知识学习】

一、管坯切断

当管坯供应长度大于生产计划要求的长度时，需要将管坯切断。管坯长度不应超过机组设备允许范围。穿轧高合金管时，管坯长度的大小还应考虑穿孔顶头的寿命。管坯切断方法有剪断、折断、锯断和火焰切断等。这几种切断方法各有其优缺点。

（一）剪断法

剪断机的生产率高，剪断时无金属消耗。但由于断口处压扁现象而且容易切斜。同时剪断机在剪切高合金钢时也容易切裂，所以剪断机一般只使用于剪切次数多、产品为低合金钢和碳钢的小型机组上。

（二）折断法

折断机生产率较高，但折断后的管坯断面极不平整，易造成穿孔时壁厚不均。同时对于低碳钢和合金钢，折断也较困难。因此折断机一般在旧式机组上使用，新建机组一般已不采用了。

（三）火焰切割法

火焰切割的管坯断面平整，切缝在6～7mm，并且一次投资费用较为低廉。同时火焰切割机生产灵活，既可切割圆坯也可切割方坯，对于大多数钢号的管坯都能切割。其缺点是采用一般的火焰切割方法，对含碳量超过0.45%的碳钢和一些合金钢不适用。同时会有金属消耗、氧气消耗及造成车间污染等问题。

（四）锯断法

锯断机锯切的管坯其端面平直，便于定心，在穿孔时易于操作，空心坯（毛管）壁厚相对来说也较均匀，同时各种钢号的管坯均可用于冷锯机锯断。但其缺点是生产率较低，锯片损耗大。锯断法是切断质量最好的方法，它被广泛应用于合金钢特别是高合金钢管坯的切断。切屑长度公差为±1mm。

一个切断周期包括夹紧、管坯切断、锯片返回、打开夹紧装置和管坯出料以及切头、切尾的时间，但不包括管坯运输时间。一台锯的最大生产能力为25万吨/年。管坯锯有一特殊的导向装置（液压伺服装置）有利于减振和提高锯的使用寿命（只在进给时起作用）。

管坯准备的工艺流程，如图2-10所示。

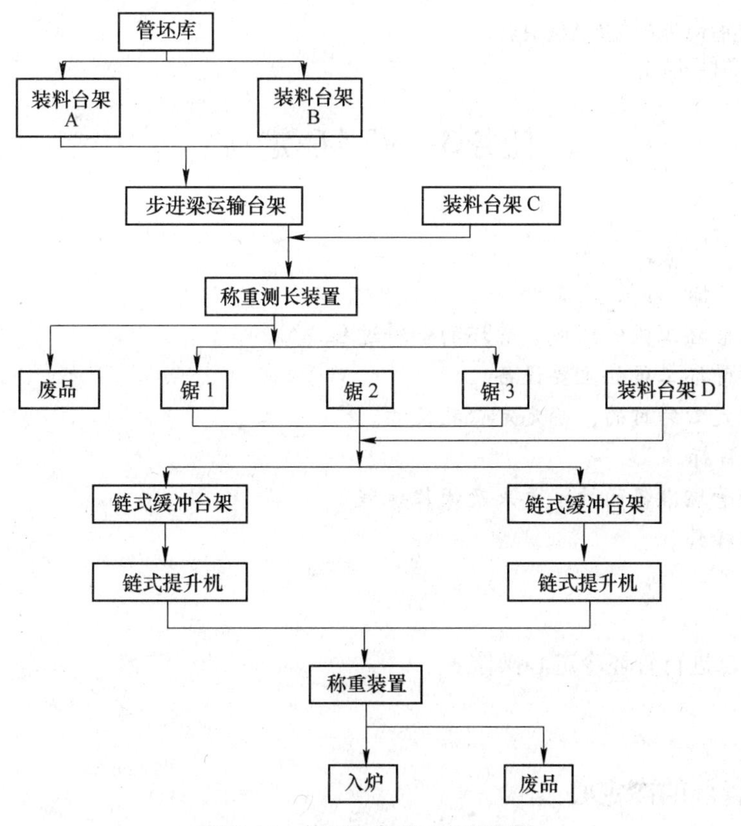

图2-10　管坯准备的工艺流程图

二、管坯切断的技术要求

管坯切断的技术要求如下：

（1）管坯切后断面要平齐。管坯端面应与轴线垂直，其切斜度应符合的规定见表2-3。

表2-3 管坯端面切斜度

公称直径/mm	切斜度（不大于）/mm	公称直径/mm	切斜度（不大于）/mm
≤100	6	>300～400	12
>100～200	8	>400	15
>200～300	10		

在穿孔时过大的切斜度会使歪斜的管坯端面在与穿孔顶头的鼻部相遇后难于对准中心，以致毛管头部的壁厚不均有所增加。

（2）管坯剪切后端头不圆度要小。过大的端头椭圆度不仅使定心工序难以进行，而且会恶化穿孔咬入条件，或产生轧卡等事故。热轧管坯的不圆度不大于公称直径公差的75%。连铸管坯的不圆度不大于公称直径公差的85%。

（3）管坯剪切断面不应带毛刺，不准有“带肉”和“掉肉”的现象。

（4）切断管坯定尺长度的允许偏差为$^{+50}_{0}$mm。

【思考与练习】

2-2-1 简述管坯的切断方法及其优缺点。

2-2-2 如何确定管坯尺寸?

任务3 管坯定心

【学习目标】

一、知识目标

（1）掌握管坯工段的组成、管坯的备料过程。

（2）了解管坯工段的主要设备。

（3）管坯定心的目的，确定定心孔尺寸。

二、技能目标

（1）掌握管坯准备的技术要求及操作规程。

（2）定心操作。

【工作任务】

按工艺要求进行管坯冷定心操作。

【实践操作】

一、连铸圆管坯的冷定心

管坯在锯切后入加热炉前，某些规格要进行冷定心。一般为意大利的LAZZARI的冷定心机。位于锯切后管坯移送链中间部位。

（一）定心机组成

单体钻孔机主要结构为坚固焊接后退火而成。看起来像一个暗室（钻头及动作部分外有一箱形罩），其中为一平台，钻头沿水平方向运动。主体设计使强大的震动冲击减少到最低，通过螺栓组合后固定到地面上。

钻头也是焊接退火而成，主电机为三相异步电机，通过轴驱动钻头，更换不同直径的钻头以对应不同钻孔要求的管坯。两台单体钻孔机分别位于管坯的头部和尾部，钻孔机是生产线的一个组成部分，钻孔机自动情况下完成一个工作循环包括：夹紧管坯；钻头快速进给；钻头钻孔；钻头快速返回；夹紧系统打开。

钻孔机前进给系统：钻孔机前进给系统由无刷电机和旋转辊道构成。

夹紧系统：夹紧系统是钻孔机的主要结构，由两个水平固定的垂直“V”形液压缸构成，调整垂直入口高度以夹紧不同直径的管坯。

润滑系统：分别对钻头，钻头进给轴，夹紧系统进行润滑。

液压系统：包括所有液压缸，夹紧块，使用面板。

电器控制系统：全部操作由西门子 S7-300 PLC 控制系统控制，包括设置工作参数和检查设备状态。

保护罩：一是对钻孔机周围操作人员进行安全防护，二是防护钻孔时切削的铁屑和碎片。

铁屑收集系统：将被压缩空气吹走的铁屑集中收集，并通过收集链移走。

（二）参数

抗拉强度最大 1200N/mm^2；外径 ϕ270mm、ϕ310mm、ϕ350mm、ϕ400mm；直径公差 ±1.4%；最小管坯长度 1150mm、最大管坯长度 5000mm；ϕ40mm 钻头直径，钻孔深 0 ~ 50mm；ϕ80mm 钻头直径，钻孔深 0 ~ 50mm。

（三）基本操作

管坯停在移送链的尾部，把管坯传送到头部钻孔机前的对齐辊道，管坯向前运输，使管坯端面与管坯在钻孔机前准备位置在一条直线上，然后步进梁将管坯移至钻孔机前，夹紧系统夹紧管坯进行钻孔；管坯被送出夹紧装置，由步进梁运送到缓冲台架；管坯从缓冲台架被第二步进梁运送到对齐辊道，改变位置，管坯另一端对齐；管坯被运送到尾部钻孔机前，其步骤和第一钻孔工作循环相同；最后管坯被提升到 6m 平台。

当管坯到达钻孔准确位置，其操作步骤是夹紧装置闭合；PLC 精确计算钻孔量；钻孔机通过设定的参数执行钻孔操作；夹紧打开，钻孔后的管坯运走。

冷定心工艺流程如图 2-11 所示。

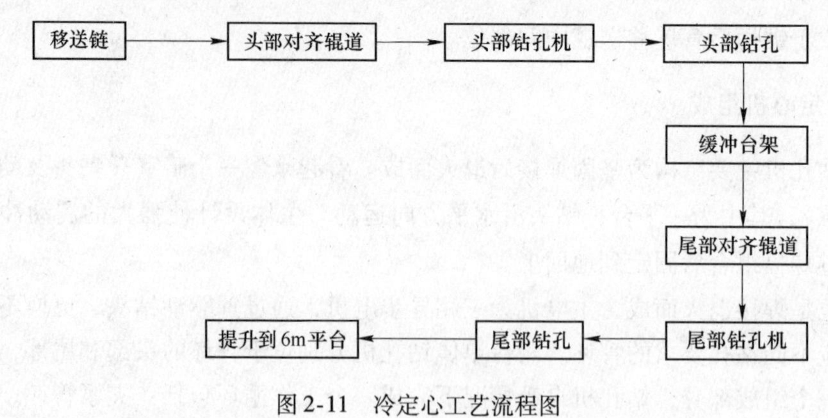

图2-11 冷定心工艺流程图

【知识学习】

一、管坯定心

热轧无缝钢管生产时为了在穿孔时顶头鼻部正确地对准管坯的前端，因此在管坯穿孔前在管坯前端加工出一个浅圆孔，这个工序称为定心。如图2-12所示为管坯定心示意图。在轧制一些变形抗力较大的材料时，有的工厂在管坯入炉前在管坯的后端或前、后两端端面的中心钻孔，前端定心可以防止穿孔时穿偏，减小毛管壁厚不均，并改善斜轧穿孔的二次咬入条件；后端定心是为了消除穿孔时毛管尾部产生的环状飞边，以利于轧前穿芯棒及提高钢管内表面质量和芯棒使用寿命，并可防止毛管尾部出现“耳子”等缺陷，避免出现穿孔后卡事故。

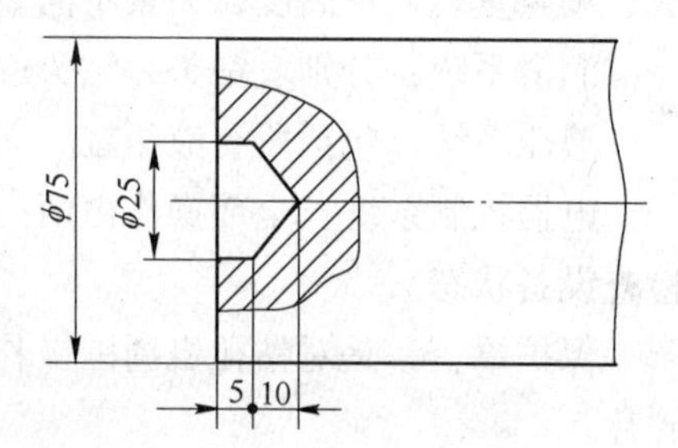

图2-12 管坯定心示意图

管坯定心的方法有：热定心和冷定心两种。热定心是在管坯加热后，用压缩空气或液压在热状态下冲孔，设备设置在穿孔机前台处，这种方法效率高，没有金属消耗，设备简单，应用比较广泛，同时由于冲头形状与顶头鼻部形状相适应，能获得良好的定心孔尺寸。国内对于碳钢和一般合金钢，大多采用热定心。冷定心是指在管坯加热前，在专门机床上钻孔，它的特点是定心孔尺寸精度高，但要损失一部分金属。因此冷定心仅在生产高合金钢和重要用途钢管时采用。

定心孔的尺寸和形状应和顶头鼻部形状尺寸相适应。定心孔直径应约等于或大于管坯在斜轧穿孔时受复杂应力作用产生的中心疏松区的直径，此直径一般取0.15~0.25倍的管坯直径，定心孔深度由定心目的而定。一般碳钢管定心目的是为了减少壁厚不均，因此深度取得浅；而高合金钢管坯还要增加顶头前压缩量，因此取得深。一般孔深7~10mm以上即可起到减小毛管前端壁厚不均作用；为改善穿孔咬入条件和管坯可穿性，孔深应大于20~30mm，对于某些高合金钢管，有时甚至要求是通孔。近几年的新建机组都将定心工序减掉了。

压力穿孔或PPM推轧穿孔所用的方坯，加热后要在定型机上进行对角定型。压力穿孔管坯定型的作用是压缩角部，使方坯的对角线等长，并且压成与穿孔筒相同的锥度，以达到剥落氧化铁皮和保证坯料对中的目的。

二、热定心设备

目前，国内各无缝钢管厂的热定心机形式主要有以下三种：

（1）炮弹式热定心机。如图2-13所示，这是用高速冲头一次冲成定心孔。对小直径的管坯，由于单重轻，易于把管坯冲跑，甚至飞出冲头，很不安全。故很少厂家采用。

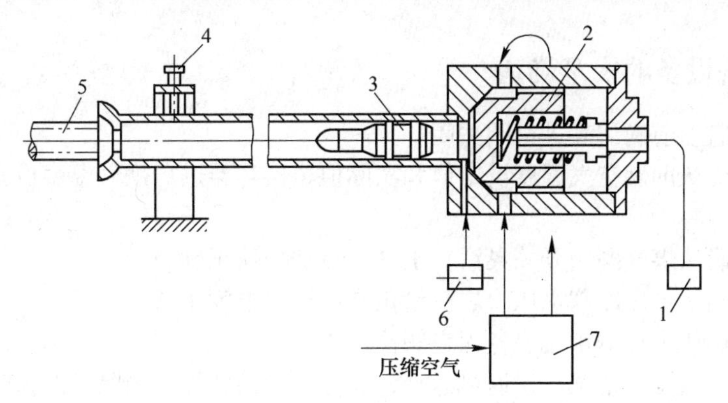

图2-13　热定心机示意图

1—电磁换向阀；2—快速阀；3—冲头；4—调整架；
5—管坯；6—抽气阀；7—储气罐

（2）液压式热定心机。管坯由液压夹紧机构夹紧，工作液压缸带动冲头，冲击管坯形成定心孔，国内普遍采用。采用自动调心装置，孔穴质量好，生产安全、可靠。但设备体积庞大，投资多，制造周期长。

（3）风镐式热定心机。这是由汽缸推动风镐多次冲击管坯形成一个定心孔。特点是：孔穴质量好，生产安全、可靠；设备体积小，投资少，制造周期短；必须经过多次冲击，定心高度需要调整。

【思考与练习】

2-3-1　管坯的定心方法及其目的是什么？

2-3-2　如何确定定心孔尺寸？

任务4　环形炉加热操作

【学习目标】

一、知识目标

（1）具备燃料燃烧、热传输、加热炉炉型结构和辅助系统知识。

（2）具备工艺设备工作原理知识。

二、技能目标

（1）会正确设备选型和工艺规程操作。

（2）准确掌握生产过程中各种检测仪器、仪表操作使用及数据分析。

（3）准确监控和调整操作加热炉系统工艺参数和辅助系统设备操作。

（4）具备温度调整和点停炉操作能力。

【工作任务】

按工艺要求进行管坯环形炉加热操作。

【实践操作】

一、环形炉各设备的安全确认

（1）风机启动前确认其进口阀关闭。

（2）经常确认助燃空气温度设定值和实际值、换热器进口烟气温度设定值和实际值超过规定值。

（3）经常确认煤气阀门开关灵活，手动、自动挡位正确。

（4）经常确认炉用冷却水压力、流量正常，出口温度正常。

（5）经常确认水封槽水位、各入口阀位、流量。

（6）确认烧嘴使用情况，遇返风返火，通过正确调整加以消除，严重时将其关闭。

二、点炉操作

（1）确认机械、液压、仪表、电气试运转正常，各种介质供送到位并已允许正常使用，炉内异物已清除，具备点炉条件。

（2）启动助燃空气风机，在空气压力控制器上设定压力 8000Pa，打开空气调节阀，使得空气总管压力与设定值一致，将控制器置于“自动”方式。以手动方式完全打开炉压控制蝶阀。

（3）在煤气站专业人员配合下进行氮气置换和送煤气操作，爆发试验合格，具备点火条件。

（4）煤气点火操作分冷态和热态点火。冷态启动时炉门及烟道闸板全开。各段空、煤气自动调节阀、手动阀均关闭，启动助燃风机，风压自动控制，设定值 8000Pa。打开各段空气阀和烧嘴前空气手阀（开度不大于 30%）吹扫炉膛 10min，然后关闭烧嘴前空气手阀。煤气总管压力自动控制，设定值 10kPa。点燃烧嘴点火时，先将该段空气、煤气调节阀手动打开 50%，稍稍打开空气手阀，配给少量的空气，将点火枪点燃，插入点火孔，先打开烧嘴煤气手动截止阀（上方），缓慢打开煤气手动蝶阀（下方），点燃以后再逐渐开大烧嘴空气手阀，调整空气和煤气手阀开度，使火焰稳定。

遵守“火等气”的原则，如熄火，应查清原因，并打开烧嘴空气手阀吹扫 5min 后再点火。

热态点火炉温高于 800℃，热态点火时炉压微负，应先打开烧嘴前煤气手动截止阀（上方），缓慢打开烧嘴前煤气手动蝶阀（下方），密切观察火焰情况，并逐渐打开空气手阀，直至保持少量煤气时火焰明亮稳定，待整段点燃后，方可投入自动控制。

三、烘炉操作

（1）严格按技术部门给定的升温曲线进行升温，手动调节燃料和空气的流量。

（2）烘炉时以手动方式连续转动炉底。

四、自动控制操作

（1）助燃空气压力调节器置于自动控制位置，压力设定值为8000Pa。

（2）炉膛压力调节器置于自动控制位置，炉压设定值为8～10Pa。

（3）将助燃空气放散温度设定为490℃，并将调节器置于自动控制位置。

（4）将换热器前烟气稀释温度设定为830℃，并将调节器置于自动控制位置。

（5）将各段炉温调节器置自动位置前，进行下列操作：将该段烧嘴全部投用；设定各段空气过剩系数0.90～1.10，并将调节器置于自动控制位置；将燃料流量调节器置于自动控制位置；将助燃空气流量调节器置于自动控制位置；将炉温调节器上的设定值调节到与实际值一致，而后置于自动位置。

（6）若需改变温度设定值，每次只能调节10～15℃，待实际值与设定值一致后，可以再次调节。

（7）各段炉温严格按技术部门给定的加热制度进行设定。

五、停炉操作

（一）正常停炉

以70℃/h降低各段炉温设定值，直到800℃为止。当炉温低于800℃时，从装料侧开始，依次逐段将温度控制器、助燃空气和燃料控制器置于“手动方式”，逐段关小煤气流量（开度）至15%，将空气阀打开15%，现场关闭所有烧嘴。关闭各段煤气调节阀、手动截止阀，依次关闭煤气总管两个手动截止阀，自动切断阀。执行管道充氯置换程序，空气阀打开，开度30%，助燃风机开度不得超过38%，PV1801开度100%至常温。当炉温低于300℃时，关闭冷却水和水封槽的入口阀。炉温低于50℃时，将附属设备、空气和燃料管道上的执行器、阀门关闭。上述操作后，应对阀门状态进行确认。

（二）紧急停炉

一旦发生紧急停炉，仪表上自动连锁关闭煤气总管及各段自动切断阀，导致烧嘴熄火，操作人员应立即将调节器置于手动控制位置并关闭开度（须去现场再次确认），将煤气总管自动切断阀开关手柄打到关位置。

如果紧急停炉原因是工艺参数波动瞬时超过仪表连锁停炉设定值，一般能马上恢复正常，这种情况下，可待报警消除后，将仪表复位后，从九段开始逐段在仪表上点烧嘴，注意先给风再给煤气，同时派人去现场观察烧嘴燃烧情况。

如果紧急停炉不是工艺参数波动造成，不能马上恢复正常，应立即报告调度室并了解停炉故障原因和恢复时间，协助处理故障；同时组织相关人员关闭烧嘴前手阀。故障排除后，进行点火。点火时，若炉温高于800℃，按热态点火程序相关规定执行；若炉温低于800℃，按冷态点火程序相关规定执行。

点火后，按50～70℃/h升温，直至正常炉温；停炉期间炉膛保持微负压；将紧急停炉原因及处理过程记录清楚。

（三）待轧降温与关闭各段烧嘴

在生产中断、生产节奏降低、生产规格变化的情况下，需降低各段的温度及从装料端到出料端关掉一个或多个段，应顺序执行下列操作：

先从仪表上手动逐渐关小该段煤气流量（开度）至 15%，将空气手动置于 15%，现场关闭烧嘴前煤气阀，短时间关闭（24h 以内）时，可不关闭该段段前截止阀，但要加强监护；长时间关闭（24h 以上）时，关闭该段空、煤气自动调节阀．手动截止阀（如果超过 15 天，应再关闭盲板），进行氮气置换；严格执行待轧升、降温制度，及时准确地降低各段炉温设定值，根据生产需要，按照待轧升、降温制度，在恢复生产前一定时间，重新投用某段及逐渐升温。

六、机械操作

（1）操作前准备。检查装、出料机、炉门、炉底机械及液压站等机械设备情况是否良好；检查冷却水运行情况是否正常；操作前必须得到机械、电气、液压人员的允许；启动环形炉液压站。

（2）正常生产操作。按生产计划核实待装炉与准备出炉的坯料。装料前和换炉号时，通过 GE6 + 终端页面与生产计划核对装、出炉管坯的炉号批号等参数，如发现不符时，需及时更正。不同炉号的管坯间至少空出两个料位、不同批号的管坯间至少空出 3 个料位。在 GE6 + 终端页面上确认运行周期。长度小于 2700mm 的坯料，交叉布料，出料时正确选择前、后位。

（3）停机操作：

1）紧急停机。如果设备出现故障，可立即按下“紧急关断”键．用以实现在任何工作阶段关掉机器。紧急停机后，如果装出料夹钳还在炉内，应通过现场绞索将机器拉出炉外，并停止于基本位置上。

2）正常停机。采用必要的操作，将机器停止在它的基本位置上，停液压站。

七、工具更换程序

（1）调换生产规格和正常检修时炉温控制操作。遇到生产规格调换时，应将炉内管坯出空，执行隔段降温即当坯料转到第二段中间后降第一段温度，依此类推；坯料出空后，1250℃保温；加热 ϕ210mm、ϕ230mm 管坯时，不点第一段烧嘴，加热 ϕ270mm、ϕ300mm、ϕ310mm、ϕ350mm 管坯时点第一段烧嘴；配合检修需要，进行关停烧嘴、置换氮气等操作；根据管坯规格不同，执行相应的加热制度。

（2）大换生产规格时装料操作。装料前，在终端页面上修正并确认待装管坯的各项参数；按技术规程要求确定装料步距；提前调试并根据装、出料夹钳的不同需要，要求机电人员调整各传感器位置。

八、换热器使用注意事项

（1）正常运行时换热器入口烟气温度不得超过 850℃，如果实际温度超过设定值，换热器保护系统将控制冷却空气管道阀门，加大冷风量。若效果不明显，可进行温度设定值减量。

（2）在炉子点火升温时，需供给相当量的空气，以避免在烟道内发生二次燃烧。

（3）炉子运行时，应保持稀释风机常开。

（4）在有烟气流经换热器时，必须有助燃空气流经换热器。

（5）换热器钢管表面积灰只能用压缩空气或水蒸气吹扫，在任何情况下不得使用砂磨或钢丝刷。

九、调整要点

当发生下列参数异常时，会导致环形炉连锁停炉故障，因此在控制时要特别引起重视，以免发生不必要的停炉，影响生产和损坏设备。

（1）环形炉主要连锁停炉条件。煤气主管进口压力过低（低于4kPa）；助燃空气主管压力过低（低于3kPa）；炉用冷却水压力过低（低于0.15MPa）；压缩空气压力过低（低于0.3MPa）；助燃空气温度过高；换热器前烟气温度过高（高于950℃）。

（2）预防环形炉连锁停炉的控制方法。要加强监控，发现各能源介质异常要及时通知调度室联系相关部门处理；如果发现能源介质异常，为防压力过低引发连锁停炉，可在条件允许的情况下，及时降低其使用量，以维持其压力；为防止烟气、助燃空气温度过高引发连锁停炉，可在条件允许的情况下，及时降低第一段的煤气量和温度；长料后为短料或检修空炉时，提前调整一、二段炉温及煤气流量，防止换热器前烟气温度和助燃空气温度过高。

【知识学习】

一、管坯加热设备与工艺

（一）环形炉

环形炉在热轧无缝钢管生产线中的作用是将管坯锯锯切之后的合格定尺管坯由常温（20℃）加热到（1280±5）℃，以供穿孔机组进行穿孔工序。环形炉是目前世界上用于加热圆管坯的最理想的工业炉炉型。此炉型的特点是炉底呈环形，在炉底驱动装置的作用下承载管坯由入料端旋转至出料端，再由出料机从出料炉门将加热好的管坯取出。在管坯随炉底运动过程中通过炉墙、炉顶等处的烧嘴加热达到合格的出料温度，并满足温度均匀性要求。

为了达到理想的加热质量，从热工控制上将炉子从圆周方向上分成若干控制区，依次形成预热段、加热段、均热段，各段亦可再分若干控制区以提高控制精度，例如某厂环形炉就分成7个控制区，预热段一个控制区，加热段四个控制区，均热段一个控制区，最后一个出料区。各控制区按不同的温度进行控制，实现对管坯的合理加热，达到要求的加热质量。各区的基本加热设备是烧嘴，烧嘴将助燃空气、燃料按合理的比例（空燃比）混合燃烧形成火焰加热管坯。其中燃料由管道系统供送，助燃空气是由鼓风机（助燃风机）经由换热器加热，再由空气管道分配至各区烧嘴参与燃烧。而温度的调节由自动化控制系统通过调节管道上的阀门打开度实现燃料及配风的流量来实现。而燃料燃烧产生的烟气通过烟囱排入大气。炉底、炉墙、烟道、烟囱等是由耐火材料砌筑而成的，以达到保温节能的效果。与其他炉型相比，环形炉具有以下优点：

（1）环形炉最适合加热圆管坯，并能适应各种不同直径和长度的复杂坯料组成，易于按管坯规格的变化调整加热制度。

（2）管坯在炉底上间隔放置，坯料能三面受热，加热时间短，温度均匀，加热质量好。

（3）管坯在加热过程中随炉底一起转动，与炉底之间没有相对运动和摩擦，氧化铁皮不易脱落。炉子除装出料门外无其他开口，严密性好，冷空气吸入少，因而氧化烧损较少。

（4）炉内管坯可以出空，也可以留出不装料的空炉底段，便于更换管坯规格，操作灵活。

（5）装料、出料和炉内运转都能自动运行，操作的机械化和自动化程度高。

环形炉的缺点是：炉子是圆形的，占用车间面积较大，平面布置上比较困难；管坯在炉底上呈辐射状间隔布料，炉底面积的利用较差，单位炉底面积的产量较低。目前，国际上 DALMING 厂环形炉中径为 ϕ46m。ALGOMA 厂环形炉中径为 ϕ36m，国内宝钢环形炉中径为 ϕ35m，成都无缝厂环形炉中径为 ϕ20m，包头无缝厂环形炉中径为 ϕ35m，天津大无缝管坯加热环形炉中径为 ϕ48m，中径为 ϕ33.25m，年加热管坯量约为 50 万吨，造价近 4000 万元人民币。

（二）炉子结构概述

环形炉由转动的炉底和固定的炉墙、炉顶组成，如图 2-14 所示。

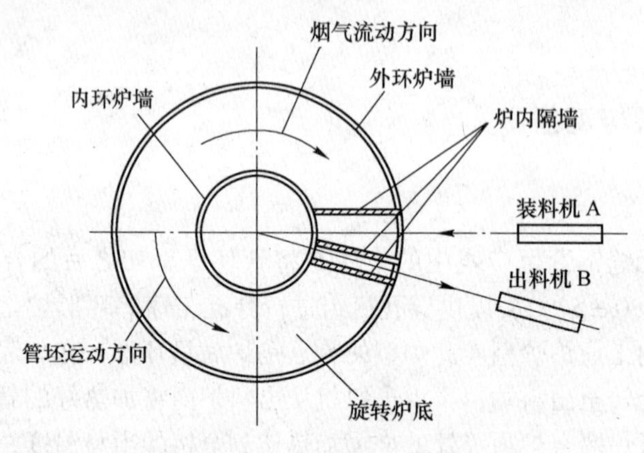

图 2-14 环形炉运转示意图

管坯由装料机 A 送入环形炉并放置在炉底上，随炉底一起转动，在转动过程中，被安装在炉子侧墙和炉顶的烧嘴加热，转动一圈后，由出料机 B 将被加热好的管坯取出。

环形炉炉内烟气按照与炉底转动相反的方向流动，加热管坯后废气经由装料端内环侧墙上的排烟口排除炉外。炉体外壳由轧制型钢焊接的柱梁和炉皮钢板组成。炉顶钢结构承载吊挂炉顶的耐火材料。为了保证炉底运转良好，炉底和侧墙的内外环之间留有一定的缝隙，即环缝。考虑到炉子工作时受热膨胀，炉子外环缝要比内环缝的缝隙稍大一些。炉底和炉墙之间的环缝采用水封，水封系统由水封槽、活动刀和固定刀组成，如图 2-15 所示。活动刀安装在炉墙上不动。在活动刀底部装有刮板，这样炉底在转动时，通过刮板把水封槽内的氧化铁皮和其他一些杂质刮到水封槽的漏斗处，最后通过漏斗清渣。

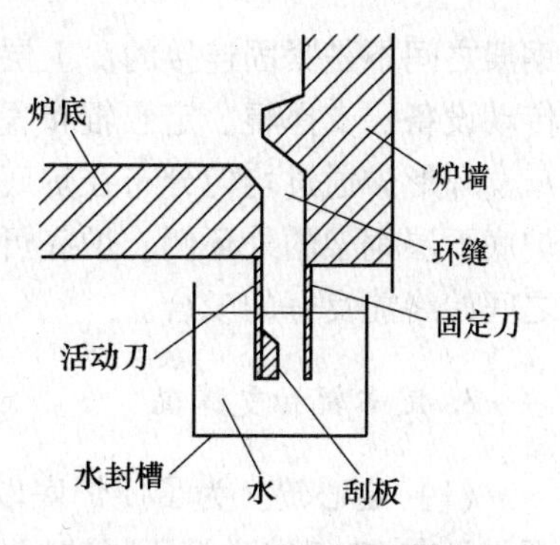

图2-15　环缝水封示意图

在装料门和出料门之间的炉膛内设有一道隔墙A，其目的是减少低温管坯区对高温管坯区、高温出炉管坯的吸热及高温烟气直接进入低温区形成烟气短路。在装料门后烟气出口前又设有一道隔墙B，因为烟气出口处为负压，即有抽力。为了防止炉膛从装料门吸入大量的冷空气，造成热耗和烧损的增加，设置了这道隔墙B。出料段与均热段间设有一道隔墙C，起到了隔离均热段与出料段，提高加热均匀性，进一步防止烟气短路，如图2-16所示。炉子四周设有必要的检修门和观察门。操作平台，走道和梯子可以通达所有的烧嘴和阀门处。

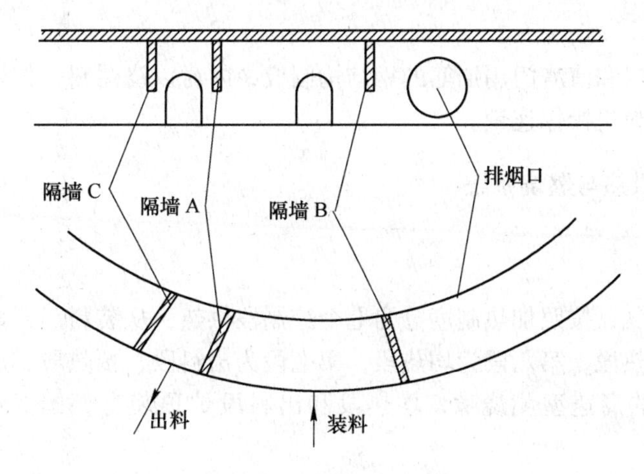

图2-16　隔墙位置示意图

（三）炉子机械

1. 装出料机

装出料机都是由一个固定的钢架和安装在钢架上的操作小车组成的，操作小车又由带有夹钳的机械臂的提升装置组成。操作小车的运动用电机驱动，夹钳用液压缸开闭，所有暴露在炉膛高温下的机械部件都采用水冷，装有绞盘，在紧急情况下把机械臂从炉内退出。为了使夹钳夹管坯平稳，最大行程为7600mm，且出料机夹钳可以左右摆动。扒渣机设在装料机之间负责扒除炉底氧化铁皮积渣。

装出料机可以同步工作，也可以分别工作，所有动作都是由液压传动来完成的。装出料机的动作可以近似看为一个矩形，机械臂提升→前进→下降→夹钳打开（夹紧夹钳）→提升→后退。

2. 炉底装置

环形炉的中枢部分是在炉底结构。转动炉底是由一个型钢制成的双层钢架，上下两层钢架之间不是紧固连接的。上层钢架承载炉底耐火材料，下层钢架的横断面呈梯形，可把传动设备、支撑辊、定心辊布置在炉底两侧，有利于设备的更换和维修。

环形炉通过均匀分布在炉底圆周上的两台液压马达销轮和柱销装置驱动，柱销安装在炉底下层钢架的外环侧。炉底可以反向转动，通过液压靠紧装置可以保持传动销轮和柱销之间始终能良好的咬合。

3. 定心辊和支撑辊

（1）定心辊。为了使炉底以一个固定中心转动，采用了水平定心辊来实现定心，即沿圆周设有 12 组带弹簧压紧装置的弹簧式定心辊。定心是从内环方向向外顶住炉底下层钢架来实现。定心力的大小通过调节弹簧的压力来实现。

（2）支撑辊。整个炉底由 96 个锻钢滚轮支撑。

4. 炉门开闭机械

装料门、出料门和清渣门用加筋的钢结构制成，内衬以浇注料，传动采用液压缸，炉门的开闭与装、出料机操作连锁。

（四）炉子的供热与燃烧系统

1. 概述

环形炉烧天然气，按照加热制度分为七个控制段供热，从装料门开始，第一段为预热段，中间四段为加热段，第六段为均热段，第七段为出料段，预热段、加热段侧墙上均装有德国 Krom 公司的高速型侧烧嘴，均热段和出料段炉顶装有德国 Krom 公司的平焰顶烧嘴。

2. 燃烧系统的组成及设备性能

燃烧系统由一台助燃风机、空气管道、一台烟气稀释风机、一台空气换热器、一套燃气分配系统和烧嘴形成。构成燃烧系统的这些设备，保证了燃料、助燃空气通过烧嘴达到正常燃烧的目的。

3. 空气预热器

烟气出炉温度很高近 1000℃，具有很高的热能，把这部分能量传给空气，这样便可回收一定的热能，达到节能、提高热效率的目的。

换热器是由许多无缝钢管组成的。钢管内部走空气，换热器置于烟道内，这样，钢管内的空气就被加热了。由于烟气的走向和空气的走向是相反方向的，所以叫做逆流管状换热器。

4. 空气管道

将冷空气送至换热器，将热空气从换热器送至各段烧嘴处，供燃烧用。冷空气管道用钢板管制成，热空气管道用岩棉包扎起保温作用，外有镀锌铁皮壳保护。

（五）烟囱

1. 作用

产生抽力，使炉内烟气经烟道排向大气。当烟气经换热器直至烟囱时，烟气靠烟囱的自然抽力排向大气。如经余热锅炉至烟囱时，由于沿程阻力损失大，要使用排烟机与烟囱一道将烟气排向大气。

2. 结构

烟囱为自立式钢烟囱，内衬绝热材料，出口内径为2.4m，高为75m。烟囱的抽力决定烟囱的高度和烟气温度。烟囱高度升高，烟气温度升高，则抽力增大，同时要求烟囱要有良好的气密性，才能保证烟囱的设计抽力。

二、热工工艺特点

（一）烧嘴的分布

烧嘴在炉内的分布，决定了炉内热负荷的分布，也是实现炉子温度的条件。各段烧嘴布置和供热能力，见表2-4。均热段和出料段根据其工艺特点，要求烧嘴单个供热能力要小，个数要多，以达到炉内火焰分布均匀，管坯加热的目的。

表2-4　烧嘴布置和供热能力

阶　段	烧嘴形式（标态）	烧嘴数量	单个烧嘴供热能力 /GJ·h^{-1}	段供热能力 /GJ·h^{-1}	安装位置
预热段	80m^3/h天然气直焰烧嘴	12	3.12	37.44	内外侧墙均匀分布
第一加热段	80m^3/h天然气直焰烧嘴	14	3.12	43.68	内外侧墙均匀分布
第二加热段	80m^3/h天然气直焰烧嘴	15	3.12	46.8	内外侧墙均匀分布
第三加热段	80m^3/h天然气直焰烧嘴	15	3.12	46.8	内外侧墙均匀分布
第四加热段	80m^3/h天然气直焰烧嘴	12	3.12	37.44	内外侧墙均匀分布
均热段	28m^3/h天然气平焰烧嘴	18	1.09	19.66	内外侧墙均匀分布
出料段	17m^3/h天然气平焰烧嘴	3	0.66	1.99	炉顶布置
合　计		89	17.35	1544.2	

（二）热工工艺特点

国内环形炉，从结构上看，在预热段炉顶都有一个压下趋势，其目的就是减少炉膛横断面积，在烟气量一定的情况下，可提高烟气流速，增大烟气对管坯的对流给热系数。轧管厂环形炉（包括一套）在预热段处，炉顶却没有压下趋势，这正是环形炉采用新工艺的一大特点。环形炉出炉温度高达950℃，在这么高的炉温下，炉内热交换主要是以辐射传热为主，对流传热所占比例很小，在以辐射传热为主的热工制度下，在炉内要保证有一定的辐射空间，即平均有效射线行程 L。

$$L = \eta 4V/S \tag{2-2}$$

式中　η——系数，一般取 0.9；

V——炉膛体积，m^3；

S——炉膛内表面积，m^2。

所以提高炉膛高度，便可增大 L。炉内烟气的辐射传热，主要是气体 CO_2 和 H_2O 向管坯的辐射传热。而增大 L 的效果是提高 CO_2 和 H_2O 的黑度。这样，就增大了炉气对管坯的传热。

高温烟气出炉后，可通过换热器把热量回收，这样就可提高炉子产量，提高设备的利用率。大中径炉子，高烟气出炉温度，高产量，这是 20 世纪 80 年代采用的工艺，与国内截然相反，轧管厂环形炉充分体现了这一先进工艺。

三、加热缺陷及控制

管坯加热缺陷主要有氧化、脱碳、过热、过烧、加热温度不均、表面烧化、加热裂纹等。

（一）氧化

氧化是指钢在加热时受到炉气中的 CO_2、H_2O、O_2 的作用而使钢的表面被氧化形成氧化铁皮，大约每加热一次就为 0.5% ~3% 的钢被氧化形成氧化铁皮（即烧损），使成材率降低，同时氧化铁皮堆积在炉底上会造成耐火材料的侵蚀，降低炉子使用寿命。此外，氧化铁皮热导率比金属低得多，影响钢坯加热。

氧化铁皮是钢的氧化产物，由外至内分为 Fe_2O_3、Fe_3O_4、FeO 三层。试验结果证明 Fe_2O_3 占 10%、Fe_3O_4 占 50%、FeO 占 40%，熔点约为 1300 ~ 1350℃。影响金属氧化的因素有管坯加热温度、加热时间、炉内气氛。其中炉内气氛、加热温度影响较大，加热时间主要影响钢的烧损量。

（1）管坯温度。管坯温度达到 800℃之前氧化并不剧烈，达到 800℃以上变化速度明显加快；

（2）高温停留时间。管坯在高温区停留时间越长氧化烧损越严重；

（3）炉膛气氛。氧化性气氛越浓氧化烧损越严重。

以上三者的影响程度基本为 6:3:1。

（二）脱碳

钢在加热时，在生成氧化铁皮的基础上由于高温炉气和扩散的作用，未氧化的钢表面层的碳原子向外扩散，炉气中的氧原子也透过氧化铁皮向内扩散，当两种扩散会合时，碳原子被烧掉，从而导致末氧化的钢表面层中化学成分贫碳的这种现象叫脱碳。脱碳会使钢的机械强度大为降低。影响脱碳的因素有加热温度、加热时间、炉内气氛、钢的成分。加热过程中可以采取以下措施防止脱碳：（1）减少管坯在高温区的停留时间；（2）控制加热温度不能过高；（3）控制炉内气氛，减少冷空气吸入，均热段减少助燃空气量，形成还原性气氛，抑制氧化铁皮的形成；（4）认真执行待轧降温、升温制度。

（三）过热与过烧

钢的加热温度偏高，加热时间偏长，会使奥氏体晶粒过分长大，引起晶粒之间的结合能力减弱，钢的力学性能显著降低．这种现象称为钢的过热。如果钢的加热温度过高，时间又长，使钢的晶粒之间的边界上开始熔化，并且有氧渗入，形成晶粒间氧化，钢坯失去了晶粒之间的结合力，因而失去了正常的强度和可塑性。在轧制或出炉受到振动时，就会碎裂或者表面形成粗大的裂纹，这种现象叫钢的过烧。过热的钢可以通过热处理方法来消除，而过烧的钢无法补救，只能报废。过烧实质上是过热的进一步发展，因此防止过热即可防止过烧。

钢的过热主要是加热温度和在高温区的加热时间所致；钢的过烧主要是加热温度、在高温区的加热时间和炉内气氛所致。加热过程中可以采取以下措施防止钢的过热与过烧：（1）减少管坯在高温区的停留时间；（2）控制加热温度不能过高；（3）认真执行待轧降温、升温制度；（4）控制炉内气氛，减少冷空气吸入，均热段减少助燃空气，形成还原性气氛，抑制氧化铁皮的形成。

（四）表面烧化

由于操作不慎，钢的表面温度过高，可以使氧化铁皮熔化，这就是钢的表面烧化。影响钢的表面烧化的因素有加热温度、在高温区的加热时间和炉内气氛。防止表面烧化的主要措施：（1）减少管坯在高温区的停留时间；（2）控制加热温度不能过高；（3）控制炉内气氛，减少冷空气吸入，均热段减少助燃空气量，形成还原性气氛，抑制氧化铁皮的形成；（4）火焰不能直接烧到钢管上。

（五）加热温度不均匀

管坯加热温度不均匀会给轧制带来调整和操作上的困难，对产品质量影响也很大，实际生产中，通常允许存在一定的温差，但不能过大。目前从热轧管反映出的加热缺陷主要是加热温度不均。其表现形式有上下温度不均匀、内外温度不均匀、长度方向温度不均匀、管坯底面的黑印。影响钢的加热温度不均匀的因素有加热温度、加热时间、炉底情况和炉压。防止加热温度不均匀的主要措施：（1）按加热制度合理控制加热温度，加热温度不能过高或过低，短时间内温变不能过大；（2）合理的控制装出料节奏，保证坯料在炉内的加热时间；（3）认真执行待轧降温升温制度，以免坯料温度过高；（4）减少炉底的氧化铁皮，确保加热炉底与钢管接触部位的加热温度。

（六）加热裂纹

加热裂纹的表现形式分为表面裂纹和内部裂纹两种，产生加热裂纹的主要因素有原材料、过热、加热速度过快和装炉温度过高。防止加热裂纹的主要措施：（1）认真检查装炉前的坯料外表面质量，如有皮下气泡夹杂裂纹等要彻底清除；（2）合理控制加热温度，防止坯料过热；（3）严格按加热规定控制加热炉的预热段温度，防止坯料装炉温度过高。

四、生产故障及处理

（一）故障停炉处理

正常生产中，对于介质供应和工艺参数的不正常，超过设计允许后，控制系统会依照安全逻辑，将各相关执行器置于安全状态，并声光报警，同时操作人员必须做到：

（1）连锁停炉时，应马上在仪表上确认各段空气、煤气自动调节阀完全关闭。

（2）将煤气总管自动切断阀开关手柄打到关位置，并立即到现场进行确认。

（3）确认并及时调整各执行器，手动方式下的开度，以满足工艺要求，马上到现场关闭所有煤气烧嘴。

（4）记录清楚故障原因及处理情况，及时向上级报告。

（二）风机不能启动

（1）检查助燃风机入口调节阀是否完全关闭。

（2）确认停启风机间隔是否小于30min。

（3）检查仪表电源是否打开。

（4）检查机械电气有无故障。

（三）烧嘴点不着

（1）检查风量是否太大。

（2）检查煤气管路上截止阀、调节阀是否打开。

（3）确认管路内氮气是否排净。

（四）机械操作故障

（1）若操作面板和运行机械发生故障，及时通知设备人员处理。

（2）若装出料机发生故障或遇紧急停电事故时，应立即启用绞索将装出料机从炉内拉出。

（3）当坯料在炉内滚动并倾斜时，应立即组织人员将料拨正后方可出料。

（4）发生炉底卡住时，立即向调度、车间、点检员报告，协助有关人员查找原因，待故障排除后方可继续操作。

（5）如因某种原因致使炉内氧化铁皮烧化或坯料表面烧化，料粘在炉底，出料夹钳夹不出坯料时，可用适当提高出炉温度的办法将料夹出。

（五）仪表控制故障

（1）因仪表控制系统或检测元件故障引起的事故，应及时通知仪表人员处理。

（2）如温度过高、因仪表控制系统或检测元件失灵，致使某控制参数显示值与实际值不一样时，应及时打手动控制。

（3）如某段控制参数短时间内连续波动或波动较大时，应及时通知仪表人员进行处理。

【思考与练习】

2-4-1　环形加热炉的构造及工作过程如何？

2-4-2　点火、烘炉、停炉操作步骤。

2-4-3　常见的加热缺陷及防止措施。

材料成型与控制技术专业

《钢管生产》学习工作单

班级：　　　　　　小组编号：　　　　　　日期：　　　　　　编号：

组员姓名：

<table>
<tr><td colspan="2">实训任务：管坯的环形炉加热工艺和加热缺陷判别</td></tr>
<tr><td colspan="2">相信你：在认真填写完这张实训工单后，你会对管坯环形炉加热有进一步的认识，能够站在班组长或工段长的角度完成管坯环形炉加热的任务。</td></tr>
<tr><td colspan="2">基本技能训练：
实训任务：判别管坯环形炉加热的缺陷和控制措施
氧化的判别：________
控制措施：________
脱碳的判别：________
控制措施：________
过热与过烧的判别：________
控制措施：________
表面烧化的判别：________
控制措施：________
加热温度不均匀的判别：________
控制措施：________
加热裂纹的判别：________
控制措施：________</td></tr>
<tr><td colspan="2">综合技能知识：
请给出制定管坯环形炉加热工艺制度的有关依据或原则。</td></tr>
<tr><td>教师
评语</td><td></td></tr>
<tr><td colspan="2">成绩根据课程考核标准给出：</td></tr>
</table>

学习情境3　毛管生产

任务1　穿孔理论及轧辊调整

【学习目标】

一、知识目标

（1）具备二辊斜轧穿孔机的设备组成及作用知识。

（2）具备二辊斜轧穿孔基本原理知识。

（3）具备穿孔机轧辊调整的知识。

二、技能目标

（1）掌握穿孔机的轧辊的选择方法。

（2）会准确监控和调整二辊斜轧穿孔工艺参数和辅助系统设备操作。

（3）掌握穿孔机产生的一般缺陷和消除方法。

【工作任务】

（1）认识二辊斜轧穿孔机的结构及设备组成。

（2）按工艺要求进行穿孔机轧辊的调整。

【实践操作】

穿孔机组岗位基本操作，包括以下几方面。

一、穿孔机操作工岗位职责

（1）开车前必须认真检查设备及周围情况，确认具备条件后方可开车。（2）严格按照生产计划及技术规程与轧制表，选择穿孔工具和调整轧机参数。（3）操作时精力集中，及时发现各种机械设备故障和轧制问题。（4）轧制过程中，要注意监视设备运转情况，观察仪器、仪表及信号显示，监视轧件运行和轧制情况，发现问题及时处理。（5）做好当班生产所需的轧制工具的更换准备工作。（6）检查轧辊、导盘、顶头、顶杆等轧制工具的使用情况，发现损坏或磨损严重应及时更换，按要求将顶杆、顶头规整地放于指定位置。（7）在更换规格时要做好工具更换工作。（8）认真填写好《穿孔质量原始记录》和工艺标准卡。（9）负责清扫本岗位管辖范围内的环境卫生，做到文明生产。

二、设备安全确认

（1）预先准备好充足的安全措施；（2）检查冷却水系统是否正常，水量是否充足；

(3) 硼砂的压力是否满足毛管长度的要求；(4) ISO 终端画面显示值是否正确及状态是否正确；(5) 各区域是否能进入自动生产状态；(6) 仪表显示是否正常。

三、岗位基本操作

(1) 开车程序（手动）。检查设备主传动系统，润滑系统，液压系统是否具备条件；选择主操作台控制；操作台各区域解锁；操作方式选择为手动；启动润滑系统；打开冷却水；启动导盘传动系统；向环行炉发出要料；选择自动操作方式。

(2) 正常生产程序（手动）。拨料机拨料；拨料机返回；受料槽冷却水关闭；推钢机推料；定心辊冷却水关闭；1～6 号定心辊依次打开到毛管位；支撑辊道上升到毛管位；1－6号定心辊全部大打开；止推小车返回，支撑辊道反转；顶杆解锁；由双回转臂将顶杆/毛管翻入到脱杆机，同时将新顶杆翻入到轧线中后返回；支撑辊上升到顶杆位；定心辊冷却水开；顶杆锁定；止推小车到轧制位；1～6 号定心辊抱紧到顶杆位；支撑辊道下降到最低位；脱杆机前辊道启动；脱杆机链条向前一步，到接受顶杆位；脱杆机前辊道停止；脱杆机将顶杆从毛管内抽出；由 3 号回转臂将毛管翻入硼砂站工位；向毛管内喷硼砂；由拨钢机将毛管由硼砂站拨至受料鞍座，后返回；由 4 号回转臂将毛管翻入预穿线；由脱杆链上的推钢头将顶杆推到后辊道；启动脱杆机后辊道，顶杆到达挡板处停止；步进梁将顶杆放到冷却站工位；启动至双回转臂的辊道，顶杆到挡板处停止，然后可按步骤进行下一个周期循环轧制。

(3) 换辊操作程序。接通 CLD1 区控制台；左右导盘放开摆出；将二转鼓转 12°至主轴脱离；上下接轴支撑；松开螺栓后并点动脱离；打开转鼓调整锁定位置；将上下转鼓转到0°位，并将二转鼓调整锁定装置锁紧；上压下装置下降至极限位；上平衡装置向下移动；上十字头旋转至脱离位并抽出；上压下装置上升至极限位；机架盖解锁并打开；将上辊和轴承座吊走；将上转鼓吊走；下压下装置上升至极限位；下平衡装置断；下十字头旋转至脱离位并抽出；下压下装置下降至极限位；吊走下辊及轴承座；将新辊装入机架放在下转鼓中；下十字头插入，旋转至结合位；下平衡装置通；吊装上转鼓；吊装新的上辊及轴承座；机架盖关闭并锁定；上十字头插入旋转至接合位；上平衡装置上升；将转换调整锁定打开，并调到 12°锁定；上下接轴接合，拧紧螺栓；上下接轴支撑下降；将左右导盘收回。

(4) 导盘更换程序。左右导盘放开摆出；拿掉导盘上的盖；松开螺栓吊走导盘；装入新导盘拧紧螺栓，盖上导盘盖；收回导盘并调整好导盘距离。

四、常见事故处理

(1) 不咬入（打滑）。停冷却水；推钢机返回到初始位；停轧辊主电机及导盘；对于长管坯，尾部仍在导槽内，则用夹具，将管坯从导管内拉出，再用夹具将管坯从导槽中移走，对于全部进入导管内短管坯则按以下步骤：1）止推小车锁定并退回原位；2）定心辊大打开，止推小车解锁并用双回转臂将顶杆移出小车解锁装置；3）将定杆放在支撑辊道上并扣上夹送辊；4）轧辊和导盘距离各打开 15mm 左右；5）启动支撑辊道前进，使顶杆进入穿孔机，并与管坯接触，将管坯从入口导管中退出。6）用天车将管坯吊走；7）启动支撑辊道返回，使顶杆回到小车锁紧装置并打开夹送辊；8）恢复轧辊、导盘的设定位置。

（2）轧卡。由停机造成，或是电流过载跳闸或紧急停车造成，首先拉出顶杆，顶杆移走后，按以下步骤操作：1）支撑辊道上升至毛管位；2）三辊定心装置大打开；3）将轧辊和导盘放到最大；4）将隔离件放在入口导槽中，使其位于轧件和推钢机之间；5）推钢机慢速向前使轧件达到支撑辊道上无障碍的地方；6）用天车或双回转臂移出轧件；7）去出隔离件；8）支撑辊道下降；9）推钢机返回原位；10）重新设定轧辊和导盘距离，并装入新顶杆，顶杆小车回到工作位置。

顶杆和轧件不能分离时，按以下步骤操作：1）支撑辊道上升至毛管位；2）三辊定心装置大打开；3）轧辊和导盘开到最大位；4）止推小车缓慢返回，将毛管/顶杆拉出；5）顶杆解锁；6）用天车将毛管/顶杆吊走；7）重新设定轧辊和导盘距离；8）带有新顶杆的小车回到工作位置。

当轧件不规则，有障碍时，移出并用氧枪割下，完全移出轧件后，检查轧辊和导盘是否磨损，磨损应用砂轮修磨，再重新设定穿孔参数，并快速检查核实轧辊和导盘的压下量。

（3）脱杆机没有抽出顶杆。任何原因（如轧件降温过大、轧制不正常、轧件断裂等），使脱杆机不能将顶杆从毛管中抽出，则用天车调运毛管/顶杆，然后放到指定位置。

五、工序联络

工序与岗位之间的关系及它们之间的信息传递、反馈方式及其内容规定。

（1）操作工交接班规定。接班时要认真检查了解设备运转情况和上班的轧制情况；明确交接当班生产的轧制任务（材质、规格、产品名称等）；接班时认真检查顶头、顶杆等工具的使用情况和准备情况，发现有磨损严重的顶头、顶杆要立即剔除，不能继续用于生产；明确本班的轧制顺序情况，准备好将要用的生产工具；下班前要将本班换下的顶杆吊入到指定位置，并要处理完毕，不能留给下班，并将更换下来的顶头放好；交班时要向下班讲清本班的轧制情况及设备运转情况，出现问题要当班处理；交班人员在接班人员未进入岗位之前不得擅自离开岗位；搞好穿孔区域的环境卫生。

（2）信息处理规定。记录好本班生产的规格变化情况，发生的设备故障及处理方法；记录好本班生产过程中的质量情况，处理方法，需要注意的问题，轧废的支数；记录好本班更换工具情况，数量；记录好本班的轧制工艺参数（交接班时应对该参数进行确认）；接班时应对该机组状态进行确认；交接班记录应由专人负责、签字；生产中务必时刻保持与上下工序的通讯联系，出现质量问题或生产故障时及时通知上下工序，做好应急准备。

六、产品质量的检查职责

（1）与工艺师配合，检查因各种原因所剔除毛管的质量。

（2）与上下工序——管坯加热，连轧机组及质量检查站保持及时的联系，了解管坯加热、成品钢管的质量情况，产品缺陷，并设法解决属于穿孔生产的缺陷问题。

【知识学习】

穿孔是无缝钢管生产的重要工序之一，对无缝钢管的管坯成本、品种规格及成品质量有很大影响。根据穿孔机的结构和穿孔过程变形特点的不同，穿孔机可分为两大类：一类为斜轧穿孔机，又根据轧辊形状及导卫装置的不同而演变出多种类型，如曼乃斯曼穿孔机、狄塞尔穿孔机等；另一类是压力挤孔机和推轧穿孔机（PPM穿孔机）。目前应用最广泛的是二辊斜轧穿孔机。

一、穿孔理论

（一）穿孔方法简介

无缝钢管生产中的穿孔工序是将实心的管坯穿成空心的毛管。穿孔作为金属变形的第一道工序，由于穿出的管子壁厚较厚、长度较短、内外表面质量较差，因此称做毛管。如果在毛管上存在一些缺陷，经过后面的工序也很难消除或减轻。所以在无缝钢管生产中的穿孔工序起着十分重要的作用。

管坯的穿孔方式有压力穿孔、推轧穿孔和斜轧穿孔。

1. 压力穿孔

压力穿孔是在压力机上穿孔，这种穿孔方式所用的原料是方坯和多边形钢锭。工作原理是首先将加热好的方坯或钢锭装入圆形模中（此圆形模带有很小的锥度），然后压力机驱动带有冲头的冲杆将管坯中心冲出一个圆孔。这种穿孔方式变形量很小，一般中心被冲挤开的金属正好填满方坯和圆形模的间隙，从而得到几乎无延伸的圆形毛管，延伸系数最大不超过1.1。

2. 推轧穿孔

推轧穿孔是在推轧穿孔机上穿孔，这种穿孔方式是压力穿孔的改进。把固定的圆锥形模改成带圆孔型的一对轧辊。这对轧辊由电机带动方向旋转（两个轧辊的旋转方向相反），旋转着的轧辊将管坯咬入轧辊的孔型，而固定在孔型中的冲头便将管坯中心冲出一个圆孔。为了便于实现轧制，在坯料的尾端加上一个后推力（液压缸），因此叫做推轧穿孔。

这种穿孔方式使用方坯，穿出的毛管较短，变形量很小，延伸系数不大于1.1。

推轧穿孔的优点如下：

坯料中心处于全应力状态，过程是冲孔和纵轧相结合，不会产生二辊斜轧的内折缺陷，毛管内表面质量好，对坯料质量要求较低。

冲头上的平均单位压力比压力穿孔小50%左右，因而工具消耗较小。

穿孔过程中主要是坯料的中心部分金属变形，使中心粗大而疏松的组织很好的加工而致密化，同时在压应力作用下，毛管内外表面不易产生裂纹。

生产率比压力穿孔高，可达每分钟两支。

以上两种穿孔多生产特殊钢种的无缝钢管，现存的机组很少，因变形量很小，毛管短且厚，因而在热轧无缝钢管机组中要设置斜轧延伸机，将毛管的外径和壁厚减小并使管子延长。另外容易产生较大的壁厚不均。

3. 斜轧穿孔

斜轧穿孔方式被广泛地应用于无缝钢管生产中，一般使用圆管坯，靠金属的塑性变形加工来形成内孔，因而没有金属的损耗。

斜轧穿孔机按照轧辊的形状可分为锥形辊穿孔机、盘式穿孔机和桶形辊穿孔机。按照轧辊的数目分又可分为二辊斜轧穿孔机和三辊斜轧穿孔机。

锥形辊穿孔机、桶形辊穿孔机是当今广泛使用的主要机组，锥形辊穿孔机的历史较短，具有更多优点。比较如下：桶形辊穿孔机的轧辊可以上下和左右进行布置，而锥形辊穿孔机的轧辊只能上下布置；桶形辊穿孔机的轧辊由两个锥形组成，锥形辊穿孔机的轧辊由一个锥形组成；桶形辊穿孔机的轧件速度变化为小-大-小，锥形辊穿孔机的轧件速度随轧辊直径的增加从小逐步增大；毛管在孔型中的宽展，锥形辊穿孔机要小些，更有利金属轴向延伸变形，附加变形小，毛管内表面质量好，壁厚精度较桶形辊穿孔机高；锥形辊穿孔机的延伸系数比桶形辊穿孔机大，更适合穿孔薄壁毛管，使得轧管机组的机架数目可以减少。

（二）斜轧穿孔的基本原理

1. 轧辊的构成

斜轧穿孔机不管轧辊的形状如何不同，为了保证管坯曳入和穿孔过程的实现，都由以下三部分组成：穿孔锥（轧辊入口锥）、辗轧锥（轧辊出口锥）和轧辊压缩带——由入口锥到出口锥之过渡部分，如图3-1所示。

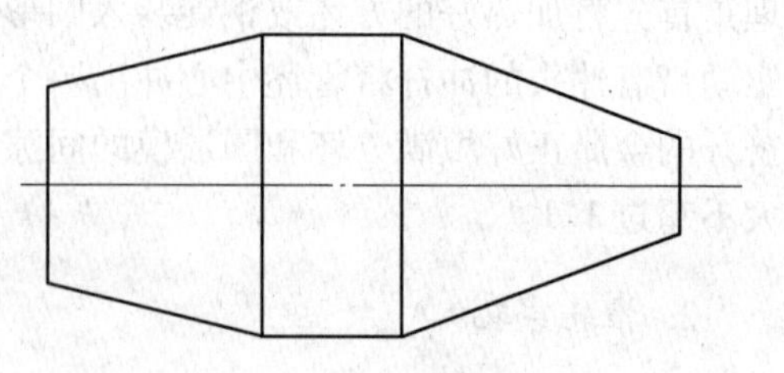

图3-1 穿孔机的轧辊示意图

2. 二辊式穿孔机和三辊式穿孔机

二辊式穿孔机主要有带导辊的穿孔机、带导板的穿孔机和带导盘的穿孔机，带导辊的穿孔机一般不常用，只用于穿孔软而黏的有色金属，如铜管、钛管等。带导板的穿孔机具有孔型封闭好、接触变形区长、穿出的毛管壁厚可以更薄的特点而仍然得到重视；带导盘的穿孔机越来越得到发展。

二辊式穿孔机的特点是生产率高，这是由于主动导盘对轧件产生轴向拉力作用，导致毛管轴向速度增加；最快可以达到3～4支/min；由于导盘的轴向力作用，使管坯咬入容易一些，减少了形成管端内折的可能性，也可以提高壁厚的精度；导盘比导板有较高的耐磨性，从而减少了换工具的时间并提高了工具寿命。

三辊式穿孔机的特点是由于3个辊呈等边三角形布置，因而在变形中管坯横断面的椭圆度小；由于3个辊都是驱动的，仅存在顶头上的轴向力，因而穿孔速度较快，但顶头上的轴向阻力比二辊式大；在轧制实心管坯时，由于管坯始终受到3个方向的压缩，加上椭圆度小，一般在管坯中心不会产生破裂，即形成孔腔，从而保证了毛管内表面质量。这种变形方式更适合穿孔高合金钢管。3个轧辊穿孔时坯料和顶头容易保正对中，因此毛管几何尺寸精度高，即毛管横断面壁厚偏差小。

因穿孔薄壁毛管时容易形成尾三角，使毛管尾端卡在轧辊辊缝中，更适合穿孔中厚壁毛管。

3. 斜轧穿孔变形过程

当今无缝钢管生产中穿孔工艺更加合理，穿孔过程实现了自动化，斜轧穿孔整个过程可以分为3个阶段：

（1）不稳定过程。管坯前端金属逐渐充满变形区阶段，即管坯同轧辊开始接触（一次咬入）到前端金属出变形区，这个阶段存在一次咬入和二次咬入。

（2）稳定过程。这是穿孔过程主要阶段，从管坯前端金属充满变形区到管坯尾端金属开始离开变形区为止。

（3）不稳定过程。为管坯尾端金属逐渐离开变形区到金属全部离开轧辊为止。

稳定过程和不稳定过程有着明显的差别，这在生产中很容易观察到的。如一只毛管上头尾尺寸和中间尺寸就有差别，一般是毛管前端直径大，尾端直径小，而中间部分是一致的。头尾尺寸偏差大是不稳定过程特征之一。造成头部直径大的原因是：前端金属在逐渐充满变形区中，金属同轧辊接触面上的摩擦力是逐渐增加的，到完全充满变形区才达到最大值，特别是当管坯前端与顶头相遇时，由于受到顶头的轴向阻力，金属向轴向延伸受到阻力，使得轴向延伸变形减小，而横向变形增加，加上没有外端限制，从而导致前端直径大。尾端直径小，是因为管坯尾端被顶头开始穿透时，顶头阻力明显下降，易于延伸变形，同时横向展轧小，所以外径小。

生产中出现的前卡、后卡也是不稳定特征之一，虽然3个过程有所区别，但它们都在同一个变形区内实现的。变形区是由轧辊、顶头、导盘（导板）构成，如图3-2所示。

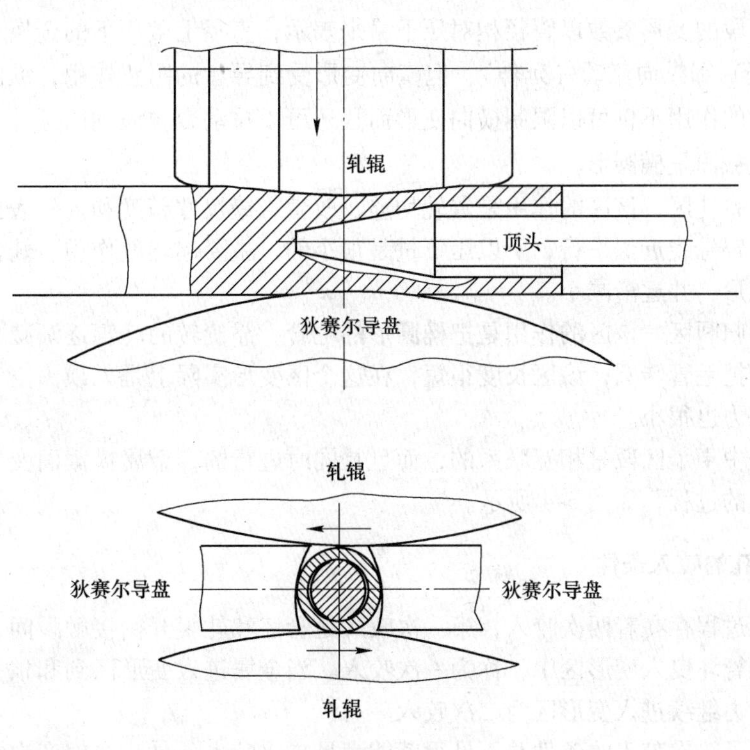

图3-2　孔型图

从图 3-2 中可以看出，整个变形区为一个较复杂的几何形状，大致可以认为，横断面是椭圆形，到中间有顶头阶段为一环形变形区。纵截面上是小底相接的两个锥体，中间插入一个弧形顶头。变形区形状决定着穿孔的变形过程，改变变形区形状（决定与工具设计和轧机调整）将导致穿孔变形过程的变化。穿孔变形区大致可分为 4 个区段，如图 3-3 所示。

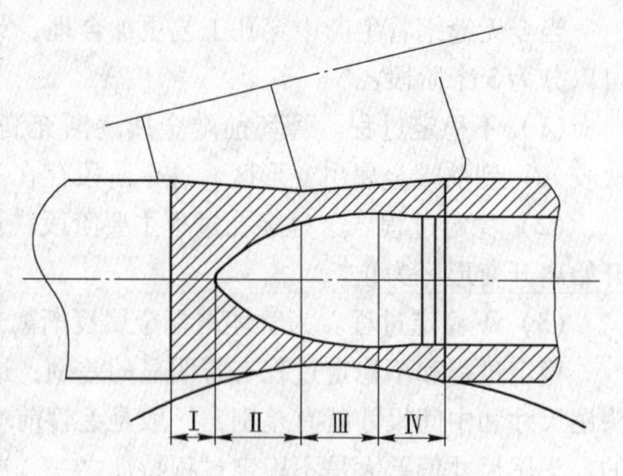

图 3-3　穿孔变形区中 4 个区段

Ⅰ区称之为穿孔准备区，（轧制实心圆管坯区）。Ⅰ区的主要作用是为穿孔作准备和顺利实现二次咬入。这个区段的变形特点是：由于轧辊入口锥表面有锥度，沿穿孔方向前进的管坯逐渐在直径上受到压缩，被压缩的部分金属一部分向横向流动，其坯料波面有圆形变成椭圆形，一部分金属轴向延伸，主要使表层金属发生形变，因此在坯料前端形成一个“喇叭口”状的凹陷。此凹陷和定心孔保证了顶头鼻部对准坯料的中心，从而可减小毛管前端的壁厚不均。

Ⅱ区称为穿孔区，该区的作用是穿孔，即由实心坯变成空心的毛管，该区的长度为从金属与顶头相遇开始到顶头圆锥带为止。这个区段变形特点主要是壁厚压下，由于轧辊表面与顶头表面之间距离是逐渐减小的，因此毛管壁厚是一边旋转，一边压下，因此是连轧过程，这个区段的变形参数以直径相对压下量来表示，直径上被压下的金属，同样可向横向流动（扩径）和纵向流动（延伸），但横向变形受到导盘的阻止作用，纵向延伸变形是主要的。导盘的作用不仅可以限制横向变形而且还可以拉动金属向轴向延伸，由于横向变形的结果，横截面呈椭圆形。

Ⅲ区称为碾轧区，该区的作用是碾轧均整、改善管壁尺寸精度和内外表面质量，由于顶头母线与轧辊母线近似平行，所以压下量是很小的，主要起均整作用。轧件横截面在此区段也是椭圆形，并逐渐减小。

Ⅳ区称为归圆区。该区的作用是把椭圆形的毛管，靠旋转的轧辊逐渐减小直径上的压下量到零，而把毛管转圆，该区长度很短，在这个区变形实际上是无顶头空心毛管塑性弯曲变形，变形力也很小。

变形过程中 4 个区段是相互联系的，而且是同时进行的，金属横截面变形过程是由圆变椭圆再归圆的过程，如图 3-4 所示。

（三）穿孔的咬入条件

斜轧穿孔过程存在着两次咬入，第一次咬入是管坯和轧辊开始接触瞬间，由轧辊带动管坯运动而把管坯曳入变形区中，称为一次咬入。当金属进入变形区到和顶头相遇，克服顶头的轴向阻力继续进入变形区为二次咬入。

一般满足了一次咬入的条件并不见得就能满足二次咬入条件。在生产中常常看到，二次咬入时由于轴向阻力作用，前进运动停止而旋转继续着即打滑。

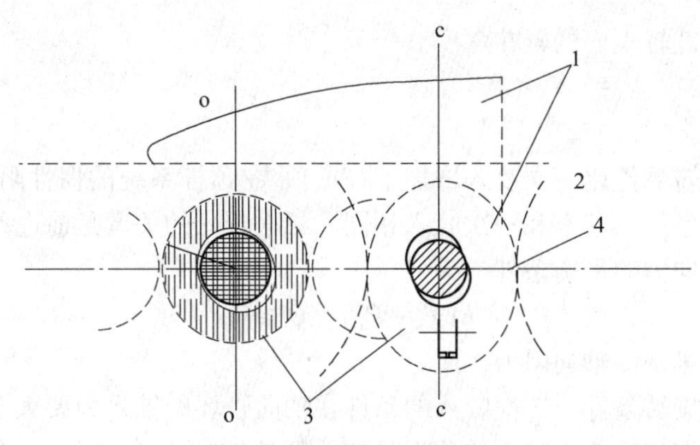

图3-4　轧件横截面变化图

1—顶头；2—轧辊；3—轧件；4—导板

1. 一次咬入条件

一次咬入既要满足管坯旋转条件又要满足轴向前进条件。

管坯咬入的能力条件由式（3-1）确定：

$$M_t \geqslant M_p + M_q + M_i \tag{3-1}$$

式中　M_t——使管坯旋转的总力矩，N·m；

M_p——由于压力产生的阻止坯料旋转力矩，N·m；

M_q——由于推料机推力而在管坯后端产生的摩擦力矩，N·m；

M_i——管坯旋转的惯性矩，N·m。

如果忽略 M_q、M_i（值很小）则一般的表达式为：

$$n\ (M_t + M_p) \geqslant 0 \tag{3-2}$$

式中　n——轧辊数。

轴向前进条件　前进咬入条件是指管坯轴向力平衡条件，也就是曳入管坯的轴向力应大于或等于轴向阻力，其表达式为：

$$n(T_x - P_x) + P' \geqslant 0 \tag{3-3}$$

式中　T_x——每个轧辊作用在管坯上的轴向摩擦力；

P_x——每个轧辊作用在管坯上正压力轴向分量；

P'——后推力（一般为零）。

一次咬入所需旋转条件　下面的公式表明在管坯咬入时力的平衡，两个重要参数为摩擦系数和角速度，可以通过式（3-4）计算。

$$\mu \geqslant \tan\omega + \frac{\sin\alpha_e}{\tan\gamma\cos\omega}$$

$$\omega = \arccos\frac{D_w - \Delta d}{D_w} \tag{3-4}$$

式中　α_e——轧辊入口锥角，(°)；

γ——咬入角，(°)；

Δd——辊喉处的直径减径值，mm。

若想管坯咬入顺利些，可以将咬入角变大些、轧辊的入口锥角小些，或者通过施加管坯的推入力和加大轧辊表面的辊花深度。

2. 二次咬入条件

二次咬入中旋转条件比一次咬入增加了一项顶头/顶杆系统的惯性阻力矩，其值很小。因此二次咬入旋转条件，基本和一次咬入相同。二次咬入的关键是前进条件。

二次咬入时轴向力的平衡条件

$$n(T_x - P_x) - Q' \geqslant 0 \tag{3-5}$$

式中　Q'——顶头鼻部的轴向阻力，N。

二次咬入所需旋转条件　二次咬入的条件在轴向管坯的推入力要大于顶头和管坯与轧辊之间的摩擦力，能实现二次咬入的前提是在管坯接触顶头前（x = 自由长度）管坯至少要旋转一周。

$$x = \pi \cdot d_B \cdot \tan\gamma \tag{3-6}$$

式中　d_B——管坯直径，mm。

（四）孔腔形成机理

斜轧实心管坯时，在顶头接触管坯前常易出现金属中心破裂现象，当大量裂口发展成相互连接，扩大成片以后，金属连续性破坏，形成中心空洞即孔腔，如图 3-5 所示。管坯中心在与顶头接触前过早形成孔腔，再与顶头接触进行穿孔，裂纹不能焊合会造成大量的内折缺陷，恶化钢管内表面质量，甚至形成废品，因此在穿孔工艺中力求避免过早形成孔腔。

图 3-5　孔腔示意图

1. 孔腔形成的三种学说

对于孔腔形成的理论，国内外都进行了大量的研究，归纳起来有三种学说，切应力理论、正应力理论和综合应力理论。

切应力理论认为管坯中心的裂纹是由于切应力作用的结果。穿孔时，两轧辊的转速相等，因此理论上轧辊作用于管坯上的正压力和摩擦力的合力互相平行，大小相等，方向相反，形成一对力偶，对管坯内部金属产生剪切作用。而这种剪切应力随着管子的旋转不断变化方向，当这个交变的切应力超过金属的抗剪强度，就会在管坯中心形成孔腔。这个理论忽略了管坯中心的拉应力作用，所以不太确切。

正应力理论认为孔腔的形成是由于管坯中心部分的金属，穿孔时受到三向拉应力作用的结果，形成脆性断裂。

管坯受压缩后外层变形最大，而中心部分尚来变形，这样外层金属拉内层金属向外流动，故在横向中心产生拉应力。

管坯每旋转半圈进行一次加工，其附加应力在两次加工之间以残余应力的形式保留下来。随着管坯在变形区内不断变换方向，使残余应力不断叠加。当拉应力大于金属破断的强度时就形成孔腔。

此理论可以解释很多现象，但是在外力作用下中心部分处于三向拉应力的说法不符合实际情况。另外，此理论只考虑残余应力的积累，没考虑残余应力在高温下的消失，所以正应力理论也不太确切。

综合应力理论认为孔腔的形成是由于管坯的中心部分受到很大的拉应力和反复切应力综合作用的结果，破断性质为先韧性后脆性。

当实心管坯进入变形区后与轧辊接触时，在直径方向压缩的同时产生横向变形，断面变椭圆，使管坯中心沿外力方向受压。而沿着导板的横向受拉，在与外力成45°方向产生最大切应力。这些应力随管坯的不断旋转而不断变化。交变切应力使中心金属产生塑性变形而导致中心产生微裂纹。横向拉应力使微裂纹扩大成孔腔。

国内外的研究者基本上认为综合应力学说可以近似反映实际情况。

2. 影响孔腔形成的主要因素

生产实践证明，凡是引起或促成不均匀变形，横变形或横向拉应力的发展，促进反复交变应力次数和时间增加，以及降低金属断裂强度的因素，都会促进孔腔的形成。

（1）变形的不均匀性（顶头前压缩量）。不均匀变形程度主要决定于坯料每半转的压缩量（称为单位压缩量），生产中指顶头前压缩量。顶头前压缩量愈大则变形不均匀程度也愈大，导致管坯中心区的切应力和拉应力增加，从而容易促进孔腔的形成。一般用临界压缩量来表示最大压缩量值的限制，压缩量小于临界压缩量则不容易或不形成孔腔。一般选择管坯压下量10%~16%范围，并保证管坯与荒管直径差不大于±5%。

（2）椭圆度的影响。椭圆度用导板距离与轧辊距离的比值表示，穿孔过程中在管坯横断面上存在着很大的不均匀变形，椭圆度越大，则不均匀变形也越大。按照体积不变定律可知，横向变形越大则纵向变形越小，将导致管坯中心的横向拉应力、切应力以及反复应力增加，加剧了孔腔的形成趋势。生产中应在保证正常轧制的条件下，尽量减少导板距离。一般在1.03~1.18之间，而1.10左右比较好，高合金和厚壁管应取小值。

（3）单位压缩次数的影响。在生产中主要指管坯从一次咬入到二次咬入过程中管坯的旋转次数，次数的增多就容易形成孔腔。为了减少压缩次数，可以增大轧辊倾角，减少轴向滑移。

（4）钢的自然塑性。钢的自然塑性由钢的化学成分、金属冶炼质量以及金属组织状态所决定，而组织状态又由管坯加热温度和时间所影响。一般来说塑性低的金属，穿孔性能差，容易产生孔腔。如高合金钢比碳钢的穿孔性能差，含碳量高的碳素钢比含碳量低的穿孔性能差。

（5）加热制度对孔腔也有很大影响。不同的钢种有不同的加热范围，在此范围内金属的塑性最好，不均匀变形产生的附加拉应力最小，不易形成孔腔，所以选择合理的加热制度，使金属在最佳塑性区变形，是关系到穿孔过程能否顺利进行与荒管质量好坏的决定性因素。

（五）常见工艺问题及解决措施

（1）内折。钢管内折缺陷是指在钢管内表面存在着与整体金属熔合的紧贴着的重叠层，或存在钢管的头部，或存在整根钢管内，或有规律，或无规律。有此缺陷的钢管轻者可以修磨使用，重者降级使用或报废。内折形式大体上表现为端部内折和通体内折，具体如下：

1）端部内折。主要形式为钢管端部 1.5m 内分散的起皮状折叠。形成原因为管坯端部有露头的中心缺陷，加热时氧化，穿孔时形成折叠，随经后续变形变薄，不能轧合就在管端形成了薄片状内折，特点是分散零乱。另一种原因为轧制内折，特点是内折较集中，方向性较强。

2）大片内折。主要集中在低合金钢种，钢管无规分布着 4～5 片铁皮，铁皮与基体附着力不大，有内折的钢管经酸浸后内折部分可以脱落。经电镜观察可以看到铁皮根部有块状的含 Cr 氧化物和氧化圆点。由此判断此种内折形成原因为，管坯高温加热后，在端部内形成含 Cr 氧化物，穿孔后即形成内折。

3）通体内折。小螺距有规律内折，形式为螺旋状起皮，起皮大小一般为 5～10mm，厚为 150～1300μm。将起皮点连线就会发现螺距较小，一根钢管内有几个螺距。起皮处有轻微的氧化脱碳，组织与基体基本一致，未发现有夹杂物异常。产生的原因是顶头破损所致。

大螺距有规律内折，形式为大螺旋状，内折翘起的方向相同。将各点连线，连线与钢管轴线大约呈 5°夹角。每个点相隔为 450～500mm。形成原因的是顶头与顶杆连接的销子窜出划伤，或者是顶头反锥处有粘钢。此种内折出现的几率非常小。

4）形成内折的原因。工具磨损引起的内折；铸坯质量引起的内折；轧制内折。

解决方向：通过以上分析，可以看出钢管内折的变形量过大所造成的轧制内折外，主要是铸坯质量差和轧制工具磨损引起的。因工具所致的内折可以避免，故攻关的重点应放在改善铸坯的组织结构上。主要方法有增设缓冷料架，有效释放管坯内部应力；扩大铸坯等轴晶率，缩短柱状晶长度，改善铸坯中心疏松和中间裂纹；注意轧制工具的磨损；穿孔机调整应采用大角度、低转速等调整方法。

（2）前卡。前卡又称不咬入。是穿孔机最常见的工艺问题，处理办法有将顶头前伸量减少；减小辊距；升温。前卡如图 3-6 所示。

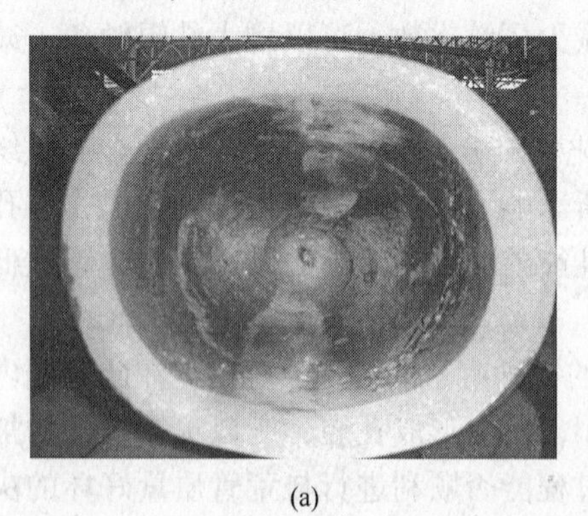
(a)

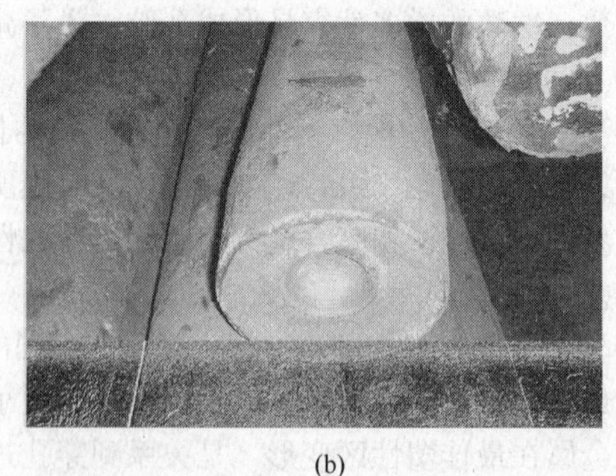
(b)

图 3-6　前卡断面

（3）中卡。中卡问题不常见，多是由于电机负荷过高或管坯打滑所致。处理办法有避免顶头熔化；避免轧辊磨损严重；防止管坯温度过低引起电机过载，或管坯过烧。

(4) 后卡（镰刀）。后卡常见的形式有两种：一种是管坯尾部刚刚穿透一个小孔；另一种是为不开花，如图3-7所示。处理的办法有将顶头前伸量增加；增加辊距。

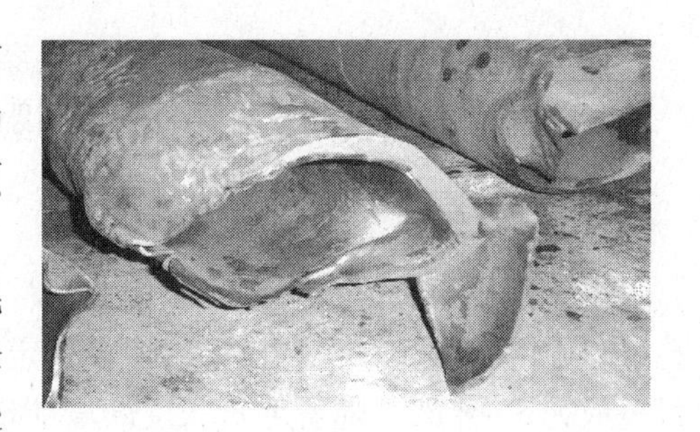

图3-7　后卡

(5) 链带。链带的产生是由于金属窜入轧辊与导盘（导板）缝隙，并且导盘的边缘磨损锋利，管坯表面的金属被切削而形成的链袋状。处理的办法有增加导盘的稳定性；及时更换工具。

(6) 壁厚不均。钢管的壁厚不均也是最常见的质量问题，主要形式有端部的壁厚不均和通体的壁厚不均。处理的办法有管坯端部要垂直；管坯的加热温度要均匀；穿孔机的轧线要居中；轧机的辊缝要对称；定径机的轧辊安装对称，机架安装到位。

二、穿孔机的设备组成

穿孔机设备由主传动、前台、机架和后台四大部分组成。主传动一般由主电机或主电极+变速箱组成。前台设备一般包括受料槽、导管和推钢机组成。机架中包括轧辊和导向设备（导盘或导板）。

后台设备主要包括定心辊、毛管回送辊道、顶杆小车、顶杆小车的止推座及将毛管从穿孔机组运送到轧辊机组的运输设备，常见的运输设备有传送链、回转臂和电动车。

（一）主传动的方式及特点

穿孔机的主传动电机可以使用直流电机或交流电机。直流电机一般通过传动轴直接与轧辊连接，而交流电机则通过减速机和传动轴与轧辊连接。

一个机组可以使用一个电机，即一个电机连接减速机，减速机输出两个输出轴。也可以两个电机串联后再接减速机单独驱动一个轧辊。

穿孔机使用的接轴有万向接轴和十字头接轴。十字头接轴具有良好的调节性能，无论在水平面和垂直平面内都可以产生相对的角位移。

（二）穿孔机机座（牌坊）

穿孔机的机座大多由包括以下几部分：

(1) 转鼓。又称作轧辊箱。作用是放置轧辊，轧辊在转鼓内滑动或与转鼓紧固在一起。

(2) 轧辊倾角调整装置。常用的驱动设备是电机+蜗轮蜗杆+定位器（编码器），作用在转鼓上。一般放置的位置在牌坊的侧面。由于立式穿孔机的下转鼓在水平面以下，冷却水及氧化铁皮的长时间冲刷，工作环境恶劣，给电机的维护带来困难，用液压马达替代电极可以解决此问题。

(3) 轧辊倾角调整的平衡装置。与轧辊倾角调整装置组合，消除穿孔过程中产生的间隙和冲击。根据转鼓的形状不同，安装的位置可以与倾角调整装置在一侧或另外一侧。常使用液压缸实现此功能。

(4) 轧辊的平衡装置。作用是消除穿孔过程中对轧辊的瞬间冲击。

(5) 机盖。机盖上一般安装轧辊间距的调整装置。

(三) 三辊定心的作用和结构

由于顶杆很长且直径较小，因此顶杆的刚度较差。为了增加顶杆刚度和防止顶杆在穿孔过程中的抖动，在穿孔机的后台设置定心辊装置。老式穿孔机因毛管较短，定心辊的数目一般为3~4架，随着毛管长度的增加现代的穿孔机定心辊数目为6~7架。

每一台定心辊装置有3个互为120°布置定心辊组成，即上定心辊和两个下定心辊。

在轧制过程中定心辊的另外作用是：

当毛管未接近定心辊时，3个定心辊将顶杆抱住，并随顶杆而转动。作用是使顶杆轴线始终保持在轧制线上，不至于因弯曲而产生甩动。

当毛管接近定心辊时，上下定心辊同时打开一定距离（小打开位置），使毛管进入3个定心辊之间，毛管就在3个定心辊中旋转前进，其导向的作用。

当一只毛管完全穿透之后，上定心辊向上抬起一个较大的距离（大打开位置），布置在定心辊之间的升降辊同时将毛管托住。定心辊的驱动最早是由气缸完成的，使用在小机组上。后来被液压缸代替。

定心辊小打开的间距需要根据毛管直径的变化而调整，调整距离指导行毛管时3个辊的距离，距离的大小为毛管直径加毛管跳动量，毛管的跳动量一般为8~12mm，薄壁管可以取上限，厚壁管取下限。

小打开位置调整一般通过调整丝杠来限制液压缸的行程，最新型的液压缸缸体内带有位置检测装置，调整行程只需在调整终端上修改数值即可，具有简单、安全、快捷的优点。

第一架三辊定心辊的位置大多放置在机架以外，为了减小毛管头部的壁厚不均，最新的设计机组将第一架三辊定心辊伸入到机架内或者在机架内设立四辊或三辊式的定心装置。

三、轧辊及其调整

穿孔机工具主要包括轧辊、顶头和导板（导盘）。这些工具直接参与金属变形，除此之外，还包括顶杆、毛管定位叉、导管、导槽等部件。工具的尺寸和形状要求合理，这样才能保证穿出高质量的毛管，保证穿孔过程的稳定、生产率高、低能耗、工具耐磨性高、使用寿命长的要求。

(一) 轧辊的类型

穿孔机轧辊形状主要有盘式辊、桶形辊和锥形辊，盘式辊很少使用，常用的是桶形辊和锥形辊。从大体的形状来看，桶形辊和锥形辊度一般是由两个锥形段组成的，即入口锥和出口锥。如果细分的话，入口锥又可以分为一段式和两段式，两段式是为了改善咬入条件和减少重车次数。根据毛管扩径量的需求，出口锥也可以分为一段式和两段式，两段式用于大扩径量的机组。另外，有的轧辊在入口锥和出口锥之间采用过渡带即轧制带，有的则没有。轧制带的作用是防止两锥相接处形成尖锐棱角，这种棱角在穿孔时会使毛管外表面产生划伤。

轧辊的特征尺寸指轧辊最大直径和辊身长，轧辊最大直径和辊身长度是根据轧辊长度、轧制速度、咬入条件、轧制产品规格、电能消耗、轧辊重车次数等因素确定。轧辊直径增加，则咬入条件改善、轧制速度提高、轧辊重车次数增加、轧辊的利用率高，但同时也增加了轧制压力和电能消耗。

（二）轧辊的参数

（1）轧辊的入口锥角和出口锥角。轧辊入口锥的角度大小决定管坯能否顺利咬入和积累足够的力以克服顶头阻力使管坯穿成毛管。相关的文献指出，入口锥角在2°~40°之间，一般情况下将轧辊的入口锥设计成两段，第一段的角度在1°~30°之间，为的是保证管坯的咬入，第二段的角度在3°~60°之间，为的是防止形成孔腔；轧辊出口锥角在3°~40°之间，这取决于管坯的扩径量，扩径量越大，角度越大。

（2）轧辊的入口锥和出口锥长。确定轧辊入口锥和出口锥的长度首先为了校核轧辊的长度是否满足毛管咬入和扩径的要求，其次为在生产中合理使用轧辊。

轧辊入口锥长的计算公式为：

$$L_e = \frac{DB - E}{2 \times \tan\alpha_e} \tag{3-7}$$

轧辊出口锥长的计算公式为：

$$L_a = \frac{DR - E}{2 \times \tan\alpha_a} \tag{3-8}$$

式中　DB——管坯直径，mm；

E——轧辊距离，mm；

DR——毛管直径，mm；

α_e——轧辊入口锥段的空间角，可以近似等于轧辊入口锥角，(°)；

α_a——轧辊出口锥段的空间角，可以近似等于轧辊出口锥角，(°)。

【思考与练习】

3-1-1　穿孔的变形过程？穿孔的变形工具有哪些？轧辊有哪几部分组成？变形区的构成。

3-1-2　轧辊的作用和基本参数的确定方法。

3-1-3　孔腔形成的机理。

3-1-4　穿孔常见工艺缺陷。

任务2　导板导盘调整

【学习目标】

一、知识目标

（1）具备二辊斜轧穿孔机的导板、导盘基本知识。

（2）具备二辊斜轧穿孔导板、导盘工作原理知识。

（3）具备穿孔机导板、导盘调整的知识。

二、技能目标

（1）掌握穿孔机的导板、导盘的选择方法。

（2）会准确监控二辊斜轧穿孔导板、导盘工艺参数和调整操作。

（3）掌握穿孔机由于导板、导盘因素产生的一般缺陷和消除方法。

【工作任务】

（1）认识二辊斜轧穿孔机导板、导盘的结构及组成。

（2）按工艺要求进行穿孔机导板、导盘的调整。

（3）按工艺要求进行穿孔机导板、导盘准备。

【实践操作】

参见穿孔机组岗位基本操作。

【知识学习】

一、导盘导板

（一）导盘

导盘的作用是封闭孔型。导盘构成要素主要有：接触弧半径和厚度，如图3-8所示。

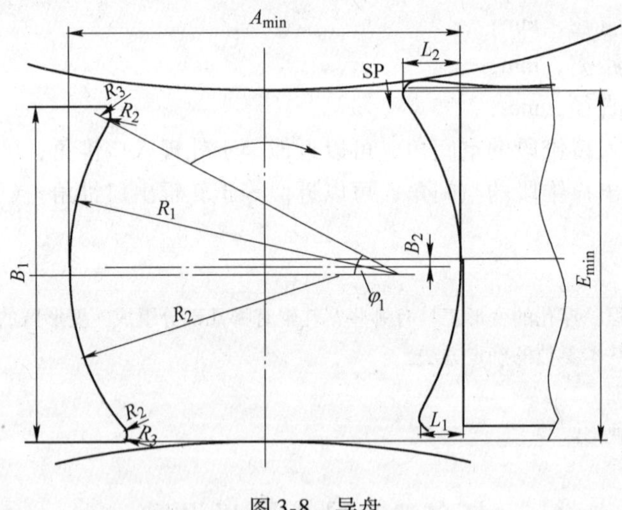

图3-8　导盘

（1）导盘的轮廓。导盘的轮廓一般是由两个半径即入口半径 R_2、出口半径 R_1 组成，根据经验可以用以下公式确定其值的大小：

入口半径　$$R_2 = (0.66 \sim 0.70)DB \tag{3-9}$$

出口半径　$$R_1 = (0.8 \sim 0.87)DB \tag{3-10}$$

（2）导盘厚度。导盘厚度由最小轧辊距离和导盘与轧辊的最小间隙决定。大小为：

$$B = (0.8 \sim 1.0)DB \tag{3-11}$$

（二）导板

1. 概述

穿孔机用导板是无缝钢管生产中的关键易损备件，也是消耗量很大的一种工艺备件。穿孔机导板的质量与使用寿命直接影响到最终产品无缝钢管的质量。导板在穿孔过程中除导向作用外，同时还要承受接触温度在1100～1200℃红热钢坯的冲击、摩擦、挤压以及冷却水的激冷和高温变形。与其他钢材生产中的导板单纯导向作用相比，无缝钢管穿孔机用导板的工作环境更加恶劣，因此，要求导板具有抗高温、不易黏结、耐磨和抗热裂等性能。

目前国内传统上使用的有高镍铸造穿孔机导板，另一种是进口高镍穿孔机导板。近年来我国引进了大量国际先进水平无缝钢管生产机组。这些机组的轧制速度快，轧制力大。于是许多生产企业都随机引进了进口高镍铬穿孔机导板。

以上国内外的高镍铸造穿孔机导板，由于使用了大量的贵金属——镍，目前国内市场价格约40万元/吨，因此造价昂贵，如国内引进的一条ϕ460mm国际先进水平无缝钢管机组如使用进口材质国内制造导板，单重为450kg/件，一次同时使用两件，年消耗导板价值高达3000万～3600万元人民币，如果直接使用进口产品就更贵了，因此成为生产企业极重的负担。此外，使用高镍制造的穿孔机导板还有其不足之处，虽然加入高含量的镍可提高材料的韧性，但其硬度却较低。尤其是对于铸造铁镍合金来讲，随着镍含量的增减材料的性能会发生急剧的变化，尤其在轧制合金管如15CrMo、L-360抗硫管线管等时，高镍铸造导板在轧制钢管时极易出现粘钢，造成钢管表面被划伤而影响钢管的质量，同时，由于导板的损坏，需经常进行修磨而影响生产，使成本增加。

再就是传统上使用的低镍高铬铸铁穿孔机导板，在实际使用中表现出高温耐磨性能和抗热裂性能差，在断续进行水冷却时易裂甚至断开，一般使用寿命在1～3个班次就需报废更换，在轧制高钢级钢管时最多用一个班次，直接影响生产。

含镍太高的高镍铬铸造穿孔机导板在使用中容易产生粘钢而造成钢管表面被划伤，从而影响钢管的质量，并有成本高的问题；而含镍太低的低镍铸造穿孔机导板虽然成本较低但高温耐磨性能和抗热裂性能差。以上两类镍含量的铸造穿孔机导板目前已不能满足为国际先进水平无缝钢管生产机组提供配件的需求。因此，研制性能更加优异、使用寿命更长并且更加经济实用的穿孔机导板势在必行。

目前将一种优选的含有中等含量的镍与其他合金成分进行组配而制造的穿孔机用导板，并将其应用于轧制无缝钢管的穿孔机上来替代目前国内外的高镍铸铁穿孔机导板。取得了良好的效果。

2. 导板的选择原则

一种管坯需要选择一种导板，如果是用一种管坯生产不同尺寸的毛管，可以只选择一种导板。

导板的纵剖面形状应与轧辊辊型相对应，也有入口锥、压缩带和出口锥组成。导板入口锥主要起到引导管坯的作用，使管坯中心线对准穿孔中心线。当管坯与上、下导板接触时，它起着限制管坯椭圆度的作用。限制椭圆度是为了避免过早形成孔腔，同时促进金属的纵向延伸。导板的出口锥起限制毛管横变形，并控制毛管轧后外径的作用。

压缩带是过渡带，它不在导板的中间，而是向入口方向移动，移动值一般在 20 ~ 30mm，也有到 50mm 的。移动的目的是可以减小管坯在顶头上开始碾轧时的椭圆度和减小导板的轴向阻力，提高穿孔速度。

导板的入口锥角一般等于轧辊入口锥角或比轧辊入口锥角大 10° ~ 20°，出口锥角一般等于轧辊的出口锥角或比轧辊的出口锥角小 0. 50° ~ 10°。

导板的横断面形状是个圆弧形凹槽，这是为了便于管坯和毛管旋转。凹槽的圆弧可做成单半径或双半径的。

导板的长度由变形区长度决定，压缩带宽度一般为 10 ~ 20mm。

导板的厚度根据轧辊距离来确定，以薄壁毛管为设计对象。适应薄壁管的导板一定适应厚壁管的生产。

（三）导盘与导板的区别

导盘相对于导板有以下优点：

（1）生产率高，这是由于主动导盘对轧件产生轴向拉力作用，导致毛管轴向速度增加。最快可以达到 3 ~ 4 支/min。

（2）由于导盘的轴向力作用，使管坯咬入容易一些，减少了形成管端内折的可能性，也可以提高壁厚的精度。

（3）导盘比导板有较高的耐磨性，从而减少了换工具的时间并提高了工具寿命。

（四）调整实例

实例一　轧制钢管 MPM 机组的辊立式迪塞尔斜轧轧制钢管的穿孔机及其导盘的安装调整方法

一般轧制钢管穿孔机的减速机输出轴的安装起着导向作用，还起到限制毛管横向变形、促进延伸、控制毛管尺寸并对变形区金属施加轴向拉应力的作用的导盘，其输出轴与导盘的连接方式为齿型套齿连接方式，而减速机的轴向位置和输出轴上安装的导盘的高度都直接决定穿孔机轧制当中的“环形封闭孔型”，即对减速机轴向位置的加减垫片调整和导盘高度的加减垫片调整都直接关系到是否能实现钢管环形封闭孔型。

轧制钢管的穿孔机导盘安装采用齿型套的连接方法，经常发生齿型套齿的打齿、齿点蚀的现象，并伴有导盘停转、随转、异响、偷停等不良现象发生，严重影响生产及产品质量。由于导盘的高度调整不准确，轧制钢管穿孔过程中难以形成环形封闭孔型，使轧件却形成了出现内折、内结疤、壁厚不均、导盘粘钢等质量缺陷。导盘的轴向即导盘的中心线相对于轧辊中心线的距离，由于产品规格的不断变化，出现毛管尾部壁厚不均、有椭圆度的现象，影响产品质量及产品的成才率。

为解决上述技术中存在的问题，这里提供一种轧制钢管的穿孔机及其导盘的安装调整方法，以利于避免导盘安装齿型套发生齿型套齿的打齿、齿点蚀现象发生，杜绝导盘停转、随转、异响、偷停等多种现象，提高生产效率及产品质量，同时提高了产品成才率。

具体方法为提供一种轧制钢管的穿孔机，包括：孔机的减速机输出轴，所述输出轴安装有起导向作用的导盘，其导盘为左右对称水平布置的两个导盘，其中所述输出轴的外六方套与导盘的内六方套的连接方式为花键套式内外六方套配合，实现快速的安装。

导盘调整方法流程框图为：导盘安装方式→导盘高度调整→导盘轴向调整。

该方法包括以下步骤：

（1）穿孔机导盘的安装。用天车吊装具有内六方套的穿孔机导盘，放到导盘减速机的装有外六方套输出轴上，之后再安装具有锁紧作用的压盖即可。

（2）穿孔机导盘的高度调整。分别对穿孔机两侧导盘的横向中心线、导盘标高、减速机输出轴轴头的标高进行测量，依据上述测量数据与设计值进行比较，计算出实际测量数值与设计差值。

根据计算出的结果，直接在穿孔机导盘下加减垫片，实现两个导盘之间孔型环形封闭的要求，即达到两个导盘的标高差值为7mm的要求；如果穿孔机导盘轴头标高差值与设计值的标高差值7mm不符合，则在穿孔机导盘下加减垫片直至与两导盘设计值的标高差值为7mm相符合。

（3）穿孔机导盘的轴向调整：

1）穿孔机导盘纵向水平距离决定着轧制钢管在变形区的椭圆度，首先测量穿孔机两个导盘纵向水平之间距离、根据穿孔机的穿孔导盘调整的经验公式为依据进行数据对比和计算，计算出设计值与实际值进行对比以便重新调整，经验公式：

$$D_B/(0.86-0.90)\times(1.07-1.15)$$

式中　D_B——穿孔生产轧制件的直径。

2）根据上述计算出的误差值结果，直接移动穿孔机导盘的水平中心线，改变穿孔机导盘的轴向位置，在与减速机固定轴瓦座连接牌坊的导盘水平中心线的调整垫片处，根据导盘的水平中心线的所述经验公式计算值与实测值相比较，实测值大于计算值则减垫片，小于实测值则加垫片而改变两个导盘之间的水平距离，实现轧制钢管孔型环形封闭的要求及满足穿孔过程金属变形要求，如图3-9和图3-10所示。

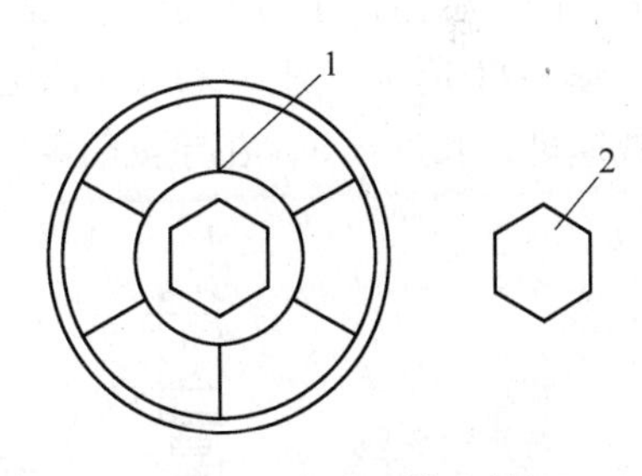

图3-9　穿孔机输出轴

1—导盘内六方；2—减速机输出轴外六方

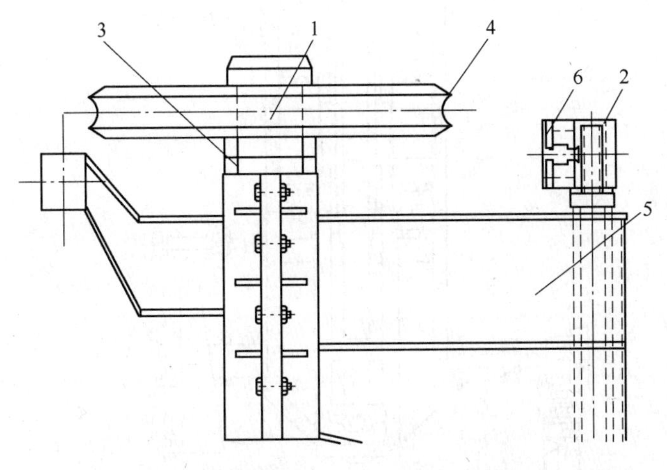

图3-10　导盘安装结构示意图、导盘高度、轴向调整示意图

1—减速机输出轴；2—减速机固定轴瓦座；

3—导盘高度的调整垫片；4—导盘；5—减速机；

6—导盘水平中心线的调整垫片

通过上述措施达到的效果是该穿孔机的导盘安装方式更为方便、快捷，实现了延长设备的使用寿命，减少了设备的故障率与故障时间，节省了检修及备件费用；减少了轧件尾部的椭圆度、内折、内结疤、壁厚不均、导盘粘钢等质量缺陷，提高了产品质量和成材率，创造了可观的经济效益。

实例二　卧式无缝钢管轧机导盘调整及锁紧装置

该装置属于无缝钢管生产设备技术领域，具体涉及一种轧制无缝钢管的卧式钢管轧机的导盘调整及锁紧装置。

目前，卧式无缝钢管轧机导盘调整和锁紧装置，大多是由一台电动机带动一台蜗轮减速机传动机构对导盘船架的一侧（一般在中部）施力，在导盘船架的另一侧设置有间隔一定距离的两套液压缸对导盘船架进行支撑和锁紧，这种调整及锁紧方式由于作用力和支撑力不在一条直线上，易使导盘船架产生偏斜，液压锁紧稳定性不好，影响锁紧效果，以至于影响导盘与轧辊组成的孔型，进而影响钢管的轧制质。

本实例目的是提供一种新结构的导盘调整及锁紧装置，克服了现有的技术容易使导盘船架产生偏斜，锁紧效果不好，以至于影响导盘与轧辊组成的孔型，进而影响钢管轧制质量的缺陷。通过以下方案予以实现：

图3-11所示，卧式无缝钢管轧机导盘调整和锁紧装置，包括导盘船架4、电机1、蜗轮减速机2和丝杠3，在导盘船架4的侧部设置有两套并列的调整锁紧机构。每套调整机

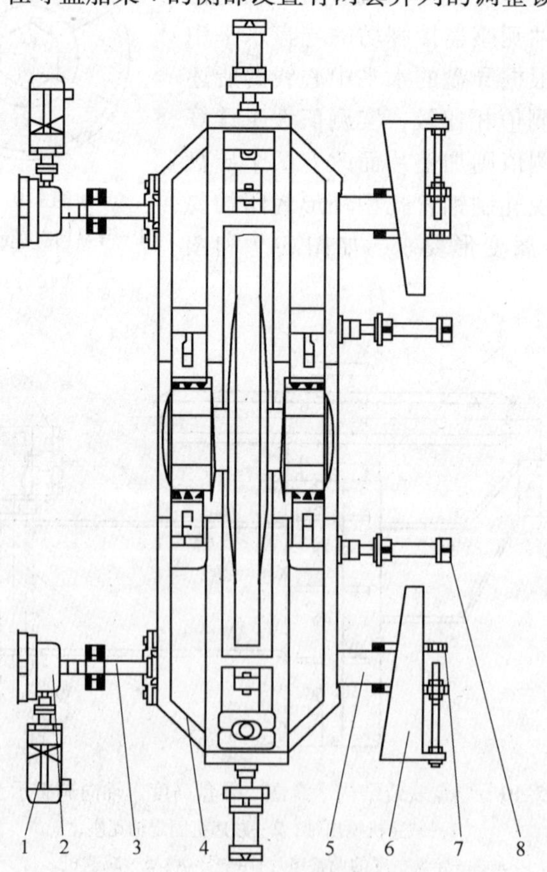

图3-11　导盘安装结构示意图

构为：在导盘船架4的一侧设置有电机1，电机1的输出轴与蜗轮减速机2连接在一起，蜗轮减速机2的输出轴上设置有丝杠3，丝杠3的端部设置在导盘船架4一侧的调整座中。在导盘船架4另一侧设置有液压缸8，用以消除调整过程中产生的螺纹间隙。

每套锁紧机构的结构为：在导盘船架4另一侧设置有导向套7，导向套7的轴线与导盘船架4的一侧丝杠3的轴线在一条直线上，在导向套7中活动设置、有第一楔块5，电机1通过蜗轮减速机2转动丝杠3对导盘船架4的一侧施加推力，第一楔块5在导盘船架4另一侧对导盘船架4另一侧施加支撑力，从而完成对在导盘船架4的调整和锁紧定位。

所述的导盘船架4的锁紧机构中的两个导向套7上均分别设置有纵向的第二楔块6，其主要功能是与第一楔块5配合实现自锁，防止第一楔块5的移动，该第二楔块6通过紧固件固定在所述的导向套7上以防止松动。

【思考与练习】

3-2-1　导盘的技术参数有哪些？
3-2-2　导盘的作用和基本参数的确定方法是什么？
3-2-3　穿孔机导盘的安装和调整的方法有哪些？

任务3　顶头、顶杆准备

【学习目标】

一、知识目标

(1) 具备二辊斜轧穿孔机的顶头、顶杆基本知识。

(2) 具备二辊斜轧穿孔顶头、顶杆工作原理知识。

(3) 具备穿孔机顶头、顶杆调整的知识。

二、技能目标

(1) 掌握穿孔机的顶头、顶杆的选择方法。

(2) 会准确监控二辊斜轧穿孔机顶头、顶杆工艺参数和调整操作。

(3) 掌握穿孔机由于顶头、顶杆因素产生的一般缺陷和消除方法。

【工作任务】

(1) 认识二辊斜轧穿孔机顶头、顶杆的结构及组成。

(2) 按工艺要求进行穿孔机顶头、顶杆的调整。

(3) 按工艺要求进行穿孔机顶头、顶杆准备。

【实践操作】

参见穿孔机组岗位基本操作。

【知识学习】

一、顶头

穿孔顶头是无缝钢管生产中消耗量最大的关键工具之一。由于穿孔顶头的工作条件恶劣，顶头是在高温、高压和急冷急热的条件下工作，经受着机械疲劳和热疲劳的作用，故顶头常以塌鼻、粘钢、开裂等失效形式报废。在 GCr15 钢无缝管穿管中，顶头的平均穿钢管寿命在 40 ~ 50 根。由于现用顶头材料的热强性能、热处理质量等原因所限，使得它的使用寿命不高，由此影响钢管生产效率和质量。

顶头是热轧无缝钢管生产主要模具，也是主要易损件。穿管过程中，经加热温度约 1060℃的高温下进入钢棒穿孔，每根管子的平均轧制时间约 15s，顶头表面温度可能上升至 1300 ~ 1600℃。顶头推出后被喷淋水冷却到 400℃以下，准备进入下一根管子的穿孔。顶头不仅承受强烈的摩擦和挤压作用，而且还周而复始的承受着激热激冷作用，工况条件极其恶劣。现在多数厂家使用 H13 钢、球墨铸铁材料制作的顶头，其主要失效形式是因热强性不足，而不能满足生产要求。对 GCr15 钢一类高强度材料的无缝钢管的穿管顶头的寿命问题更为突出。因此开发新的顶头材料，优化现有顶头材料的热强性，低成本提高使用寿命的技术途径是投入资金少、经济效益突出的有效方法。

目前，国内生产普通碳素钢管应用较多的顶头材料为 3Cr2W8V 和 20Cr2Ni4W 钢。在使用前，顶头进行挂高温氧化铁膜处理。这类顶头在使用中常因出现塌鼻、粘钢和开裂等缺陷而报废。生产不锈钢管常用钼基合金顶头，但其高温氧化严重，需要不断地进行高温润滑，生产效率低，而且钼材价格一再提高，造成顶头昂贵。

金州得胜钢管厂采用了一种新型复合顶头，即以 3Cr2W8V 钢为主体，制成空心顶头，然后在顶头鼻部堆焊钴基耐热合金，构成新型复合顶头。钴基耐热合金的高温强度高，热疲劳性能好，满足了提高顶头高温性能的需要。这种新型复合顶头的使用效果优于纯 3Cr2WSV 钢顶头。但因基体材料的热强性不足，使用寿命不高。

北京钢铁研究总院曾应用真空熔结工艺研制出涂层组合材料顶头。把表面涂效了硬化合金粉的铝合金棒镶嵌在顶头尖部。再于顶头鼻部涂敷表面硬化合金粉，然后在专用设备中进行真空熔结涂层工艺处理，使结合面为冶金结合，即可获得涂层组合材料顶头。这种顶头的表面涂层经真空熔结处理后，不仅具有较高的高温硬度和耐磨性，而且在涂层表面还形成了一层致密、光滑的氧化膜，能够起抗氧化和减少摩擦的作用。由此，提高了顶头的使用寿命。但该技术工艺复杂，设备要求高，制造成本高，企业认可度较低，推广难度大。

重庆大学进行了利用激光表面合金化提高顶头使用寿命的研究。通过对 20Cr2Ni4W 钢顶头进行激光加热和 Co 合金化处理，在表面形成一层晶粒细小含 Co 均匀的合金化层，使其具有较高的机械性能和热疲劳性能。存在与表面硬合金化技术成果推广难的问题。

利用稀土和铝合金化 H13 钢，使钢内含铝量高达 1.0% 以上，从而起到细化晶粒，提高顶头的高温力学性能，并且可以使顶头表面形成一层致密、牢固的氧化膜，起到润滑和减小摩擦力的作用，从而提高顶头的使用寿命。该技术过量铝在晶界的堆积，对 H13 钢韧性影响很大，容易引起模具过早开裂。同时特殊材料的采购订货十分困难。

前苏联列宁轧管厂研制出用精密热模锻方法生产顶头的工艺。这种模锻顶头使用寿命高于铸造和锻造顶头。原联邦德国进行了顶头表面渗铝研究，日本进行了顶头热处理研究，都取得了一定的效果。

第一代热作模具钢主要包括 5CrNiMo、5CrMnMo 和 3Cr2W8V 钢。第二代热作模具钢则是以美国的 AISIH10、HI1、H12、H13 钢系列为代表，尤其以 H13 钢量受欢迎。第三代热作模具钢是瑞典 UDDEHOLM 公司研制的 UHB QRO 80M 和 QRO90 SUPREME 钢系列。H13、QRO 80M、QRO90 SUPREME 钢被称之是20世纪90年代新型优质热作模具钢现在乃至今后都将成为热作模具的主选钢种，已在美国、日本、德国、瑞典等发达国家得到广泛应用。

H13 钢是第二代性能优异的中温（小于600℃）热作模具钢。可用于制造比5CrNiMo、5CrMnMo 钢有更高强韧性要求的热锻模和比3Cr2WSV 钢有更高热疲劳性能要求的热挤压模、热冲模。但 H13 钢在 >600℃时的热强性欠佳，在压铸高熔点合金时，H13 钢就显得不太合适。在此基础上可以通过适宜的低成本共渗技术途径和对热处理工艺制度进行改进，提高顶头寿命。

QRO 80M、QRO 90 SUPREM 钢是第三代性能更加优异的热作模具钢，与优质的 H13 钢相比具有：（1）更细的显微组织；（2）更高的回火稳定性；（3）更好的热强度和热硬度；（4）相同的常温力学性能，但有更高的高温强度，贵重金属钼、铬分别降低1.0%以上。开发应用新一代热模具钢是有效解决钢顶头和热作模具寿命的发展方向。

（一）顶头类型

顶头的种类按冷却方式来分，有内水冷、内外水冷、不水冷顶头（穿孔过程和待轧时间内都不冷却，主要指生产合金钢用的钼基顶头）；按顶头和顶杆的连接方式来分，有自由连接和用连接头连接顶头；按水冷内孔来分，有阶梯形、锥形和弧形内孔顶头。内孔与外表面之间的壁厚有等壁和不等壁两种；按顶头材质分，有碳钢、合金钢和钼基顶头；从扩径段分有2段式、3段式、4段式，扩径率小于20%用2段式顶头，大于20%用3或4段式顶头。

（二）顶头冷却

为延长顶头的使用寿命，应通过加强冷却水的压力来提高顶头在孔型中顶头的冷却，尤其是顶头的前部。使用内水冷主要是为了降低顶头内部温度，应尽可能降到最低水平，冷却水压应保证在1.0~1.5MPa。

（三）影响顶头寿命的因素

管坯材质，合金含量越高，变形抗力越大，顶头寿命越低；顶头化学成分和热处理工艺，热处理工艺决定顶头寿命；穿孔时间和管坯长度，穿孔时间越长，顶头温度越高，顶头越容易变形和损坏。

顶头在穿孔过程中，顶头承受着交变热应力、摩擦力及机械力的作用，力的大小影响顶头的寿命。顶头过分磨损会划伤毛管内表面，粘钢后产生内折。

顶头一般是轧制的、锻造的或者是铸钢的。搬运顶头时应保护表面的氧化层，避免脱落，否则影响使用寿命。更换标准是当顶头头部磨损，磨损带长度超过5mm，破损面积超过30cm^2；穿孔段出现裂纹；裂纹长度超过60mm，宽度在1.0mm左右；粘钢，有粘钢就该更换。

剔废的顶头原则上不能重复使用，若重车，需要再次热处理。

（四）提高顶头寿命的措施

提高穿孔顶头的寿命的措施大概有以下几种：

（1）改进穿孔顶头形状以及制备工艺。

（2）研究顶头新材质。

（3）顶头热处理、氧化工艺的研究。

（4）对穿孔顶头表面复合涂层的研究。

（五）顶头参数选取过程

以2段式顶头举例说明该过程，选取的前提是必须已知轧辊的尺寸和管坯直径、毛管直径、毛管壁厚及咬入角。

（1）确定轧制带处（*HP*）的辊距（*E*）。辊距（*E*）的大小取决于材料的钢级；管坯的直径；毛管壁厚。下面是一些常见钢中的辊距值（*E*）：

碳钢 $E=(0.84\sim0.9)DB=(84\sim90)\%$，常用$(86\sim89)\%$

低合金钢 $E=(85\sim90)\%$，常用$(87\sim90)\%$

高合金钢 $E=(88\sim91)\%$，常用$(88\sim90)\%$

（2）确定轧辊的入口长度（L_e）和出口长度（L_a），计算它们是为了验证其长度是否超过轧机的设计长度，公式见前面轧辊设计部分。如果计算的结果是入口长度（L_e）和出口长度（L_a）比轧辊现有的相应部分大的话，就得加大轧辊间距（*E*）或者增加入口锥角和出口锥角。

（3）确定顶头直径（*Dd*）：

$$Dd=DH-2SH-CH$$

$$CH_{CTP}=1.5CH \tag{3-12}$$

式中，*CH*为毛管与顶头的间隙值，目前仍以经验值或经验公式为主。

$$CH=(0.09+0.076DB)-(0.007+0.0013DB)SH \tag{3-13}$$

（4）确定顶头平滑段的长度（LGT2）。平滑段的作用是均匀壁厚的偏差，长度至少要保证毛管能够转一周并加上保险系数。即

$$LGT2=SF\pi\frac{DH}{2}\tan\gamma \tag{3-14}$$

式中 *SF*——平滑系数，取值为1.2~2，通常为1.5；

γ——咬入角，(°)。

*LGT2*必须小于顶头过*HP*处的长度，否则的话减小系数值。平滑段的角度β_{GT2}近似等于轧辊的出口锥角。

（5）确定顶头穿孔段末端的直径（*DR*）：

$$DR=DD-2LGT2\tan\beta_{GT2} \tag{3-15}$$

（6）计算顶头前伸量*Ld*1。顶头前伸量的大小影响着穿孔的过程和毛管的质量，生产中应避免在顶头的前部形成空腔，这样有利于减轻毛管内表面的缺陷。但起决定性的是影响内表面缺陷的因素，有顶头前直径减径率和管坯接触顶头前转动的次数。顶头前直径减径率的参考极限值如下：碳钢 $\rho=(0.04\sim0.1)DB=4\%\sim10\%$，常用 6%~9%；低合金钢

$\rho=4\%\sim8\%$，常用 $6\%\sim8\%$；高合金钢 $\rho=4\%\sim7\%$，常用 $5\%\sim6.5\%$。

（7）自由段长度（GL），即管坯接触轧辊到顶头前的长度，必须保证管坯转一周。

$$GL=\pi DB\tan\gamma GF \tag{3-16}$$

式中，GF 取 1～1.5。如果轧辊直径与管坯直径的比值较大的话，GF 可取 0.8～1。

所以顶头位置（$Ld1$）为：

$$Ld1=Le-GL \tag{3-17}$$

顶头前伸量的值至少要大于 40mm，系数 GF 影响顶头位置和顶头前的压下量。

（8）确定顶头长度（Ld）。顶头再 HP 后长度（$Ld2$）计算公式如下：

$$Ld2=\frac{Dd+2\times SH-E}{2\times\tan\alpha_a} \tag{3-18}$$

所以顶头长（Ld）为

$$Ld=Ld1+Ld2 \tag{3-19}$$

（9）确定顶头鼻部的直径（F）。一般情况下：

$$F=(0.25\sim0.30)Dd(Dd<80\text{mm}) \tag{3-20}$$

$$F=(0.18\sim0.25)Dd(\text{大顶头}) \tag{3-21}$$

但不能小于 16mm。

（10）确定顶头圆弧半径（R_d），其中圆弧段的长度的求法是：

$$L_R=L_d-L_{GT2} \tag{3-22}$$

圆弧半径为：

$$R_d=\frac{L_R^2+\left(\frac{D_R-F}{2}\right)^2}{2\left(\frac{D_R-F}{2}\cos\beta_{GT2}-L_R\sin\beta_{GT2}\right)} \tag{3-23}$$

圆弧半径值 Rd 的范围在 300～900mm 之间。2 段式顶头的圆弧半径值不要取上限值。

例题1 已知给定条件，计算2段式顶头的基本参数。

（11）给定

$$DB=200\text{mm}\qquad \alpha_{e_{av}}=3.0°$$

$$DH=222\text{mm}\qquad \alpha_{a_{av}}=3.2°=\beta_{GT2}$$

$$SH=20\text{mm}\qquad \gamma=12°$$

（12）计算。辊距 $E=177.2$mm（选择直径压下率为 88.6% DB，如图3-12所示），入口锥长度：

$$L_e=\frac{DB-E}{2\tan\alpha_{e_{av}}}=\frac{200-177.2}{2\ \tan 3.0}$$

$$L_e=217.2\text{mm}$$

出口锥长度：

$$L_a=\frac{DH-E}{2\times\tan\alpha_a}=\frac{222-177.2}{2\times\tan 3.2}$$

$$L_a=400.7\text{mm}$$

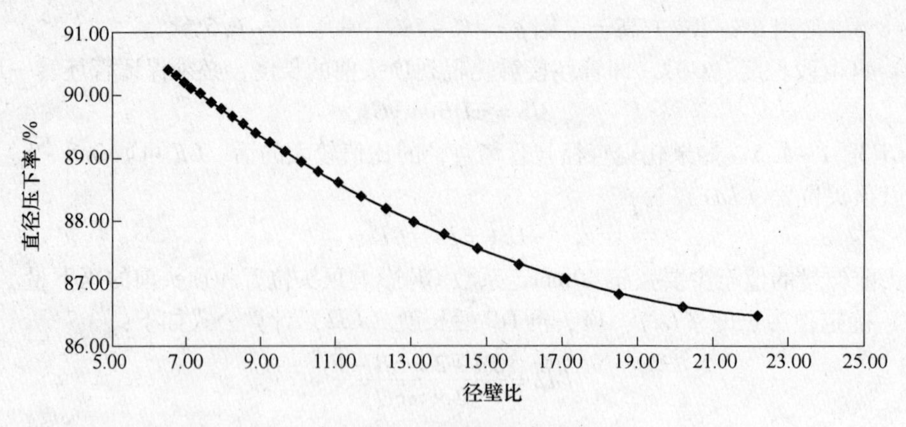

图 3-12　基本参数关系

顶头与毛管的间隙：$CH=10\text{mm}$ 桶形辊 CH：

$$CH_{\text{CTP}}=1.7\times CH=17\text{mm}（锥形辊取值比桶形辊大）$$

$$Dd=DH-2\times SH-CH=222-2\times 20-17$$

$$Dd=165\text{mm}$$

平滑段长度：

$$SF=1.6$$

$$L_{\text{GT2}}=SF\times \pi\times \frac{DH}{2}\times \tan\gamma$$

$$=1.6\times \pi\times \frac{222}{2}\times \tan 12$$

$$=118.6\text{mm}$$

故取 $$L_{\text{GT2}}=120\text{mm}$$

确定平滑段开始处的直径：

$$\beta_{\text{GT2}}=\alpha_{\text{a}}$$

$$\beta_{\text{GT2}}=3.2°$$

$$D_R=Dd-2\times L_{\text{GT2}}\times \tan(\beta_{\text{GT2}})$$

$$=165-2\times 120\times \tan 3.2$$

$$D_R=151.6\text{mm}$$

自由工作段长度（咬入段）选择 $GF=1.05$。

$$GL=\pi\times DB\times \tan\gamma\times GF$$

$$=\pi\times 200\times \tan 12\times 1.05$$

$$GL=140.2\text{mm}$$

顶头前伸量：

$$Ld1=Le-GL=217.5-140.2$$

$$Ld1=77.3\text{mm}$$

顶头在 HP 点后的长度：

$$Ld2=\frac{Dd+2\times SH-E}{2\times \tan\alpha_{a}}=\frac{165+2\times 20-177.2}{2\times \tan 3.2}$$

$$Ld2=248.6\text{mm}$$

顶头长：

$$Ld=Ld1+Ld2=77.3+248.6$$

$$Ld=325.9\text{mm}$$

核查顶头前伸量ρ：

$$\rho_{act}=\frac{DB-(E+2\times Ld1\times \tan\alpha_{e})}{DB}=\frac{200-(177.2+2\times 82\times \tan 3)}{200}\times 100=7.1\%$$

核查实际的咬入系数　　$F=0.2\times 165=33\text{mm}$

$$LR=Ld-LGT2=330-120$$

$$LR=210\text{mm}$$

$$Rd=\frac{LR^2+\left(\frac{DR-F}{2}\right)^2}{2\times\left(\frac{DR-F}{2}\times\cos\beta_{GT2}-LR\times\sin\beta_{GT2}\right)}=\frac{210^2+\left(\frac{151.6-33}{2}\right)^2}{2\times\left(\frac{151.6-33}{2}\times\cos 3.2-210\times\sin 3.2\right)}$$

$$=501.4\text{mm}$$

二、顶杆

（一）顶杆的冷却形式

顶杆的冷却形式主要有两种：一种为顶杆不循环，此种方式顶杆一般为内水冷式，而顶头为外水冷式，每穿孔一次更换一个顶头或者直到一个顶头损坏才更换；另一种方式为顶杆循环使用，此种顶杆结构简单、维护方便，每组一般需要6～12支才能循环使用。

（二）顶杆与顶头的连接使用方式

顶头的使用方式主要有以下几种：

（1）顶头与顶杆连接在一起一同进行循环的。顶头损坏后需要离线进行更换，一般情况下，一组顶杆6～7支，冷却站在轧线之外，占地面积较大。

（2）顶头在线循环。即使用一支顶杆，每穿孔一次，顶头更换一次，一般情况下使用3个顶头，顶头循环的次序是1，2，3，再1，2，3。这种方式只更换顶头，使用方便，生产节奏快。但要求顶头的定位精确，工具加工精度高，设备运转正常，否则的话，容易发生顶头与顶杆连接不牢，顶头脱落的情况。

（3）一个顶头/顶杆单独使用。当顶头损坏后，须在线更换顶头顶杆。

【思考与练习】

3-3-1　顶头由哪几部分组成？

3-3-2　影响顶头寿命的因素有哪些？

3-3-3　提高穿孔机顶头寿命的方法有哪些？

3-3-4　列举几种新型顶头。

材料成型与控制技术专业

《钢管生产》学习工作单

班级：　　　　　　小组编号：　　　　　日期：　　　　　编号：

组员姓名：

实训任务：穿孔设备识别、穿孔缺陷判定与顶头各部位的确定

相信你：在认真填写完这张实训工单后，你会对穿孔设备、穿孔工艺调整和穿孔工具准备有进一步的认识，能够站在班组长或工段长的角度完成斜轧穿孔的任务。

设备基本知识：

实训任务：穿孔设备识别，二辊式斜轧穿孔机如图3-13所示。

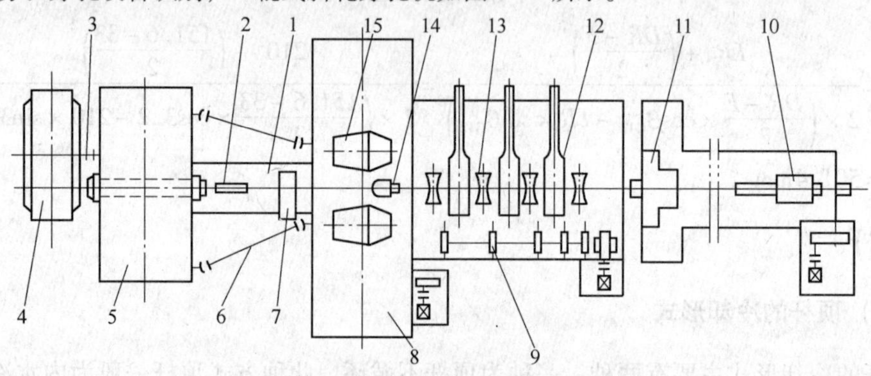

图3-13　二辊式斜轧穿孔机

1：　　　　2：　　　　3：　　　　4：　　　　5：

6：　　　　7：　　　　8：　　　　9：　　　　10：

11：　　　　12：　　　　13：　　　　14：　　　　15：

工艺调整技能训练：

实训任务：穿孔缺陷的判别、描述和工艺调整措施

内折：________________

控制措施：________________

内结疤：________________

控制措施：________________

中卡：________________

控制措施：________________

后卡：________________

控制措施：________________

后卡：________________

控制措施：________________

壁厚不均：________________

控制措施：________________

穿孔工具准备：

请根据图 3-14 提示给出顶头的构成及各部位尺寸确定步骤？（请另附纸）

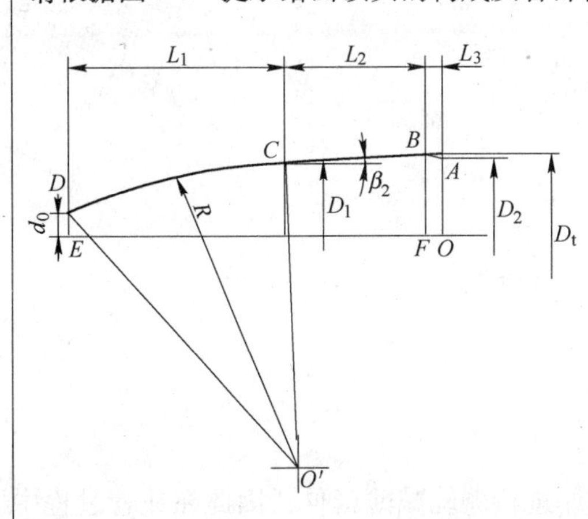

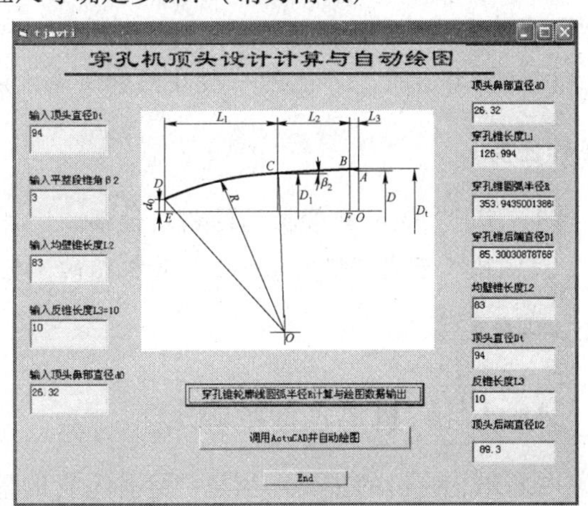

图 3-14　顶头的构成及各部位

教师评语	

成绩根据课程考核标准给出：

备注：穿孔工艺请参考所提供的轧制表。

学习情境4　荒管生产

任务1　ASEEL轧管工艺与操作

【学习目标】

一、知识目标

(1) 具备轧前工艺准备（导卫、导板和轧辊预安装知识）。

(2) 具备Assel工艺和操作知识。

(3) 了解设备控制和监控知识。

二、技能目标

(1) 能熟练进行轧前各项设备、工艺预安装和预调整。

(2) 掌握轧制工艺规程和基本轧制工艺规程操作。

(3) 具备轧管机调整的基本技能。

(4) 掌握轧管机产生的一般缺陷和消除方法。

【工作任务】

(1) 认识Assel轧管机的结构及设备。

(2) 按工艺要求进行Assel轧管机组的工艺规程操作。

【实践操作】

一、Assel轧管机工艺参数确定

阿塞尔轧管机的主要作用是把穿孔毛管的壁厚进行碾轧减薄延伸，因此在轧管过程中涉及的主要工艺参数有变形参数、速度参数和温度参数。其中变形参数有毛管尺寸、荒管尺寸、延伸系数、辗轧角、孔喉直径和芯棒直径、插棒间隙、脱棒间隙等；速度参数有喂入角、轧辊转数、芯棒限动速度等；温度参数有轧制温度等。通常Assel轧机在设定工艺参数前，首先要确定下一道工序（定径）所要求的原料规格，即机组应轧出的荒管尺寸，根据荒管规格以及工具准备情况确定机组所需的毛管规格。孔喉直径与芯棒直径配合保证荒管壁厚。

(1) 辗轧角。根据轧辊辊面锥角确定，一般为5°，辗轧角调整出现偏差可造成钢管壁厚不均、内螺纹等缺陷。

(2) 喂入角。0°~12°可调，喂入角加大，轧制出口速度加快，扩径值增加，但是随着喂入角的增大，轧制稳定性降低，壁厚不均呈增大趋势，容易产生内螺纹。

因此应在生产厚壁管时采用较大的喂入角，薄壁管生产采用较小的喂入角。但是在生

产薄壁管时喂入角也不宜过小，因为喂入角过小，轧制速度慢，尤其是薄壁管时，轧制时间过长容易造成钢管头尾温差加大，形成在钢管长度方向上的壁厚不均。

（3）插棒间隙。需要扩径轧制时，采用小插棒间隙。需要缩径轧制时，采用大插棒间隙。插棒间隙过大容易造成轧辊开口度不足，咬入困难，并且对钢管的内外表面质量会带来不利影响。插帮间隙过小容易造成插棒困难，甚至包芯棒。

（4）轧辊转数。轧辊转数对钢管的影响与喂入角的影响一致。考虑到轧机力能参数的情况下，在轧制高强度、难变形金属时，应采用较低的轧辊转数或较小的喂入角。

（5）芯棒限动速度。芯棒限动速度过慢，会造成芯棒工作段的磨损集中在一个较短的范围内，会使芯棒表面质量恶化，影响钢管内表面质量，同时也会增加芯棒的消耗量。

二、Assel 轧管机的轧管操作

图 4-1 是采用内水冷限动芯棒时的轧管操作进程图表的示例。轧制条件是：毛管尺寸 ϕ180mm × 14mm × 4960mm；荒管尺寸 ϕ168mm × 8mm × 9000mm；芯棒直径 ϕ142mm；辊肩高 6.0mm；延伸系数 1.82；轧速 0.7m/s；轧制周期 27.5s。

操作名称	时间 /s	操作进程 /s 10　20　30　40　50
毛管翻入受料槽、毛管挡叉升起	3	
芯棒外水冷却	3	
穿棒至芯棒前端面伸过变形区	4	
工作芯棒润滑	约 1.5	
毛管挡叉落下、喂管	1.5	
轧管同时芯棒限动	13	
上辊快开	0.1	
上辊复位	0.1	
芯棒返回原始位置	5	

图 4-1　阿塞尔轧管机轧管操作进程

【知识学习】

1937 年美国工程师 W. J. Assel 在俄亥俄州 Wooster 市 Wayne Co. 钢管厂对伍斯特尔轧机（Wooster Mill）重新进行了改造设计，他将这种改造设计后的斜轧管机以其名字命名为阿塞尔轧管机（Assel Mill）。由于这种斜轧管机采用了 3 个轧辊，因此一般称之三辊轧管机，而欧美各国则习惯于称它为阿塞尔轧管机（Assel Mill）。

阿塞尔轧管机（Assel Mill）的 3 个轧辊在机架中呈 120°角布置，与长芯棒构成一个相对封闭的环状孔型。轧辊轴线相对于轧制中心线垂直方向和水平方向均倾斜于一定角度，分别称为喂入角和辗轧角。轧辊形状呈锥形，中间段有一个凸起称做辊肩，轧制时与长芯棒完成集中变形，实现较大的压下量，延伸系数可达 2 左右。

一、主要工艺设备

阿塞尔（ASSEL）轧管机主要包括四部分。

（一）前台入口端

（1）毛管移送系统。由一个杠杆式移送臂将毛管送入插芯棒位置。

（2）芯棒移送系统。芯棒通过法兰盘与小车连接，带有预旋转装置的芯棒小车在底座导轨上水平往返移动，芯棒小车的往返水平移动由双链轮传动系统驱动；为保证轧制时芯棒移动速度处于控制状态，由安装在导轨底座上的两个液压缸来限制芯棒小车在轧制过程中的前进速度，芯棒的冷却由配置在小车上的水管接头从小车尾部插入芯棒进行内水冷；在芯棒小车导轨中间的芯棒托辊托住芯棒，确保芯棒平稳插入毛管，在芯棒小车前进和后退过程中四个芯棒托辊依次抬起或依次落下，避免与小车相撞。

（3）可调式三辊定心装置。分布在芯棒移送系统和轧机之间，它的作用：一是抱毛管；二是抱芯棒；三是打开接受毛管。

（4）芯棒润滑系统。在芯棒小车止推器与最末可调式三辊定心装置之间，在芯棒插入毛管的过程中对芯棒工作带进行轧制前的润滑。

（5）升降输送辊、轧机前调整辊和夹送辊。确保毛管准确送入轧辊。

（6）挡管器。确保芯棒插入毛管的一个装置。

（二）主机

（1）机架。由牌坊底座和旋转顶盖组成，如图 4-2 所示。整个牌坊机架放置在紧固于基础上的两个底板上。

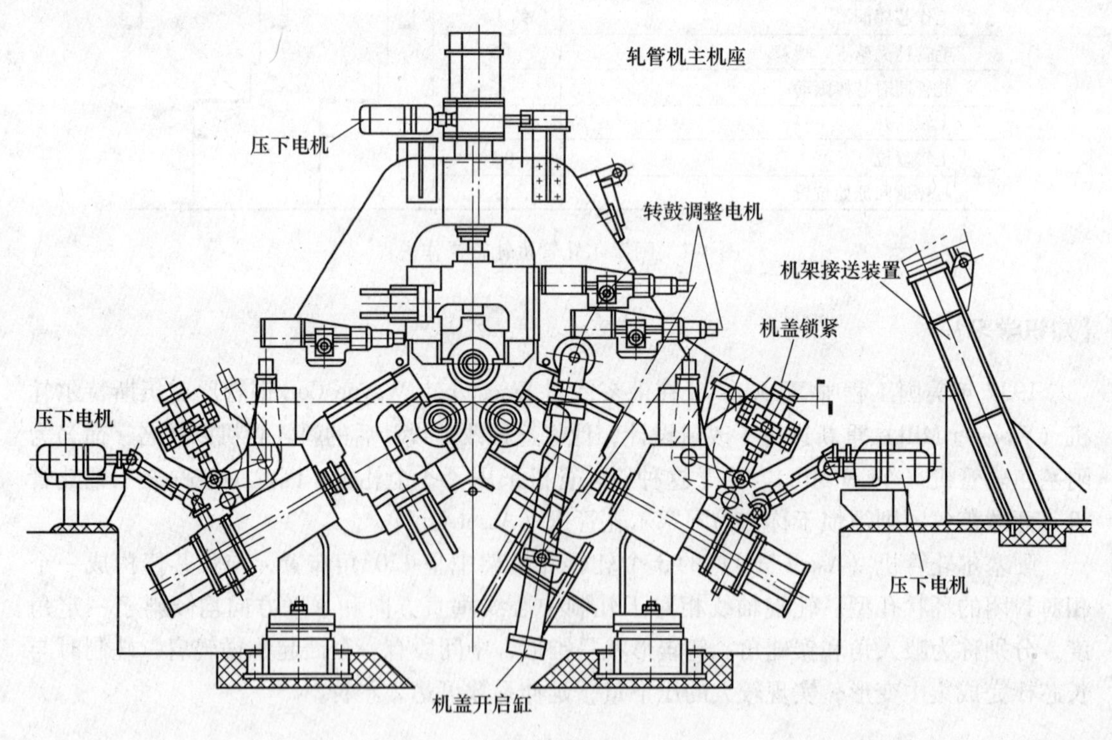

图 4-2　轧辊组成

（2）更换轧辊。将机架上盖通过两个液压缸打开，落在一个撑接支架上，以便 3 个轧辊通过吊车和换辊装置进行更换。牌坊底座和旋转顶盖在轧制期间由四个液压夹紧缸锁紧。3个工作辊安装在轧机机架上，呈120°布置，按这种方式顶部一个轧辊，底部两个轧辊。3个工作轧辊装配包括带轴的轧辊，耐磨轴承和两个轴承箱，装配后形成一个更换件，该更换件装入轧辊座内。

（3）轧辊调整装置。保证按照轧制要求调整孔喉和辗轧角，由两个电动压下丝杠完成的，它们可单独操作，也可以同时操作，如图4-3所示。当两个压下丝杠进行反向运动时，可调整轧辊的辗轧角，确定辗轧角后，两个丝杠同时压下或抬起可调整轧辊的孔喉尺寸。在两个压下丝杠之间，机架内有一个液压缸与轧辊座连接，它的作用是保持辊箱的稳定，避免压下丝杠端部与转鼓之间产生间隙，其称为平衡缸。

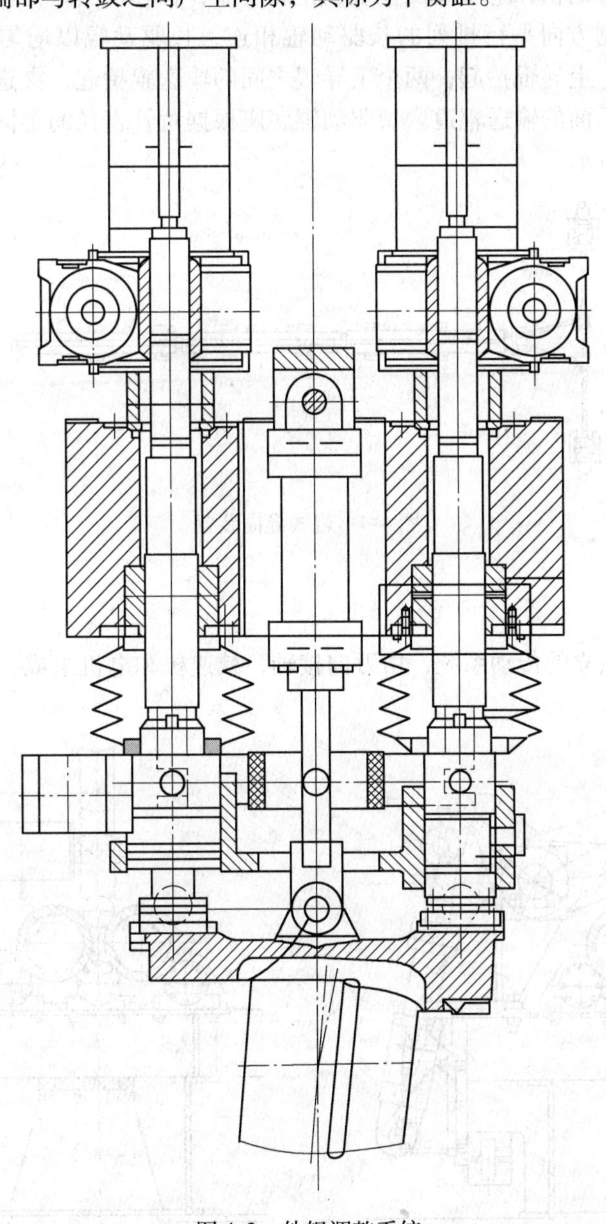

图4-3　轧辊调整系统

轧辊座（小转鼓）安装在转鼓（大转鼓）内，当调整喂入角时，转鼓就由一个主轴传动系统旋转到适当角度。每个转鼓都有一个独立的传动系统，前进角从0°～12°范围内无级可调，每个转鼓都有两个液压夹紧缸锁紧。在上辊出料侧的压下丝杠、轧辊调整装置和轧辊轴承座之间，安装了一个液压快开装置，它的作用时在轧制快结束时投入工作。它用一个连接环限制行程并满足运行要求，当活塞向内运动时，轧辊提起，以实现对毛管尾部的无压下轧制，以此防止毛管尾端形成三角形喇叭口。

（三）后台出口端

为防止荒管表面划伤和薄壁管发生表面扭曲现象，在轧机出口处装有一个辊式导向装置，它同两条与轧制方向平行排列的长驱动辊相连，长驱动辊以均匀的转速导卫钢管前进，当轧制结束时，上导辊抬起，两个下导辊之间的输送辊抬起，夹送辊压下，通过输送辊驱动将荒管送往后面的输送辊道。长驱动辊底座根据荒管直径的不同，可整体上下调整中心线，如图4-4所示。

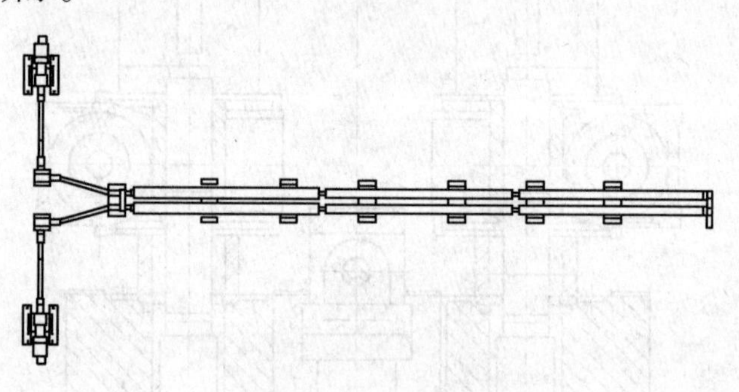

图4-4　辊式导向装置

（四）传动系统

每个轧辊均有独立的传动系统，由万向接轴，减速机和电机组成，轧机采用后台传动方式，如图4-5所示。

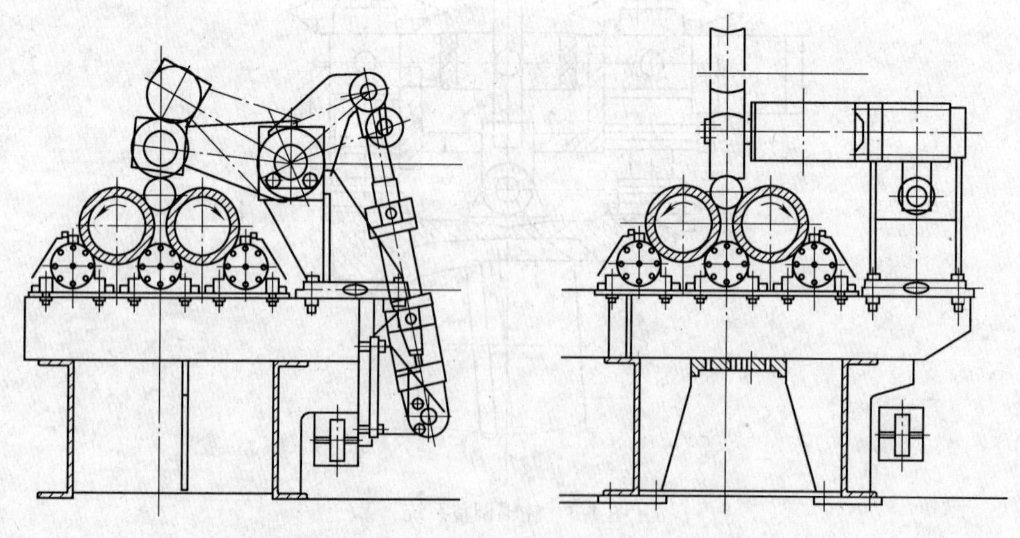

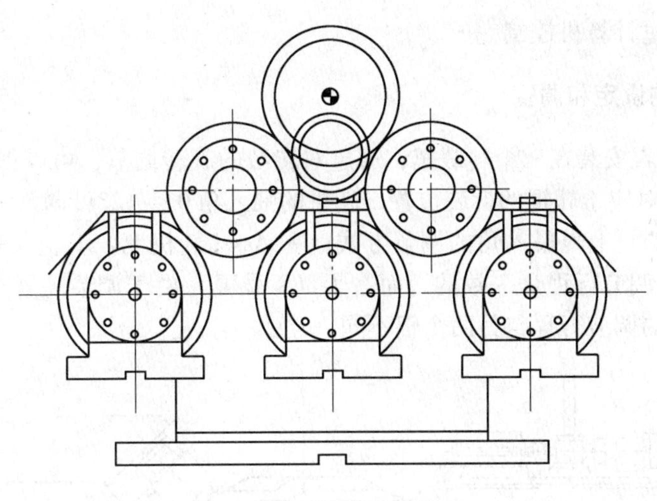

图 4-5　传动系统

二、主要调整参数

（一）基本概念（均以上辊为例）

（1）喂入角。轧辊轴线和轧制线分别在水平面上进行投影，它们的投影线之间的夹角称为喂入角（feed angle、前进角、送进角）。

（2）辗轧角。轧辊轴线和轧制线分别在垂直平面上进行投影，它们的投影线之间的夹角称为辗轧角（spread angle）。

（二）轧辊喉径和辗轧角的调整

Assel 轧机的 3 个工作辊在轧机机架里成 120°布置，轧辊安装在轧辊座上，轧辊座安装在转毂里。每个转鼓都由两个压下丝杠调整，一个在入口侧，一个在出口侧，两个压下丝杠可分别单独调整，以得到适合的“轧辊喉径”和“辗轧角”。

（1）辗轧角。以轧辊座的底面作为测量表面，当这表面与轧制中心线平行时，辗轧角为零。在机架牌坊的出、入口设有测量点，3 个转鼓共有 6 个测量点，测出的数据存入计算机。当轧辊座上两块止推板到轧制中心距离相等时，辗轧角为 5°。

辗轧角的调整。辗轧角（β）调整时，轧机出口和入口侧的压下丝杠做反向调整，以出口打开，入口压下为正调整（辗轧角增加）。

出口丝杠行程 = 标准行程 + 轧辊半径 × $[1-\cos(\beta-5)]+350\times\tan(\beta-5)$

入口丝杠行程 = 标准行程 - 轧辊半径 × $[1-\cos(\beta-5)]+350\times\tan(\beta-5)$

（2）轧辊喉径的调整。在 Assel 孔型中安装测量棒，同时在轧机出口和入口分别安装测量架。将轧辊座上出口和入口的测量栓与测量架上的测量栓分别对正。此时的辗轧角为 5°，测量棒与测量架拆除后，压下丝杠做同向同步调整就相应的改变轧辊喉径。

调整后喉径 = 原喉径 + 2 × 丝杠调整距离

轧辊中心与轧制中心的距离 = （轧辊直径 + 轧辊喉径）/2

当轧辊直径改变时，需重新在计算机中输入轧辊直径，通常情况下，辗轧角和轧辊喉径的设定和调整通过计算机控制完成。

(三) 喂入角的设定和调整

Assel 轧机的轧辊安装在三个转毂里，通过对转毂的旋转调节，可以得到某一喂入角。轧辊的 0°喂入角，对应于轧辊的拆装位置，轧机的喂入角 0°~12°可调。

图 4-6 中给出的是上辊喂入角的调节方式，在 Assel 轧机上，上辊（1 号辊）和左辊（3 号辊）的喂入角调节行程是一致的，而右辊（2 号辊）由于调节装置安装方向与前两个辊相反，因此它的调节行程与另两个辊不同。

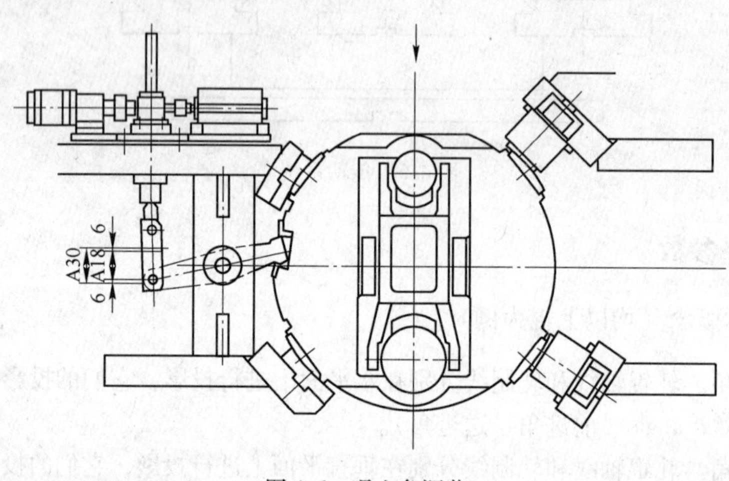

图 4-6 喂入角调节

三、Assel 轧管机的工作过程

(一) 前台

穿孔后的毛管通过横移车移送至 Assel 轧机前台，然后由毛管移送臂将毛管送入轧机入口侧辊道上，移送臂回到原位。辊道输送毛管至挡板前，定心辊抱住毛管，停在等待芯棒插入的位置上。

芯棒在辊子的支撑下，由原始位置通过芯棒小车的驱动高速插入毛管中（1.5m/s）。芯棒的工作段在穿过石墨润滑箱时被喷上石墨润滑剂。芯棒的支撑辊随着芯棒小车的前进逐个落下。

芯棒到达插入位置后，挡板升起，夹送辊落下，输送辊道启动，毛管和芯棒同步前进。芯棒在到达工作位置之前，由芯棒小车上的带有超越离合器的辅助驱动装置进行预旋转，带动毛管旋转进入 Assel 轧机的工作辊中。在芯棒到达工作位置之前，芯棒小车与限动梁连锁。限动梁开始控制芯棒的前进速度（0.07~0.2m/s），使芯棒的前进速度低于钢管的前进速度。随着毛管被 Assel 轧辊咬入，入口侧输送辊道全部集体落下至低位。随着轧制过程中钢管不断旋转前进，钢管尾部每离开一架三辊定心，该架三辊定心从原来的抱毛管位变为抱芯棒位。

在轧制结束后，前台输送辊升起至托芯棒位，三辊定心集体打开至低位，芯棒小车高速退回原始位置（4m/s），限动梁在液压缸的带动下退回原位。在芯棒小车回退过程中，芯棒托辊逐架抬起，托住芯棒。芯棒的工作段通过石墨润滑箱时被喷上石墨润滑剂。

（二）主机

轧辊在开始咬入前处于低速旋转，当毛管随芯棒进入轧辊后开始一次咬入，在此时毛管只在直径上受到压缩，随着钢管前进，在轧辊的台肩开始毛管内表面接触芯棒表面进行减壁，实现二次咬入。正常咬入后轧辊转速提高到设定的轧制速度，进行高速轧制。在轧制结束后轧辊转速降回低速。通常咬入速度是轧制速度的70%。

在生产薄壁管时，为防止荒管前端产生喇叭形扩口，在毛管被轧辊咬入前，上轧辊的辊缝预先设定在比正常轧制辊缝稍大的位置，当毛管头部通过轧辊的台肩后，上轧辊快速恢复到正常轧制位置，我们把轧辊的这个动作叫做“快关”。

同样是在轧制薄壁管时，为了防止钢管尾部形成三角形而造成的轧卡，在钢管尾端通过轧辊台肩之前，上轧辊的辊缝被打开到一个较大的位置，对钢管尾部不减壁，从而避免了尾三角的形成。

通常情况下，当Assel轧后荒管径壁比（D/S）>12时，采用快开动作，当径壁比大于16时，使用快关动作。

（三）后台

在开始轧制时，由于芯棒端部首先伸出轧机进入后台，离轧机最近的双导辊首先托住芯棒端部，随着荒管从轧机中轧出，双导辊变换至托荒管位。

在轧制开始时，后台的长导辊处于高速转动状态，它的旋转方向与轧辊旋转方向一致，长导辊辊面线速度与荒管的表面线速度保持一致。当荒管进入双导辊时，导辊的辊面与荒管的表面几乎不产生滑动摩擦，一方面避免了对荒管表面的划伤，另一方面由于长导辊几乎对荒管的旋转不产生阻力，也避免了荒管的扭转。

荒管进入长导辊后，首先是两个连在一起的上导辊从打开位压下至抱荒管位，随着荒管的不断前进，后台的上导辊逐架由打开位压下至抱荒管位。

当荒管尾部离开轧机，轧制结束时，长导辊立即从高速转动降低到一个很低的转速，在长导辊最前端的两个连在一起的上导辊此时有一个抱紧荒管的动作，确保在抽芯棒时，荒管不会被芯棒带回轧机。

芯棒从荒管中抽出后，后台全部上导辊打开，长导辊中间的输送辊升起，后台的夹送辊压下，共同将荒管输送出长导辊，在长导辊后的3个固定输送辊继续将荒管输送至定径前升降辊道。

四、Assel轧机的变形过程

Assel轧机的变形区是由3个相同的轧辊和芯棒组成的，3个轧辊同向旋转。Assel轧管变形区横截面，如图4-7所示。轧机中心线和轧制线一致，从轧制线到3个轧辊的距离相等，一般在生产壁厚较大的钢管时采用回退式轧制方式，主要是厚壁管的脱棒间隙较小，不便于抽棒。通常情况下均采用限动轧制方式进行轧制。

Assel轧机的变形过程与二辊斜轧延伸机相类似，轧辊辊型也由咬入区（入口锥）、脊部（台肩）、均整区和出口区组成，如图4-8所示。

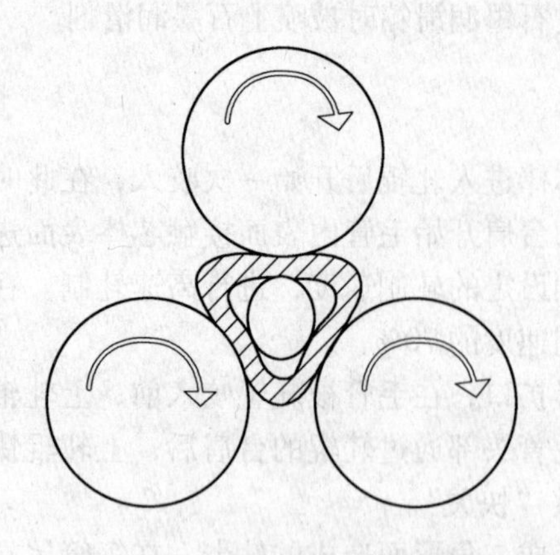

图 4-7　Assel 轧管变形区横截面

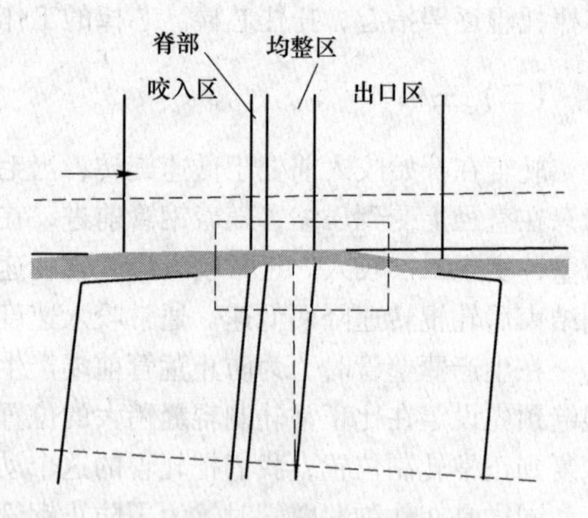

图 4-8　变形区构成

毛管被轧辊一次咬入后，进入入口锥，入口锥角一般约为 2.5°～3°，由于毛管内径大于芯棒直径，首先进行减径，当直径上的压下量等于毛管内径与芯棒的间隙值（插棒间隙）时，毛管内表面开始接触芯棒表面，此时一次咬入阶段结束。由于辊面台肩急剧压下，而钢管内壁受到芯棒的限制因此开始减壁，进入二次咬入阶段。一次咬入主要是减径区，该区的主要作用是建立足够的拽入力，以克服来自轧辊脊部（台肩）的轴向阻力，实现二次咬入。有时为了实现二次咬入，在入口锥提前减壁。一般在入口锥的壁厚压下量等于（0.18～0.25）Hs，Hs 为台肩高度。

毛管到达台肩时，壁厚有较大的压下量，钢管的延伸变形主要集中在台肩完成。因为钢管的内径保持不变（减壁变形时钢管内径就等于芯棒直径），这时的壁厚压下量就等于直径压下量的一半。

毛管通过台肩后进入均整区，均整区的辊面在辗轧角为 5°的情况下是与轧制线平行的，因此该区的变形量很小，该区的作用是辗轧壁厚，进行定壁。最后钢管经出口锥归圆轧出。

Assel 轧管机在轧制过程中，钢管横截面的变化是从圆到圆三角形，最后再归圆的过程，如图 4-9 所示。由于变形区不是完全封闭的，有较大的辊缝存在。在轧制进行到钢管的尾端时，金属容易被挤入辊缝而形成尾三角，尾三角会卡在轧辊缝隙中造成后卡。通常采用在轧辊出口设置快开装置，提前放大轧辊与芯棒的距离，对钢管尾部不减壁的方法解决尾三角后卡的问题。采用快开方式在一定程度上解决了 Assel 轧制薄壁管时的后卡，但是如果轧机快开的控制不准确，往往造成钢管尾端增厚段过长，最终造成钢耗过大。

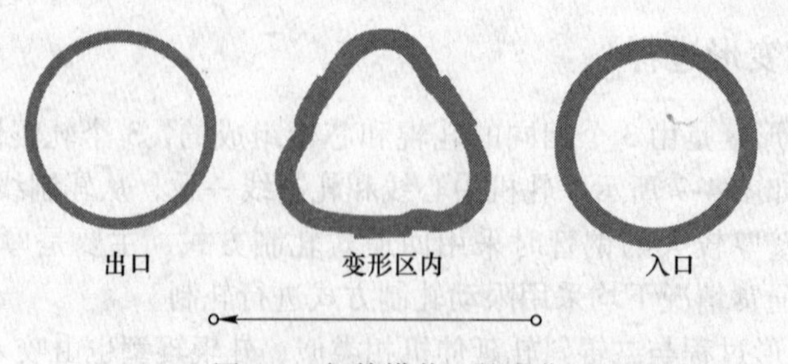

图 4-9　钢管横截面的变化

五、Assel轧制工具

（一）轧辊

Assel轧管机共有3个轧辊，在机架内间隔120°角布置。轧辊轴线与轧制线在不同平面上的投影分别形成辗轧角和喂入角。轧辊总体呈锥形，入口辊径小，出口辊径大。在轧辊的中部有一个突起，称为轧辊台肩（hump）。台肩的作用是对钢管进行集中减壁。

轧机上安装的3个轧辊应成套配置，确保每一套3个轧辊的辊型和辊径一致，要求轧辊装配精确，避免轧辊轴向窜动，确保3个轧辊的台肩在变形区内保持在同一垂直平面内。要求三个轧辊的化学成分和表面硬度应均匀一致，避免在轧辊使用过程中由于3个轧辊磨损程度不一致而带来的产品缺陷。

（二）轧辊的更换

传统的Assel轧管机，在更换轧辊过程中需要反复打开机架上盖（三次），然后将3个轧辊分别由天车吊走和吊入。新型Assel轧管机采用了三辊集中更换的新技术。只需要在换辊前将轧辊调整到规定的换辊位置，打开机架上盖后，3个轧辊同时由天车吊走，3个新辊同时吊入。在一次换辊过程中只需要打开一次机架上盖可以节省换辊时间，提高轧机工作效率。

（三）芯棒

在轧制过程中，芯棒与轧辊共同完成对钢管的减壁和均壁工作，因此要求芯棒具有很好的高温耐磨性能，具有精确的直径、良好的平直度和同心度，以及光滑的表面。

【思考与练习】

4-1-1　Assel连轧工艺流程是什么？
4-1-2　Assel轧管机如何更换轧辊？
4-1-3　简述毛管在Assel轧管机中的变形过程。

任务2　MPM轧管工艺与操作

【学习目标】

一、知识目标

（1）具备轧前工艺准备（导卫、导板和轧辊预安装知识）。
（2）具备MPM工艺和操作知识。
（3）了解设备控制和监控知识。

二、技能目标

（1）能熟练进行轧前各项设备、工艺预安装和预调整。
（2）掌握轧制工艺规程和基本轧制工艺规程操作。
（3）具备轧管机调整的基本技能。

（4）掌握轧管机产生的一般缺陷和消除方法。

【工作任务】

（1）认识 MPM 轧管机的结构及设备组成。

（2）按工艺要求进行 MPM 轧管机组的工艺规程操作。

【实践操作】

一、MPM 轧管机的调整

（一）MPM 轧管机的调整方法

（1）按目标长度计算连轧后长度，打印轧制表，输入辊径、辊缝、转速、限动速度、预插入行程，预穿鞍座高度、芯棒直径、在线支数、润滑速度、芯棒位、毛管位、芯棒支撑架、下夹送辊位置和速度、单辊位置、脱管后辊道位置和速度等参数。

（2）限动速度不允许过低，特殊情况需要说明。限动速度选取小于第一架出口速度，芯棒前端提前管头到达最末一架，避免出现空轧，同时避免限动超行程。

（3）正常生产时需压 1×10^2mm（1×10^2mm 即连轧一个辊缝，以下相同），可直接压最末两架，需压 2×10^2mm 及以上时，应从第一架开始由前向后各机架压相同值，以保证金属流量平衡，增加壁厚均匀性，减少抱棒。同样放 1×10^2mm 时，可直接放最末两架，需放 2×10^2mm 以上时，应从最末一架开始由后往前放同样辊缝。

（4）轧制力曲线反映各机架之间速度关系，堆、拉趋势，由于毛管壁厚、外径、温度影响以及各架磨损不同，测量误差等，应适当调整转速和辊缝，才能真正建立金属流量平衡。调整过程中要根据辊缝、电流、轧制进行。压下量优先原则和 $n-1$ 架调整法，压下量优先原则也就是调整时要根据情况优先保证压下量的正确和均匀，再进行其他方面的调整。$n-1$ 架调整法：也就是在正常情况下，当 n 架出现堆拉不当时应当调整第 $n-1$ 架。

1）当各机架的金属秒流量不平衡时，机架间就会出现堆拉现象（见图 4-10 和图 4-11 的曲线图，仅以其中某一架为例）。连轧调整时，要避免堆钢、拉钢，因为这两个现象对保证正常的稳定轧制和良好的壁厚质量不利。当生产薄壁管时，甚至会因为拉钢严重而出现钢管拉断现象。而生产某些规格的高钢级钢管时，堆钢轧制很容易引起连轧辊安全臼崩断，影响生产。

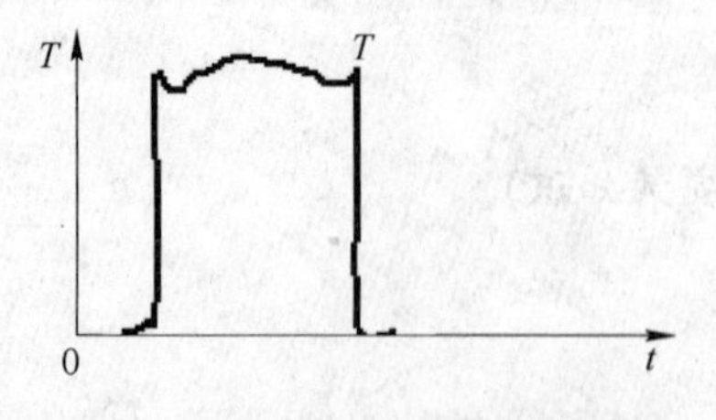

图 4-10　堆钢轧制轧制力曲线图

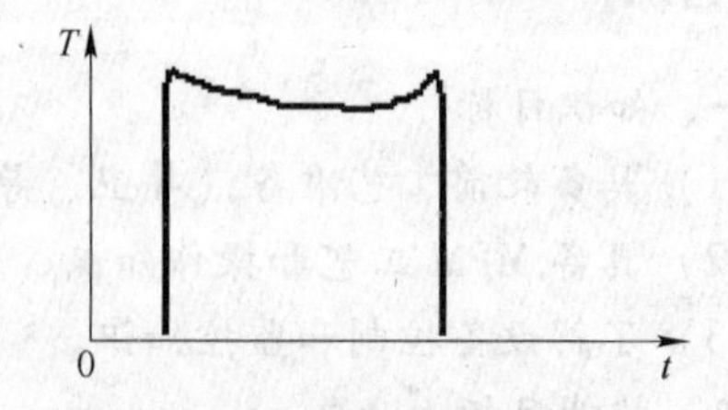

图 4-11　拉钢轧制轧制力曲线图

2）安全臼断裂：正常轧制时如图 4-12 所示，某架轧制力突然降低 20%~50% 之间，而且下一架轧制力随之突然增高，可判断该架有一个安全臼发生断裂。如果轧制力突然下降60%或更多，可判断为该架可能有两个安全臼同时发生断裂。为了避免判断失误，可以同时查看轧制电流曲线的情况，其形态与断臼后的轧制力曲线形态基本相似。图4-13为2架断臼前后的轧制力曲线，断臼后3架的轧制力过高（压力信号失真，曲线出现平台现象）。

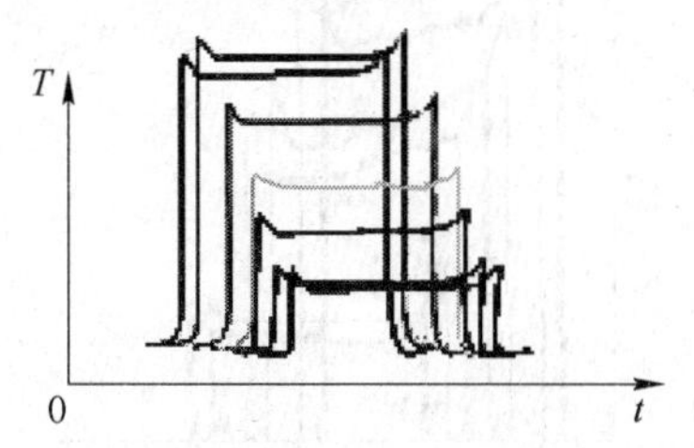

图4-12　正常轧制轧时的轧制力曲线

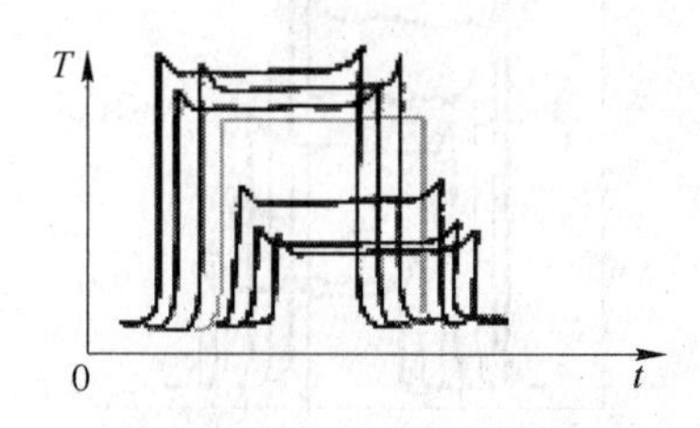

图4-13　2架断臼后轧制力曲线

轧辊断臼后不能继续轧制，应迅速适当调整各架变形量（重点调整断臼机架的压下）和各架轧制速度，恢复正常轧制状态如图4-14所示，否则会造成堆钢事故。同时，立即通知调度室，准备换辊。

3）空轧现象。当芯棒预插入长度、限动速度、限动行程的设定值不适当时，常出现第7架（严重时6、7架）轧机空轧现象，影响钢管壁厚质量如图4-15所示。

为了消除空轧现象，可在条件允许的条件下对芯棒预插入长度、限动速度、限动行程的设定值进行适当修正，保证芯棒提前于轧件到达最后一架连轧机孔型，并且在轧制完毕后才快速返回。

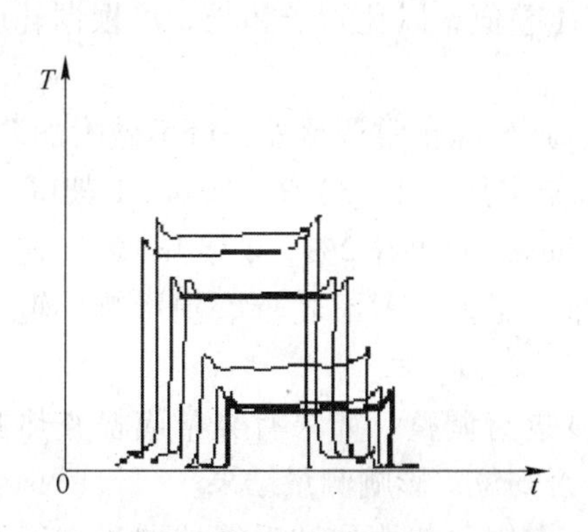

图4-14　正常轧制轧时的轧制力曲线

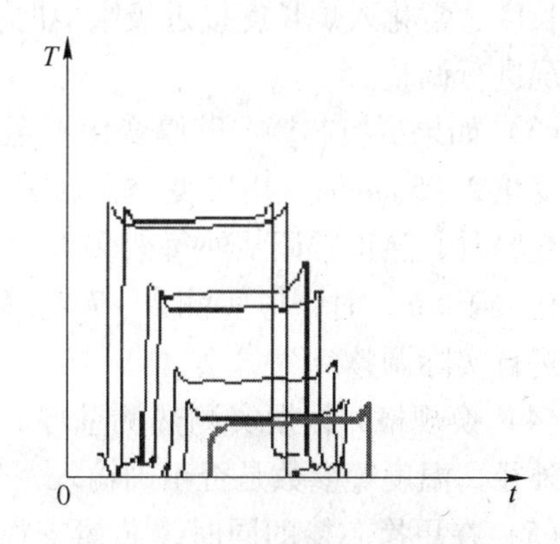

图4-15　空轧时的轧制力曲线

4）轧制力曲线台阶。正常轧制时如图4-16所示，例如：由于1架辊速过高、辊缝过大，2架辊速过低、辊缝过小而引起的变形制度不匹配，轧制力曲线异常如图4-17所示。

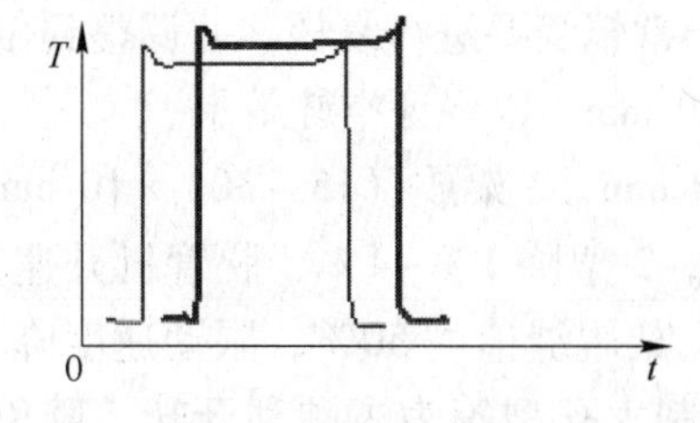

图4-16　正常轧制轧时1、2架的轧制力曲线

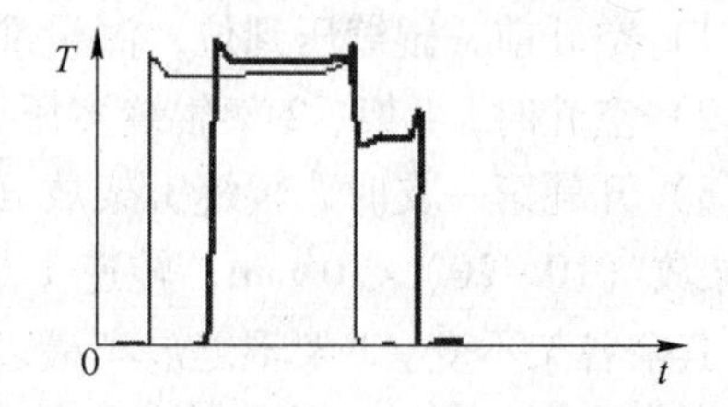

图4-17　变形制度不匹配时的轧制力曲线

5）毛管壁厚过薄现象。正常轧制时如图4-18所示，毛管管壁厚过薄时如图4-19所示。

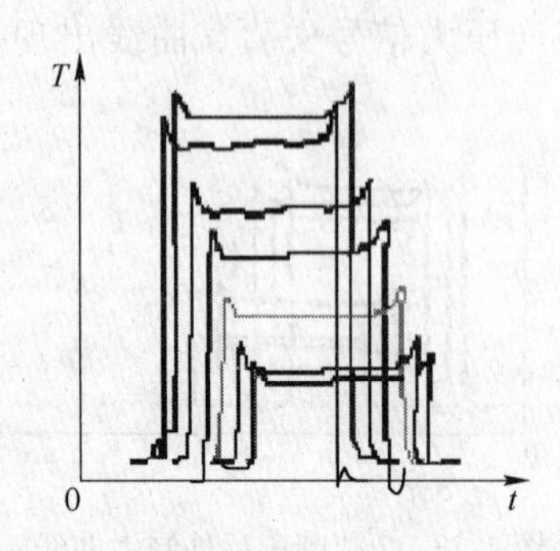

图4-18 正常轧制轧时的轧制力曲线

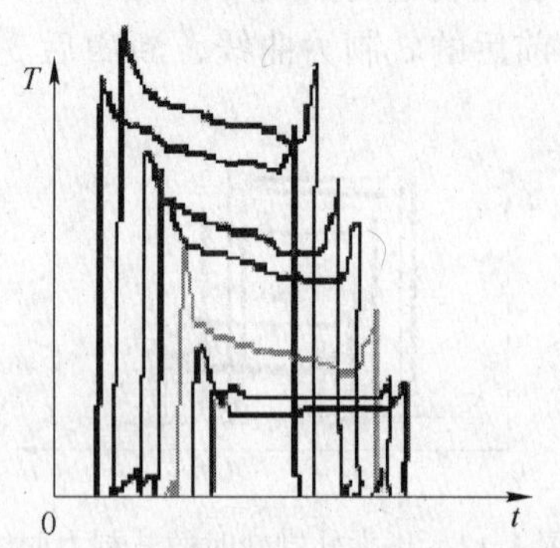

图4-19 毛管壁厚过薄时的轧制力曲线

（二）换规格调整

（1）提前做好将来值输入，修正值记录，热测壁厚目标值、附加辊缝调整的计算工作，并进行复查确认。

（2）如果芯棒不换，可在本规格最后一支料后空约3步，即可让环形炉出一支下规格管坯，再空一个料位即可连续出料。如果壁厚由薄变厚（由厚变薄）时，应在辊缝修正值多放（压）差值2×10^2mm，连轧第一架升速（降速）1%~2%，注意如脱管后长度、定径后长度、常化入炉长度接近极限值时，先不要多压差值，以免管子超长，可根据轧后实际情况进行调整。

（3）如果更换芯棒，壁厚变化不超过2mm时，连轧除正常调整外，可不做附加调整。壁厚变化2~5mm时，由厚变薄除正常调整外，每架多压（2~3）$\times10^2$mm，1架降2%；由薄变厚时，除正常调整外每架多放（3~4）$\times10^2$mm，1架升2%，2架升1%。连轧壁厚变化大于5mm时，应实测1~7辊缝，并参考原修正值，考虑轧辊磨损影响、辊缝偏差，进行实际调整。

（4）换规格时根据实测热测壁厚，轧制后长度进行调整。如果有异常应检查热测壁后、外径、温度等参数是否正确输入，热测装置是否到位，影响测量结果。

（5）在更换芯棒的同时，芯棒支撑架、芯棒支撑辊、芯棒位和毛管位同步进行调整到位。

（三）换辊开轧

（1）空轧前，辊缝压到位，测量准确，对发现异常辊缝要进行复核，并调整到位。

（2）空轧时，1架、2架辊缝多压（10~50）$\times10^2$mm，以保证空轧效果。

（3）开轧第一支时，辊缝1架放（30~60）$\times10^2$mm，2架放（15~30）$\times10^2$mm，其余各架放（10~20）$\times10^2$mm，转速1架降2%~7%，2架降1%~4%，脱管机升速1%~4%，其余各架不变。1架辊缝放车最多不要超过第七架辊缝值的50%，限动速度降1%~2%。遇有高钢级开轧，毛管外径大控制不下来，轧制大孔型等为了顺利开轧，避免不咬入等发生，可加大调整力度。辊缝1架放（60~100）$\times10^2$mm，2架放（30~50）×

10^2mm，3 ~ 7 架（20 ~ 40）× 10^2mm，转速 1 架降 5%~9%，2 架降 2%~6%，脱管升 3%~8%，限动速度降 2%-3%。

（4）当第一支轧过后，按正常辊缝压回，转速升回，并根据实测钢管长度、壁厚进行调整，达到目标值。

（四）换孔型调整

（1）预穿鞍座高度。鞍座到芯棒距离，预穿线芯棒支撑辊在上升状态下，鞍座到芯棒之间的距离。根据毛管外径，确定鞍座高度。

（2）根据毛管长度，调整轧线芯棒支撑辊的升起个数。

（3）芯棒位。芯棒到测量尺高度。

（4）毛管位。支撑辊辊面到芯棒距离。

（5）下夹送辊高度。辊面到芯棒距离。

（6）芯棒支撑架调整。以铜辊与芯棒轻触为好，孔型略紧时以不对铜辊造成冲击为好。

（7）连轧后辊道。垫块调整，根据不同孔型放入对应位置。

（8）单辊、脱管后辊道。调到相应标记高度，开轧后还要根据实际情况进行调整。

（9）换孔型时更换本孔型对应的连轧辊、芯棒、衬瓦、事故叉、入口叉、脱管机、入口导嘴。

（五）芯棒循环使用的参数调整

（1）按要求选取限动速度，步进行程、步距。

（2）经常检查石墨黏度和设备工作情况，保证喷涂和润滑效果。润滑环在 ϕ291 及以上孔型时进行高度调整（加垫升高）。石墨喷涂长度根据生产和喷涂有效长度，一般不大于 14m。预穿鞍座准确调整，控制好毛管直度，保证顺利预穿和石墨层不被划掉。

（3）正常轧制时，控制好芯棒工作段的温度（80 ~ 1200℃），这样有利于迅速蒸发润滑剂中的水分，石墨润滑剂可以很好地附着在芯棒上，形成一层坚固的膜，保证轧制时的润滑效果。若芯棒工作段的温度过高，会使润滑剂中的溶剂很快全部蒸发，石墨无法附着在芯棒上，达不到很好的润滑效果。若温度过低，润滑剂也不能牢固附着，容易剥落。

待轧时间在 30min 以上时，芯棒喷石墨上缓冲台架，保证石墨润滑效果。

（4）芯棒支撑架调整要精确，以轻触为好，ϕ291 及以上孔型略紧。芯棒支撑架如发生故障，必须及时修复，不允许长时间继续工作。

（5）合理控制生产节奏，发挥主轧机的生产能力。

（六）新芯棒开轧

若使用新芯棒直接开轧不做调整，会产生剧烈震动大，而且容易发生抱棒事故，影响生产和芯棒使用寿命。为此，应做如下调整：

（1）提前做好开轧准备。

（2）转速 1 架降 1%~3%，2 架 1%~2%，辊缝 6、7 架放（10 ~ 15）× 10^2mm。限动速度降 1%~2%。

（3）适当降低出口速度。

（4）如生产厚壁管，轧制力、电流低时，可适当减轻调整或不做调整。

同时，保证芯棒加热时间、温度和良好的石墨喷涂效果。

二、MPM 轧管机的主要操作

（一）连轧岗位基本操作

（1）检查设备机及周围是否有人工作、停留；（2）辅助设施各系统各部位正确连接；（3）检查各选择开关及按钮是否在正确位置，按测试按钮，检查操作台面板信号灯及按钮是否正常；（4）电气人员启动电气系统；（5）启动辅助系统：液压系统 H1、稀油润滑系统 L1、L2、L3，干油润滑系统 G5、G6、G8，冷却水系统 R1 及通风系统 Vn；（6）确认显示报警信号已消除；（7）进行设备调整，根据轧制表、技术规程，输入对应的设定值；（8）MPM 七机架轧辊直径、辊缝、电机速度及脱管机速度，脱管后辊道速度；（9）芯棒支撑辊的位置；（10）限动速度及芯棒预插入行程；（11）芯棒支撑辊高度、毛管支撑辊高度；（12）毛管支撑鞍座的高度；（13）下夹送辊高度；（14）脱管机出口横梁高度及单辊高度；（15）MPM 出口辊道高度；（16）MPM1-7 架轧辊直径；（17）穿孔后毛管长度；（18）芯棒直径、润滑速度、冷却时间；（19）调整 MPM 出口辊道高度、脱管机出口单辊高度及横梁高度；（20）开启 MPM1 脱管机及 MPM 前台冷却水；（21）将主传动断路器拨至允许接通位，检查主传动是否准备好；（22）闭合主传动断路器；（23）选择机架 MPM + EXTR 启动方式；（24）启动 MPM + EXTR 的主传动电机；（25）毛管上夹送辊上升；（26）调整 1 号回转臂至零位；（27）调整 2 号回转臂至零位；（28）闭合限动主传动断路器；（29）齿调停放至零位；（30）选择剔除周期；（31）毛管剔除臂至下降位；（32）毛管 + 芯棒剔除臂至下降位；（33）选择正常周期；（34）事故挡叉下降，入口毛管定位叉上升；（35）检查脱管机出口辊道是否准备好；（36）确认预穿链在零位；（37）选择预穿链与预穿辊道联动；（38）冷却巷道选择自动；（39）返回辊道挡板离线，预穿挡板在线；（40）确认芯棒已预热到设定时间和温度；（41）确认冷却站在起始位，并启动冷却站旋转盘；（42）选择润滑环自动操作；（43）确认芯棒剔除装置在零位；（44）芯棒出炉并停放到预定位置；（45）以上各项无误后，通知调度室已具备生产条件；（46）选择 P7 主操作台各区为自动方式；（47）确认脱管后辊道已运转；（48）选择 P8 操作台各区为自动方式（E6 区芯棒炉除外）；（49）确认预穿链由零位进入预穿状态；（50）确认冷却站启动；（51）润滑系统喷涂正常；（52）返回辊道启动正常。

（二）E1 区——预穿线

（1）E1 区域操作：

1）预穿线毛管长度要输入准确，芯棒支撑辊升降合适，以保证毛管与芯棒同心。

2）预穿线定位延时要根据实际情况进行调整，过大撞挡板易坏，反弹大易不到位，过小芯棒易不到位，此延时每 3 个为一单位。

3）根据芯棒放入夹持头的情况，由电气人员调整预穿链的定位区间，以达到最佳效果。

4）E1 区启自动时，预穿链必须停在零位。E1 区应先启自动，然后 E5 区才能启自动，否则芯棒容易产生追尾事故。

5）预穿线毛管受料鞍座，必须根据不同规格进行调整，使芯棒和毛管能够同心，否则容易顶弯毛管；刮掉芯棒上石墨；芯棒同毛管间隙过小温降快，易出拉凹、孔洞缺陷。

（2）预穿线启自动条件。预穿挡板升起，预穿线芯棒支撑辊在要求的位置；预穿链在零位；芯棒头部在预穿挡板位置；穿孔 4 号回转臂不在干扰位；连轧 1 号回转臂在零位。

（三）E2 区——回转臂

（1）区域操作：

1）1 号回转臂将预穿芯棒后的毛管一起翻到主轧线。2 号回转臂将轧制返回的芯棒从轧线翻到返回辊道。1 号回转臂和 2 号回转臂可单独启动，也可以联动。1 号单独启动时注意启动条件：预穿链在插入位，轧线没有芯棒，齿条在零位，2 号回转臂不在干扰位，上夹送辊在上升位，毛管剔除在零位。2 号单独启动条件：1 号不在干扰位，齿条在零位，返回辊道 1 段无芯棒，上夹送辊在上升位，毛管和芯棒剔除叉在零位。

2）齿条不在零位时，如果启动回转臂会引起齿条掉电，同时如齿条和回转臂在干扰位，回转臂和齿条发生碰撞，极易发生危险事故。

3）单独启动回转臂时要注意在运行转两回转臂共同运行区域时，两回转臂不要发生碰撞。

4）因 1 号回转臂臂体分布关系，毛管长度在 6.3 ~ 7.2m 时，如果不穿芯棒毛管因重心偏，可能会不能直接翻起来，遇此长度毛管应让 P6 将毛管倒一些，使重心居中。

（2）连轧 1 号和 2 号回转臂启自动条件。1 号和 2 号回转臂在零位；限动齿条在零位；毛管剔除拨叉在返回位；上夹送辊在上升位；事故挡叉在下降位；毛管对齐叉在升起位；芯棒支撑辊在相应的芯棒位和毛管位。

（四）E3 区——芯棒返回辊道

（1）区域操作：

1）启自动时返回 2 段不能有芯棒，返回 3 段有芯棒时挡板必须是在线状态。

2）返回 4 段运转时，冷却站步进梁连锁不动，在返回 4 段 Z10 检测到有芯帮辊道停转后，无论芯帮位置是否正确，步进梁自动时都会启动，易出刮芯棒头事故，所以必须调好返回辊道 4 段的定位速度和延时。

（2）返回辊道启自动的条件。返回辊道三段挡板在线（三段没有芯棒时挡板离线）；返回辊道一、三、四段的芯棒位置正确（或者没有芯棒）；返回辊道一二段之间不能摆放芯棒。

（五）E4 区——芯棒冷却站

（1）区域操作：

1）在 $\phi181$、$\phi235$ 孔型的芯棒，只有返回 4 段有芯棒时才允许步进梁自动时启动。在 $\phi291$ 及以上孔型芯棒时，只要返回 4 段或冷却站 3 个料位，任一位置有芯棒，自动情况下，步进梁就允许启动。

2）芯棒冷却站旋转盘，在待轧时间长时要停转，防止芯棒向两侧移动过多而无法下冷却站。

3）芯棒冷却站冷却水要控制好，保证芯棒喷石墨后到预穿线时能全干，也不能有因过热产生气泡现象，以保证芯棒使用效果，减少内棱、内直道和内结疤的产生。

4）遇15min以上停机时，为了保证石墨喷涂效果，要把芯棒喷上石墨上缓冲台架备用，同时冷却站要关水。

5）下冷却站辊道有芯棒时，位置与冷却站上芯棒对齐，保证辊道上Z10（两个）有一个或两个检测到有芯棒时，步进梁有连锁不允许启动。

6）芯棒冷却站步进梁位置灯，4个中至少要有一个在检测到的位置，灯是亮的，如果全不亮将无法动作。启自动时，旋转盘已启动，步进梁在初始位（后低位），冷却站有无芯棒均可以启自动。

7）为了便于处理事故，芯棒冷却站步进梁在事故时，可以选择不连锁状态，此状态下使用，在自动、半自动、单周期时均不可以使用。

8）芯棒冷却站1号站共分7段，每段2m，芯棒尾部1m无水。2号站分4段，每段3m，芯棒头部1m、尾部2m无水。根据芯棒实际温度，分别调整对应的站段水量。1号站6、7段立管外装有泄流阀，用以消除6、7段自动阀关不严，漏水对芯棒温度的影响。

9）芯棒温度在P8台高温计显示90℃～110℃较好，因高温计测量局限性，要到现场观察石墨喷涂后状况进行实际调整。芯棒到预穿线时全干，而且无过热出现气泡，温过低，墨过湿现象。控制好芯棒温度，以提高芯棒使用寿命和钢管内表质量。

（2）冷却站步进梁启自动的条件。步进梁在下降和返回的零位；步进梁两侧的剔除拨叉在返回位；步进梁上及两侧若有芯棒应在正确位置；芯棒预热炉不能出芯棒；旋转盘正常转动。

（六）E5区——润滑线

（1）区域操作：

1）润滑线包括润滑入口链（1号链）、润滑辊道、润滑出口链（2号链）、炉内辊道、润滑站、缓冲台架。

2）润滑辊道有两个Z10检测信号，与步进梁连锁，确保辊道有芯棒时，步进梁不会向前运动而发生挤芯棒的事故。

3）芯棒出炉时，必须保证Z10检测到信号后，步进梁才能启自动。

4）调整好润滑链速度，以保证喷涂效果和芯棒运行状况。

5）润滑链单向驱动链，尽量避免倒转。

6）芯棒上缓冲台架时，地面要有人监护，拨叉为单独液压缸驱动，有时不同步，造成芯棒斜，易造成芯棒断等事故，并且要确认拨叉用完后返回到零位。

7）操作台操作时要注意芯棒上缓冲台架需手动操作，芯棒停止位置要与缓冲链对齐，操作要与台上开关选择一致，否则缓冲链将不动作。

8）润滑线启自动时要保证芯棒位置正确，润滑入口链如果有芯棒被V04检测到后会停止或继续前进。如果润滑出口链有芯棒应被出口侧V04检测到。否则停在中间位置，无芯棒检测信号，会发生芯棒追尾事故。

9）润滑环，一环工作，一环备用，每环有6个喷嘴，每3个为一组，相间布置，在操作台上可单独或同时控制使用。

10）喷涂长度根据实际长度调整喷涂时间，喷涂有效长度。

11）当喷涂出现异常时，应检查对应位置喷嘴、软管及接头是否有堵、漏的情况并及时处理。

12）如发现石墨喷涂后黏度过小时，在芯棒上往下流，可能石墨进水，应仔细检查各处管路及阀门是否有漏水，石墨进水后影响内表面质量，同时造成芯棒过度损耗。

（2）润滑线启自动条件。预穿挡板升起，预穿链在零位或已经启自动；缓冲台架的大、小拨料臂均在返回位；润滑环位置正确；冷却站步进梁不在干扰位；三根芯棒的位置摆放正确。特别是中间位置的一定要被检测到；预穿线先启自动，待零位灯灭后再启动润滑线，防芯棒追尾。

（3）出炉芯棒上缓冲台架的方法。将“上缓冲/正常/下缓冲”选择开关拨至上缓冲位置；芯棒运行至出口链的头部相齐位置，由大拨料臂将芯棒推出，小拨料臂随后挡住芯棒，手动把缓冲链往前走一个料位后，大拨料臂返回，小拨料臂返回。再重复上述步骤上下一根芯棒；缓冲台架共能放置六根芯棒。上完后将“上缓冲/正常/下缓冲”选择开关拨至中间正常位置。

（4）六根芯棒下缓冲的方法。将“上缓冲/正常/下缓冲”选择开关拨至下缓冲位置；大拨料臂推出，手动把缓冲链退一步，此时慢速为佳，并控制好退后一步的距离，防止两根芯棒挤到一起；大拨料臂返回，一支芯棒下缓冲完毕，待次支芯棒运走后，再用同样的步骤下其余芯棒，下完后将“上缓冲/正常/下缓冲”选择开关拨至中间正常位置。

（七）E6区——芯棒预热炉

（1）区域操作：

1）芯棒投入使用后，必须在芯棒预热炉内加热至要求温度，保证在喷涂石墨时黏附牢固。

2）芯棒炉采用侧开侧入，将芯棒直接由上料台架放到芯棒炉链子上，炉内最多可装8支芯棒。预热后的芯棒在出炉侧，由辊道升起，将链托上的芯棒拖起送出炉外到润滑线。

3）芯棒炉运输链为单向驱动链，只有一个主动轮，应避免倒转。否则易发生芯棒斜、链子错位等问题。

（2）芯棒预热炉装料操作步骤。将上料台架升起到最高位，侧炉门打开；用翻料钩将芯棒放到炉内运输链的托架上，而后运输链向前走一个料位；翻料钩返回，再往托架上放下一根芯棒，以此方法将八根芯棒依次装入炉内；侧炉门放下，出炉辊道升起。

（3）剔除芯棒方法。芯棒在返回四段停止后，将步进梁改手动，而后用剔料旋钮将芯棒剔除，而后剔料旋钮返回原始位；在润滑线剔除芯棒时，应先将润滑线改手动，而后将由步进下来的芯棒用旋钮剔除，然后剔料旋钮返回。

（4）更换芯棒规格时，剔除和出芯棒的方法。当P4台通知在线批号钢坯出空后，P8将P4台出料锁住；询问P5台下面有几根料，待剩下三根毛管未轧时，将控制步进梁运行的“出炉/正常”选择开关拨至出炉位置；待剩下二根毛管润滑线剩下两支芯棒时，按芯棒出炉按钮，自动出第一支下一规格芯棒。一般情况下出两根芯棒后可以将 P4 台出料解锁，而后剔除本规格芯棒和出下一规格芯棒交替进行；出炉下一规格芯棒可以上缓冲台架；出炉内芯棒时，一定等返回辊道上的芯棒在第三段挡板之前的位置方可出炉，以避免压料。

（5）剔除和出芯棒注意事项。出芯棒时一般两人操作，剔芯棒人员服从出芯棒人员指挥；若台上走链子，除第一根自动出炉外，其他均手动出炉；炉内共 8 根芯棒，出第二三根且台上走链子时，只需看灯数十二下，其他五根数十三下即可；出芯棒时，一定要时刻记住上缓冲的大拨料臂返回到位，以防止芯棒头部撞击大拨料臂；当芯棒出炉时，步进梁必须无动作，以防止撞歪步进梁。

（6）正常情况下八根芯棒的摆放。润滑箱前摆放一支，在润滑辊道和润滑入口链上；润滑箱后摆放一支，且被 V04 检测到在润滑出口链上；预穿链摆放一支；返回辊道三段摆放一支（也可一段摆放一支）；返回辊道四段摆放一支；步进梁上的 1 号、2 号、3 号料位各摆放一支；上述条件具备后启自动，整个 P8 台芯棒循环系统即进入自动状态。

（八）F1 区——限动齿条

区域操作：

（1）操作时在选择向前方式时 1 ~ 7 支撑辊与齿条联动，自动调整位置，不与齿条发生干扰碰撞。当选择向后方式时齿条与支撑辊无连锁，支撑辊需手动升降，保证不与齿条干扰。

（2）从零位开始，手动向前可行进 19.7m，向后可退行 11.5m。

（3）当有芯棒不能顺利放入到夹持头中时，可将主机改手动，将齿条向前开 5cm 上，过位置变化和振动，使尾柄进到夹持头中。齿条回到零位，马上启自动继续轧制。

（4）根据轧制表和生产计划选择适合的限动速度和芯棒预插入长度，并根据轧制时的实际情况进行调整，保证无空轧，终轧行程不过长也不过短。

（5）限动速度不宜选用过低，否则容易引起限动电机跳闸，并且使芯棒消耗增加。

（九）F2 区——连轧主机

（1）区域操作：

1）启动主机时要注意，首先启动润滑站，L1、L2、L3（1 ~ 7 和限动），否则只能手动转 50 转，不允许转高速。

2）在手动时，可选择单转 1 – 7 或单转脱管机，或同时转连轧机和脱管机。

3）空轧操作时，注意 1 – 7 架必须同时启动 50 转，否则会顶弯毛管。

4）对应各机架转速，按轧制表输入。

5）连轧后辊道高度要调至对应位置。

6）在高速运转状态下不允许直接断快开停车，如确需要，应有电气人员监护。

7）连轧机、脱管机冷却水在生产时要打到常开状态，保证轧辊得到充分冷却。

8）如果连轧 1 架轧制没有轧制力，会影响芯棒支撑辊由毛管位自动升到芯棒位，为芯棒位是靠连轧 1 架轧制力采集到信号后，依靠延时 4 号、3 号、2 号、1 号依次由毛管位自动升到芯棒位。

（2）连轧主机启自动条件。连轧机和脱管机的“主操作台/就地台”选择开关选择“主操作台”，轧机“正常/换辊”方式选择开关选择“正常”，“带管坯/仿真”选择开关选择“带管坯”连轧 1 号 ~7 号和脱管机快开合上，限动快开合上；启动连轧主机和脱管机；机架间的 4 个芯棒支撑机架处于闭合位置；上夹送辊升起，下夹送辊准备好允许启动；毛管对齐叉升起；事故叉下降；毛管剔除拨叉、芯棒 + 毛管剔除叉在返回位；毛管剔除选择开关选择在正常位；1 号和 2 号回转臂在零位；限动齿条在零位。且“前进/后退”选择开关选择前进；芯棒支撑辊的毛管位和芯棒位应在正确位置；1 号 ~7 号机架和脱管机冷却水正常；1 号 ~7 号没有轧制力；脱管后辊道无荒管，并允许运转，再加热区域旁通、常化回转臂不在干扰位连轧主机操作方式选择自动，按动周期启动，绿灯由闪烁变为常亮，自动启动完成。

（3）连轧主机启自动注意事项。启自动前主机一定要打几次仿真，打仿真时一定将“带管坯/仿真”选择开关选择“仿真”，先将主机启自动，再改为半自动，按半自动按钮，在限动齿条预插入过程中，再将半自动改为自动；主机启自动前一定要观察连轧机和脱管机的冷却水；主机启自动后一定要巡视主机运行是否正常。

（4）换辊后空轧毛管操作步骤。连轧机架间的 4 个芯棒支撑机架打开；毛管对齐叉下降；主机和下夹送辊手动低速运转，主机是 50 转，下夹送辊手动转即可；毛管由 1 号回转臂翻至主轧线；上夹送辊落下；毛管至第 1 机架时，限动齿条快速前行，距毛管尾部 500mm 时改为慢速，接触到管尾时，齿条慢速前行将毛管顶进连轧第一架；毛管咬入后，齿条返回零位，空轧咬入不好时，需要齿条将毛管顶到第二架或第三架；毛管进入第 7 架后，将主机和下夹送辊反转；毛管尾部退过下夹送辊后，将上夹送辊落下，芯棒支撑辊在毛管位；待毛管离开下夹送辊后，上夹送辊升起，由毛管剔除拨叉将其剔除；将机架打到闭合位，毛管对齐叉升起，空轧结束。

（5）空轧毛管操作注意事项。当机架中新、旧辊混装时，空轧前一定将旧辊辊缝打开，以防弯管；限动齿条临近毛管尾部时一定改慢速或点动，以防撞弯毛管；当毛管从轧机中反向出来时一定将与管尾相对应的芯棒支撑辊降到最低位。

（6）更换连轧辊操作步骤。主机停车，主操作台钥匙选择换辊方式；压下机构调至换辊位，调整终端编码器 1 ~3 架显示 9550，4 ~7 架显示 4800；在主操作台上选择就地操作台，6、7 架就地操作面板随后也选择就地操作台；6、7 架就地操作面板选择手动单独方式换辊；以换第 1 架为例，转为 1 架就地面板操作；机架夹紧打开；平衡缸泄压，即轴承座平衡缸缩回；平衡缸缩回到位换辊准备好灯亮后，拔下油管；1 号小车升起在换辊位（此步骤可以在前面步骤完成）；轧辊推出；到位后锁紧，注意机架舌头是否已经打开；主推缸返回 350mm 左右时将小车放下；换辊小车侧移；换辊小车到位后，检查机架锁紧，正常后升起小车；主推缸推出；到位后机架锁紧解锁；轧辊装入，检查机架舌头是否锁住，正常后推入轧辊；新轧辊到位后机架夹紧；插上液压油管，升起平衡缸；换辊小车降下；待所有换辊完成后，将 6、7 架面板转至主操作台。

（7）更换轧辊时的注意事项。更换前轧辊轴头、轴承箱侧滑板、定位滑板要涂油；每架牌坊出口处应无铁耳子粘连，滑轨以及两侧应无铁耳子等杂物；小车上的锁紧装置一定要正常，以防止因锁紧不到位，待小车升起时，轧辊掉入牌坊中，造成人身设备事故；轧辊轴头与轴相应对齐；轧辊抽出和装入有时不到位，可正、反转动主轴；轧辊装入和推出时应防止刮断两侧机架夹紧的液压油管；装新辊时一定检查轧辊摆放是否正常，机架本身是否正常；所有换辊过程检测元件（Z10）功能正常；升平衡缸时，操作人员要远离牌坊，以防油管及快速接头飞出伤人。

（十）F3 区——脱管机

（1）区域操作：

1）正常运转时注意脱管机电流变化，不要出现负电流。

2）按轧制表和对应辊径输入转速。

（2）更换脱管机。轧机停车；P7 台脱管机控制钥匙开关选择就地操作台；就地面板选择就地台，面板解锁；换辊小车移至换辊位（空车），换辊小车锁紧缸锁紧；在线机架锁紧打开；换辊主推缸前进，到位后卡爪放下；主推缸缩回将旧辊拉出，到位后主推缸再向前推约 5cm，卡爪提起，主推缸返回零位；小车锁紧缸解锁；备辊小车横移至换辊位；小车锁紧缸锁紧；主推缸将备辊推入牌坊中；机架锁紧；主推缸返回零位；就地面板选主操作台；P7 操作台面板选主操作台；主传动慢速旋转，脱管机接轴插入定位；换辊结束。

（3）更换脱管机注意事项。抽出、推入脱管机时一定要将小车滑道与牌坊轨道对齐；清除牌坊里的铁耳子和污泥，每次更换时脱管机滑轨、小车滑道、牌坊轨道必须涂油；提前检查脱管机的摆放以及油管、水管是否正常；当轧辊临近小车与牌坊滑道连接点时，主推缸慢速，待装入推出顺利后再快速装入；检查机架轴是否到位；检查冷却水的水嘴是否对正辊底，冷却水是否正常。

（十一）F4 区——脱管后辊道

（1）辊道转速设定要与管子实际速度相等，否则容易发生辊道粘钢。

（2）如出脱管机发生上下弯头要更换脱管机，如果向左右弯头可通过对脱管机最后两架加垫来调整。

（3）荒管壁厚、长度及轧机出口速度发生变化时，脱管后辊道速度和定位延时要对应调整。

（4）在脱管后荒管不动时，如辊道仍在运转，或者管子与辊道速差过大，极易造成辊道粘钢，造成管子外表面缺陷。粘钢多发生下列情况：

1）连轧发生抱棒，荒管脱不出去时，连轧主机要立即改成手动，防止脱管辊道与荒管发生摩擦而产生粘钢。在处理抱棒时，如果脱管机和辊道同时转，会因为速差太大而粘钢。正确方法：处理抱棒时，只转脱管机，不转辊道；待管子完全从脱管机中出来后方可转动辊道。

2）管后荒管较长时定位延时选取过大，撞挡板到位后，延时未用完辊道还转，而造成粘钢。正确方法：荒管较长时，应提前选取较小延时值，然后根据到位实际情况进行调整，保证钢管头部不撞挡板或管头轻触挡板即停。调整时注意脱管后延时修正值栏，直接改后不起作用，改后必须进行周期变更后才起作用。

3）长期压料或管子停留时间过长，造成辊道温度过高，而发生粘钢。多发生于 $\phi 291$ 及以上孔型及厚壁管生产中。遇有压料过多时间过长时，应及时联系减少压料，如果是停轧辊道有料应用回转臂举起，或将其翻走。

4）半自动生产时，未及时返回，致使管子撞挡板，而辊道未停，造成粘钢。使用半自动要精力集中，最晚在脱管机抛钢时要开始返回，如生产脱管后较长荒管更要提早一些返回。

5）如果遇到连轧 5 架压头异常，轧制力信号未及时消除，限动会不返回或迟返回。因 5 架抛钢信号控制限动返回开始时间，遇有此种情况应在脱管机抛钢后立即将主机改为手动方式，使脱管后辊道停转。

6）遇下夹送辊在咬入后，轧制、抛钢时，限动返回前跳闸，限动将不返回，主机仍有自动，脱管后辊道在管子到位撞挡板后不停，而发生粘钢。遇有此种情况应立即改手动，将辊道停转。

7）脱管后辊道速度与出口速度配合不当，速差过大时，发生粘钢，严格按轧制表及相关规定输入数据。

8）脱管机发生故障，管子未能从脱管机中脱出时，管子与辊道发生摩擦，遇此应立即改手动，停转辊道。

9）出脱管机荒管弯头，将辊道表面撞伤，造成辊道表面粘钢。

10）发生 1、8 及类似情况时，重点检查前半段辊道（包括巷道内）。发生 2、3、4、5、6 及类似情况时，重点检查巷道以外所有辊道，发生 7、9 及类似情况时，检查全部脱管后辊道。如有粘钢用砂轮修磨辊道表面，利用停机采用芯棒磨辊道。发生上述情况后，应立即通知工艺师、P11 台巡视人员，对后续生产钢钢管加强监控和检查，在大（小）冷床上查看外表面是否有缺陷及其程度如何，以便及时采取措施。

（十二）石墨润滑系统的使用

（1）石墨润滑目的。石墨润滑主要是润滑芯棒工作段表面，保护芯棒表面镀铬层，减轻摩擦，防止镀铬层脱落，润滑芯棒表面和管子内部因摩擦给芯棒带来的伤害，延长芯棒的使用寿命，也是为减少芯棒出伤后给管子内壁造成内结疤、粘钢等缺陷。

（2）主要设备组成。整套石墨润滑系统是由 2 个石墨储备罐（内 2 个搅拌器），2 台输送泵，2 个工作罐（内 2 个搅拌器），3 台增压泵，3 台旋转过滤器，3 个气动滑阀，2 套石墨环（一套使用时另一套备用），12 个喷嘴（每套石墨环 6 个喷嘴），一台喷环喷嘴清洗泵，57 个石墨阀门，19 个水阀门组成。

（3）石墨主要设备的作用：

1）储备罐和搅拌器。用于储备备用石墨，搅拌器将石墨搅拌均匀防止沉积。

2）输送泵。将储备罐中的石墨输送至工作罐中。

3）工作罐和搅拌器。将石墨输送至增压泵和回收石墨（搅拌器功能同上）。

4）旋转过滤器。把石墨中的杂质过滤掉，避免杂质堵塞喷嘴。

5）增压器。增加压力将石墨输送至管路中。

6）气动滑阀。气动开关。

7）喷环、喷嘴。喷涂石墨用。

8）喷环、喷嘴清洗泵。用于清洗备用石墨环和喷嘴的专用设备。

（4）石墨润滑工艺流程，如图 4-20 所示。

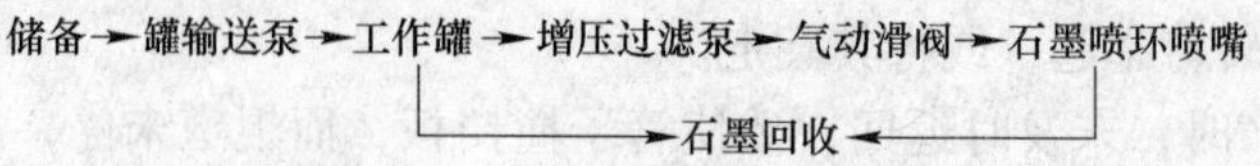

储备→罐输送泵→工作罐→增压过滤泵→气动滑阀→石墨喷环喷嘴
工作罐、石墨喷环喷嘴→石墨回收

图4-20 石墨润滑工艺流程图

(5) 石墨润滑系统主要参数。测量石墨黏度是用专用漏斗把石墨倒入80ml的量杯中为20~40s合格；干粉石墨和水的配比为1:2.2；增压泵工作压力为4~6MPa；压力表显示在0~60之间，最高不超过80；芯棒表面喷涂温度100℃±20℃为良好；喷涂芯棒长度不得大于14.5m；每个储备罐内的存储量5~6t；每个工作段内的存储量3t。

(6) 石墨喷涂技术要求。颗粒状：90%大约75μm，最大150μm；溶液浓度：30%石墨+70%水（容积比）；石墨纯度94%；石墨的密度2.25g/cm^3；表面石墨附着墨为0.8 ~1.2g/km^2；润滑剂利用率为80%以上；清洗石墨用水温度为40 ~60℃；气动柱塞泵工作压力为40 ~ 80MPa；喷嘴工作压力为40 ~ 80MPa；喷嘴打开压力为15MPa；喷嘴喷射角度为50°。

(7) 操作前的准备工作。石墨环的6个喷嘴是否有堵塞，如果有立即更换；石墨黏度测试是否合格；工作罐中石墨是否充足；水阀门是否关严，避免水流入泵体或罐内；石墨罐的搅拌器是否启动正常；增压泵运转是否正常；泵的密封有没有漏石墨现象；泵的拉杆是否有松动脱落；泄流阀门是否关严。

(8) 操作程序分两部分使用：

第一部分是把通往工作罐的阀门打开，储备罐两罐内部相通，往工作罐输送石墨时候，储备罐两罐内的石墨水平下降；当工作罐中的石墨不足时，启动输送泵，把储备罐的石墨输送到工作罐中；启动哪台泵则将这台泵的钥匙开关打开，启动运转按钮；当工作罐注满石墨后关闭按钮，把钥匙关闭。

第二部分把两个工作罐通往增压泵的阀门全部打开；石墨泵房内有三台石墨增压泵，可分为1号、2号、3号泵，两台泵投入使用，另一台泵备用；如使用1号、2号泵，把通往管路中的阀门打开（3号备用泵不能打开阀门）；然后启动1号、2号泵操作盘上的钥匙，同时启动1号、2号过滤器电机，再启动1号、2号气泵，使电机运转正常；慢慢把气泵的手动开关打开（蓝色手柄），使气泵运转正常，不能开的过快，容易使增压泵拉杆打坏和密封石墨；两台主泵开始增压，看压力表是否保持在40~60之间；把泵体内的石墨打到通往平台上的管路中，管路上的阀门依次打开；管路的两端是通往石墨环的内环与外环；通往石墨环的管路端口有滑阀，滑阀起到石墨喷涂与停止的作用，从滑阀到石墨环有两条大软管相连；手动启动滑阀可检查石墨喷嘴喷涂情况；每套石墨环内外两环上各有三个喷嘴，由6根软管从石墨环与喷嘴相连；两套石墨环都在过芯棒的石墨箱中（其中的一套用来备用）；当使用中那套石墨环上喷嘴堵塞，如有停机时间马上更换，如没有停机时间又怕影响生产质量，马上打开切换阀门手柄使用备用石墨环，当有停机时间与操作台配合好，抽出坏的石墨环更换喷嘴，换好后推入石墨箱留作备用；石墨环上的石墨喷嘴，可根据芯棒大小来调整喷射距离，喷嘴呈扇面打开均匀喷涂；石墨箱底部有石墨回收漏斗，可以把喷涂的残余石墨回收工作罐内；在回收石墨管路中有截止回流阀门，当检修时用水清洗管路和石墨环时，把回流阀门关闭就可以防止水进入工作罐中，水从回流阀水平位置另外管道流入石墨沟。

(9) 日常检修维护：

1) 管路清洗石墨环，先关闭石墨阀门打开水阀门，利用增压泵将水强压打入管路中，使水把管路中的残余石墨带入石墨环，从喷嘴中喷出，喷出的水由黑变为清为止。

2) 清洗泵清洗石墨环，清洗泵是专用石墨环和喷嘴设计的，利用泵压将水打到石墨环内由喷嘴喷出，来冲洗环内和嘴子内的残余石墨，水变清为止。

3) 检查石墨环与喷嘴相连软管有无滴漏现象，如有立即更换。

4) 拆洗更换下来的喷嘴，将喷嘴内损坏的零件换掉，然后组装完毕，留做备用。

5) 清洗石墨箱用水管冲洗石墨箱保持清洁。

6) 清理石墨环底部淤积的石墨，保持往石墨箱内抽送石墨环时灵活。

7) 检查石墨泵拉杆密封是否良好。

(10) 长时间检修的维护。长时间停轧要做好日常各项维护以外，还要每隔1小时捅一下滑阀，让石墨喷喷，防止石墨凝结堵塞喷嘴，看看各项性能是否良好。冬季为防止石墨在管路中冻住，要隔半小时去捅一下滑阀，保证顺利生产。

(11) 设备故障判断。增压泵增压时不停机主要原因：1) 泄流阀门没关严，把阀门关严；2) 石墨喷嘴软管漏，有停机时间立即更换软管；3) 石墨泵拉杆脱落（压力没有了），找维修人员修理更换；4) 滑阀环（常开）了，找维修人员修理更换。

增压泵不启动主要原因：1) 工作罐的搅拌器不启动，搅拌器的按钮是否启动，如按钮已启动，还不工作，找维修人员检查修理；2) 过滤器电机不工作，通知电气人员维修；3) 气阀未打开，把气阀打开；4) 滑阀环（常开）。

芯棒表面有某一条线喷不上石墨，证明有1喷嘴堵塞，如有停机时间与操作台配合及时更换备用喷嘴。

芯棒整体石墨喷的薄，检查石墨泵是否有一台不工作，如果是有一台泵坏了应启动备用泵，石墨泵如没坏应检查工作罐内是否进水。

芯棒头部大约1m处位置喷不上石墨，可以通知电气人员调整。

芯棒头部有3个喷嘴喷不上，而后面喷涂良好，应检查软管和接头、石墨泵等处是否有泄压点。

石墨喷到芯棒上冒泡或粘不住，这说明芯棒温度过热应通知操作台把温度降下来。

(12) 年修设备维护：

1) 打开水阀门清洗石墨泵、管路和石墨环，保证被清洁干净无杂质为止。

2) 将石墨箱吊走清理箱内外石墨硬块，将管道口用塑料布包好，避免杂质进入管道。

3) 将石墨环内外清洗干净后卸下喷嘴和软管吊走维修。

4) 把石墨漏斗处用袋子堵住或盖严，防止杂物掉进工作罐中。

5) 打开储备罐与工作罐底部的排放阀门，使罐内的残余石墨排放至于石墨沟。

6) 用水注满储备罐和工作罐，浸泡罐内壁上沉积的石墨硬块，利用这时清洗罐外壁上的硬块，然后把排放阀门打开，使罐内水排放至石墨沟。

7) 排放不出去的残余石墨，需人员下去人工清理干净，需清水冲洗直至罐内水清澈透明无有杂质。

8) 2个储备罐和2个工作罐清洗干净后，应把4个罐注满水，把罐口盖好避免杂物掉入罐内，直至投产前把水放掉重新投入新石墨。

9）把所有的喷嘴拆卸清洗，喷嘴内零件有损坏的更换新的，重新组装集中存放，年修后投产前安装到位。

三、典型故障处理

（一）抱棒、轧卡、跳停

辊缝、转速调整不当，新芯棒开轧等情况易造成抱棒，主机并不跳停，芯棒会带着荒管抽回。此种情况应将主机 F 区和回转臂 E2 区改为手动，主传动停止。防止限动回到零位后，回转臂将芯棒带荒管一同翻起，损坏设备，造成事故。轧卡多发生于单架过压，某架或限动电机、传动出现故障时。主机、限动出现异常报警跳停，轧制中的管子留在轧机中，如图 4-21 所示。

图 4-21　连轧堆钢抱棒照片

处理上述事故步骤如下：

（1）主机停转后，立即关闭轧辊冷却水及前台冷却水。

（2）连轧压下打开到换辊位。

（3）芯棒带荒管退回，齿条退至 -120cm 处。

（4）沿芯棒前端面切割荒管。

（5）齿条回零位，前端荒管与芯棒分开一定距离。

（6）剔除抱棒芯棒。

（7）将轧机内荒管退出剔除。

（8）检查更换损坏轧辊。

（9）调整轧机进行生产。

（10）如遇堆钢轧卡，轧机未同时停转或调整处现严重错误时，造成金属流量失衡，钢管堆积在一处。在处理过程中，要将堆钢处用气割切割挤入辊缝的耳子，直到能在无负荷或较小负荷下抽回芯棒为止。

（二）轧断

轧制时管子发生断裂，轧制力张力过大（拉钢轧制太严重）造成；连轧机调整不当流量失衡，毛管来料尺寸偏差过大。

实测辊缝进行调整，保证各架压下量均衡，尤其是上游机架，并测量毛管尺寸，调至要求范围内。

轧断时，前部断管从脱管机内脱出，从辊道上翻走。后部断管一般较短，如在芯棒上带回，直接将其剔除。如能从脱管机脱出，要注意用天车吊走，防止管太短，掉到设备下。如停在连轧脱管之间，要用钢丝绳捆牢钢管，用天车将其吊出。检查更换损坏轧辊后进行轧制。

（三）脱管前堆钢

多发生于穿孔毛管过厚、1架断臼、连轧换辊开轧等情况下，主要是由于金属流量失衡严重造成。应保证1架压下量到位，开轧时，1架调整要与其他机架调同步。并适当提升脱管机转速，避免脱管机出现负电流的堆钢轧制。

发生堆钢后，主机停转，将堆钢处钢管用气割切断分开吊出，芯棒带荒管退回剔除，检查更换损伤轧辊及设备调整轧机开轧。

（四）芯棒断

发现芯棒断要及时拍下紧急停车按钮，防止芯棒进脱管机，将断棒同荒管倒回切割剔除，检查更换脱管机。如芯棒同荒管一起从脱管机通过，要将该管同芯棒一起剔除，更换新脱管机进行轧制。

芯棒断原因较复杂，一般认为有芯棒位调整偏差过大，来料尾部壁厚偏差过大，抛钢时产生剧烈抖动，芯棒在使用吊运中造成损伤，芯棒本身材质和加工有问题。

四、常见质量缺陷

（一）内直道

（1）特征。钢管内表面呈现具有一定宽度和高度的直线形凸起俗称内棱，如图4-22所示；或钢管内表面呈现深度的直线形划伤俗称内划道，如图4-23所示。

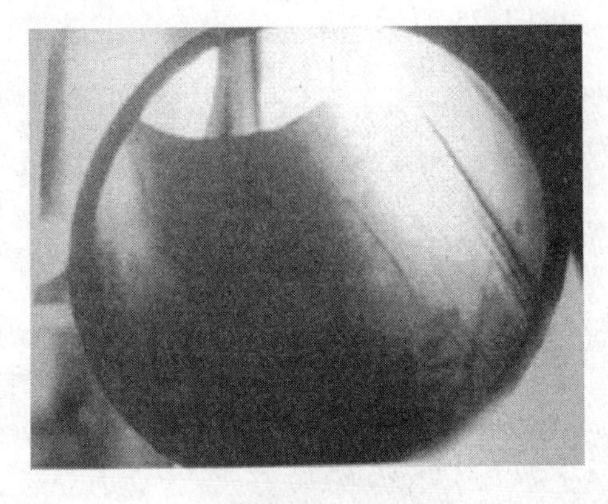

图4-22　内棱

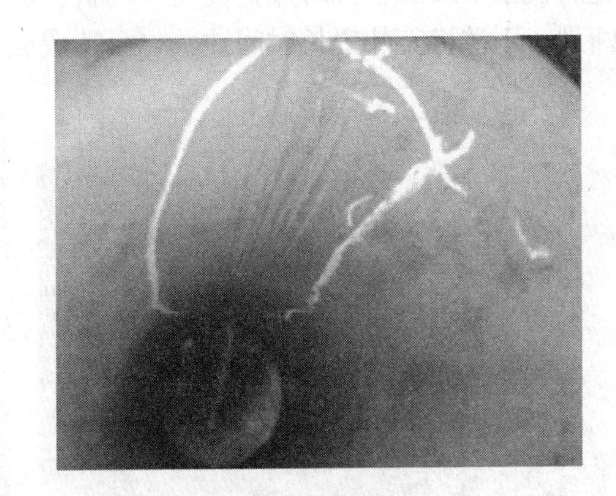

图4-23　内划道

（2）缺陷产生的具体原因。芯棒表面存在较严重的彗尾、纵向刮伤、掉肉等缺陷；芯棒表面片状伤修磨过渡不圆滑或出现台阶；芯棒表面局部粘钢；芯棒表面润滑不好粘上脱氧化剂与氧化铁皮反应后的熔融液。

(3) 预防与消除。更换芯棒，下线修复；更换芯棒，下线修复或重车；调整芯棒冷却时间，避免予穿前芯棒温度过高，剔除已粘钢芯棒，清除粘钢；提高芯棒润滑质量。

(二) 壁厚超差

(1) 特征。钢管壁厚超薄、超厚或不均度超标以及钢管局部超厚、超薄的现象如图 4-24 所示，连轧产生的壁厚不均多为直线分布，穿孔产生的壁厚不均多为螺旋形分布。

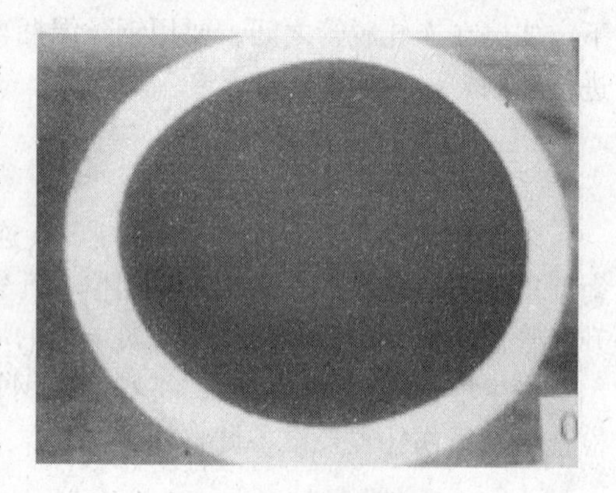

图 4-24　壁厚超差

(2) 缺陷产生的具体原因（钢管壁厚超薄、超厚）。连轧轧辊间隙过小或过大；连轧机转速分配不当（拉钢或堆钢），连轧机拉钢轧制还会造成钢管端部超厚管体超薄的现象；轧机中心线偏会造成钢管壁厚不均；单双架压下量不均，会造成钢管单架方向超薄（超厚）、双架方向超厚（超薄）的直线型对称偏差现象；安全臼断裂，内外辊缝差大，会造成钢管直线型非对称偏差现象；芯棒选用不当，偏差系数大会造成钢管直线型梅花状对称偏差现象。

(3) 预防与消除。更换孔型、规格应测量轧辊间隙，使实际轧辊间隙与轧制表保持一致；修正连轧机转速，避免拉钢或堆钢轧制（每年年修必须校正轧机中心线；调整轧辊间隙；及时更换安全臼断裂的机架；选用适合的芯棒，适当增加芯棒规格）。

(三) 轧折

(1) 特征。钢管管壁沿纵向局部或通长呈现外凹里凸的皱折，外表面呈条状凹陷。

(2) 缺陷产生的具体原因。孔型设计不合理（孔型宽展系数过小）；连轧调整不当，某两相临机架之间产生严重堆钢轧制，造成孔型过充满严重，致使金属被挤入辊缝处，在随后机架中或脱管机时被叠轧而形轧折；新辊开轧时打滑、轧制薄壁管时上游机架安全臼断裂、下游机架轧辊长时间缺水也会造成轧折，如图 4-25 所示。

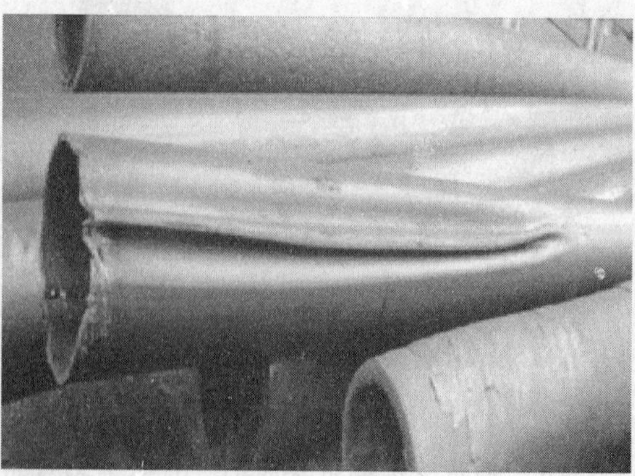

图 4-25　轧折

（3）预防与消除。改进孔型宽展系数（并适当加大轧辊开口角度）；遵循秒流量相等的原则合理调整，消除堆钢；空轧要充分，适当调整，避免打滑现象发生；轧制薄壁管应在微张力状态下生产；避免轧辊长时间缺水。

（四）拉裂（孔洞）、拉凹

（1）特征。孔洞指在钢管上呈现的开放性撕裂，如图 4-26 所示，拉凹指在钢管内表面呈现有规律或无规律的凹坑，如图 4-27 所示。

图 4-26　钢管孔洞

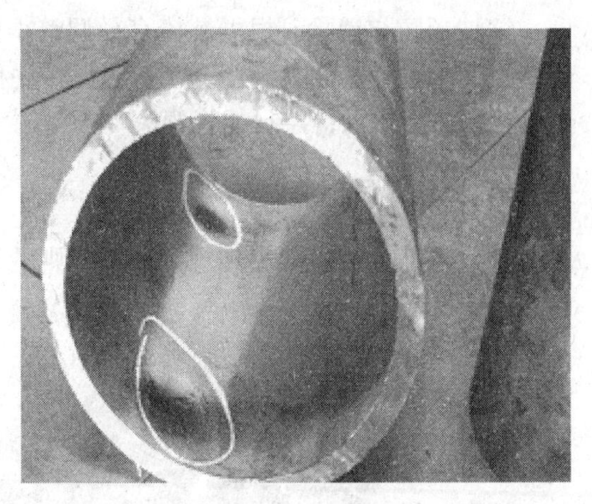

图 4-27　钢管拉凹

（2）缺陷产生的具体原因。连轧调整不当，转速不匹配，产生拉钢；温度不均或温度过低；连轧内外辊缝偏差过大，造成局部拉钢；轧线偏，芯棒未脱离荒管时，在连轧后辊道上，芯棒在钢管内表面磕伤；连轧后辊道中心不正，连轧抛钢时产生抖动如图 4-28 和图 4-29 所示。

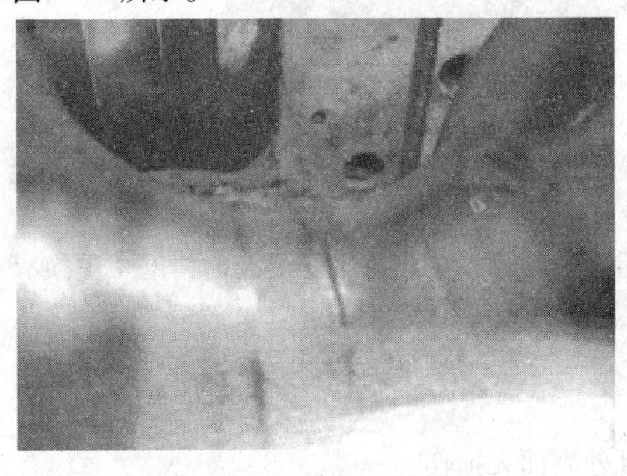

图 4-28　轧辊伤

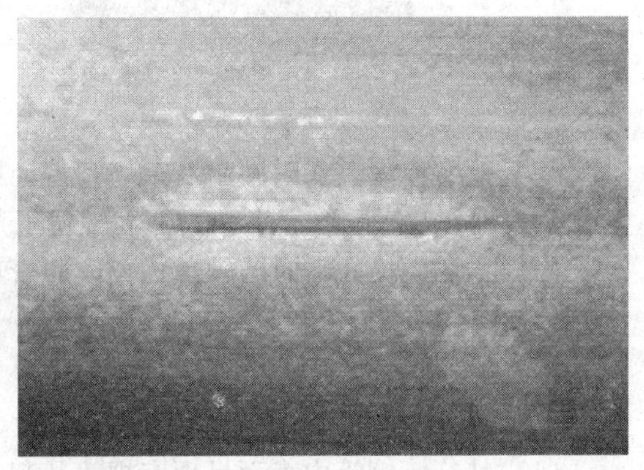

图 4-29　对应钢管磕伤

（3）措施。连轧调整避免拉钢轧制；控制温度均匀；测量调整内外辊缝，更换有问题轧辊；调整连轧后辊道，采用弹性垫减少冲击；调整辊道中心。

（五）辊印

（1）特征。它指在钢管的外表面呈现有规律性的疤痕或压印。

（2）缺陷产生的具体原因。小机架调整过松、过紧，导致芯棒对中差，芯棒头部撞伤轧辊槽底，造成钢管产生的疤痕特征较圆滑；毛管尾端铁耳子被带入轧机，经上游机架冷却水冷却变硬后，硌伤下游机架轧辊不确定的位置，造成钢管产生的疤痕特征不规则；毛管外径大，经连轧轧制管尾产生飞翅，容易划伤下游轧辊槽底，造成钢管产生的疤痕特征为条状；辊道粘钢或辊道被出脱管机的荒管（向下弯头）撞伤，造成钢管产生的疤痕特征较密集、深度较浅；脱管辊、定减径辊粘钢，造成钢管产生的疤痕特征深度较浅。

（3）预防与消除。根据芯棒直径调整小机架开口度；控制毛管温度和几何尺寸，生产薄壁管可考虑坯料尾端定心；控制毛管温度和几何尺寸，避免单机架压下量过大；热区辊道可考虑加冷却水，控制荒管弯头。

（六）脱管后辊道划伤

（1）特征。管表面出现规则或不规则的划伤，如图4-30所示。

图4-30　辊道划伤

（2）产生原因。长时间生产一个孔型，脱管后辊道局部磨损，辊道表面出现硬棱；辊道粘钢或划伤，影响管子表面；随动辊道于荒管接触。

（3）措施。换孔型时磨辊道；预防脱管后辊道粘钢，如出现粘钢要及时修磨；更换有问题辊道。

（七）内鼓包

（1）特征。钢管内表面呈现有规律凸起且外表面无损伤。

（2）产生原因。连轧辊修磨量过大或有掉肉；材质有问题，材质不均，有夹杂，热加工后分层产生凸起。

（3）措施。更换有问题轧辊，对修磨量大有一定深度的轧辊不再使用。

（八）孔洞

（1）特征。钢管表面有拉开破裂的现象，如图4-31所示。

（2）产生原因。连轧拉钢；材质有夹杂；温度不均；毛管尾部铁耳子进入毛管内在轧制过程中将管子磕漏。

（3）措施。连轧调整，避免拉钢；提高来料质量；提高管坯加热均匀性；清理铁耳子。

（九）外结疤

（1）特征。钢管外表面呈现斑痕，如图4-32所示。

图4-31　孔洞

图4-32　外结疤

（2）产生原因。轧辊粘钢、碰伤、老化、磨损严重、硌辊；辊道粘钢或磨损严重。

（3）措施。修磨更换轧辊；防止辊道粘钢。

（十）青线

（1）特征。外表面呈现对称或不对称的直线性轧痕，如图4-33所示。

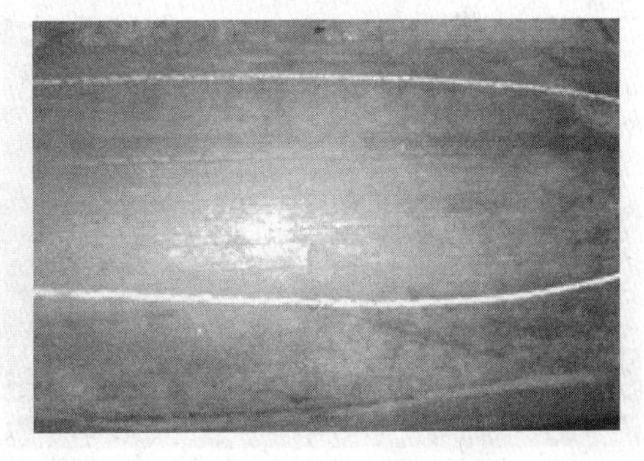

图4-33　青线

（2）产生原因。脱管机、孔型错位、磨损严重；轧辊边倒角太小；轧辊装配不好，间隙大；生产中脱管机老化或受冲击大（尤其再轧厚壁管时），造成轧辊间隙大。

（3）措施。做好上线前检查工作，更换脱管机。

（十一）发纹

（1）特征。在钢管外表面上，呈现连续或不连续的发状细纹，如图4-34所示。

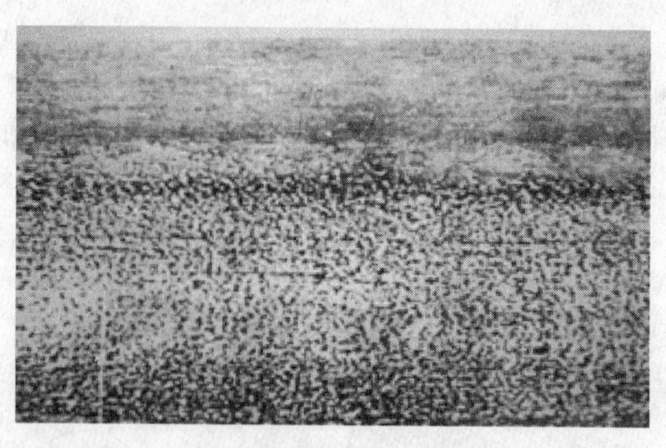

图 4-34　发纹

（2）产生原因。轧辊过度磨损老化、龟裂；机架压下量过大；机架之间速差大，加速轧辊磨损。

（3）措施。合理调整压下量、转速；更换有问题轧辊；合理调整各架转速，避免拉钢轧制。

（十二）磕瘪

（1）特征。钢管外表面呈现外凹里凸的现象，壁厚正常，外径不好，并且管壁物损伤。如图 4-35 所示。

（2）产生原因。脱管厚单辊、横梁高度调整不合适，摔管尾；荒管出脱管弯头，在辊道上摔伤。

（3）措施。准确调整辊道高度，管子通过时要平稳；垫脱管机，使管头平直，或直接更换脱管机。

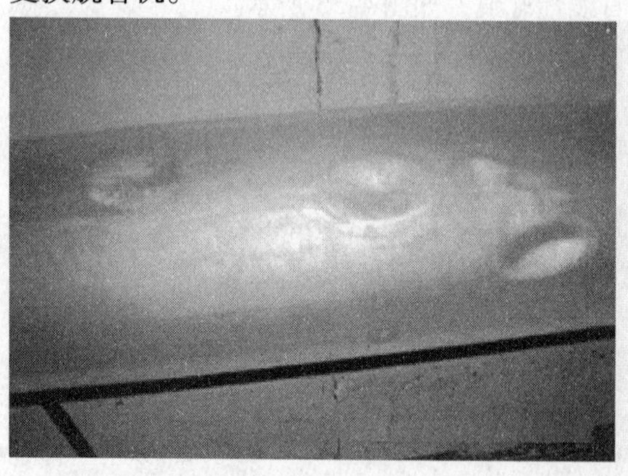

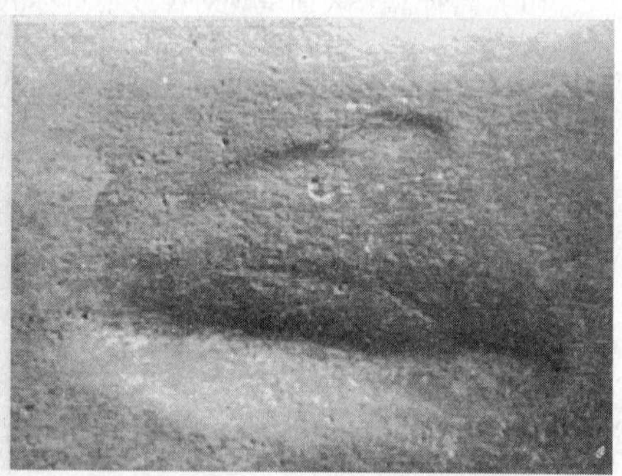

图 4-35　磕瘪

【知识学习】

一、工艺描述

（一）限动芯棒连轧管机的特点

限动芯棒连轧管机是在全浮动芯棒连轧管机的基础上发展起来的。在轧制过程中，芯棒的运动受到限动力的作用，始终以一个恒定的速度前进，其速度低于或等于第一机架轧机的轧制速度，各机架均处于一个稳定的限动轧制状态。在靠近轧机的最后一架处，管子从芯棒上由脱管机脱出，芯棒快速返回从而结束轧制过程。

限动芯棒连轧管机（MPM）与浮动芯棒连轧管机（MM）相比有如下特点：

（1）降低了工具消耗。由于限动芯棒连轧管机的芯棒较之浮动芯棒连轧管机的芯棒要短，钢管与芯棒的接触时间短，从而提高了芯棒的使用寿命，一般可使芯棒消耗降至每吨钢管 1kg 左右。

（2）改善了管子的质量。由于限动芯棒连轧管具有搓轧性质，有利于金属的延伸，加之带有微张力轧制状态，从而减小了横向变形，根本不存在浮动芯棒连轧所产生的“竹节”现象，使管子内外表面质量和尺寸精度有了很大的提高。

（3）取消了脱棒机，缩短了工艺流程，提高了连轧管的终轧温度。如果不考虑在线热处理新工艺应用的条件，完全可以省去定、减径前的再加热炉，从而节省了能源。试验资料表明，轧制压力和电能消耗比浮动芯棒连轧管机低 1/3。

（4）扩大了产品规格。由于采用了限动芯棒轧制，可以减小芯棒的长度，允许加大芯棒的直径，为多规格产品的生产创造了条件，使生产钢管的最大直径由 177. 8mm 扩大到了 365mm，甚至更大。另外，限动芯棒连轧机还能轧制更厚或更薄的管子。

（5）所轧管子的延伸系数可达 6 ~ 10。可以采用较厚的毛管，为使用连铸坯为原料创造了条件。

（6）产量高、单位投资比较低。虽然限动芯棒连轧机的生产率比较低（每分钟只能生产 2 ~ 2. 5 根，浮动芯棒连轧机为 4 ~ 4. 5 根/min），但它所轧的管子直径大、管壁厚，因此限动芯棒连轧管机的年设计产量一般比较高，为 50 万吨左右，发挥潜力为 60 ~ 80 万吨/年。虽然一次性投资比较高，但平均产量的投资还要比浮动连轧管机降低 20% ~ 30% 。

总之，限动芯棒连轧管机代表着现代无缝钢管生产的先进技术，它集中体现了无缝钢管生产的连续性、高效率、机械化及工业自动化的发展趋势。也反映了一个国家钢铁、钢管生产的技术水平，是一个国家钢铁企业，科技水平集中体现的一个重要方面。

（二）工艺任务和目的

穿孔后的毛管为厚壁管，一般壁厚与直径之比在 0. 1 ~ 0. 25 之间，在几何尺寸上特点是壁厚大（这样的钢管还不能在实际中应用）；表面质量不能满足成品要求。

连轧在整个金属热变形过程中起主要延伸作用。它的任务是将穿孔后的毛管经减径减壁变形轧制成外径、壁厚符合要求的荒管的过程，在保证产品几何尺寸精度方面连轧管机应达到如下工艺要求：

（1）毛管延伸，将厚壁毛管变成薄壁荒管。

（2）要求连轧后的荒管具有较高的壁厚均匀度。

（3）要求连轧后的荒管具有良好的内外表面质量。

上述（1）的要求是任何类型的轧管机组所必须达到的，（2）、（3）则是限动芯棒连轧管机所特有的，即比早期的其他类型机组在（2）、（3）所述的质量要好得多。限动芯棒工艺的采用就是为了消除浮动芯棒连轧管机产生“竹节”现象而引起的产品壁厚不均，尽管采用限动芯棒工艺在工艺设计、设备结构上要比浮动升棒复杂得多，芯棒循环系统的设备和占地比主机系统还要大，这些完全是为了保证产品质量，即壁厚均匀度而设计的。芯棒循环系统和润滑保护系统占用了大量的位置和设备，目的在于轧制时使产品有一良好的内表面质量。所以说一切高设备装备水平的设置和先进设备的采用均是为满足工艺目的服务的。

二、MPM连轧管机的设备结构及平面布置

设备结构与平面布置情况：

ϕ250MPM连轧管机分为七架轧机，机架轧辊轴线与水平面成45°，相邻机架互成90°如图4-36所示，每个连轧机架由铸钢牌坊包括轧辊轴、支撑轴承座和轧辊，用于轴承座调整的压下和压上机构（由一个交流1~5架或直流6~7架电机传动），半联轴器、轴承座锁紧机构，安装在牌坊上的管线、测压头（每个机架两个，装在压下机构两个压下丝杠上）及位置传感器（每个机架一个）组成。

4个三辊式芯棒自动对中装置——芯棒支撑架，带有随芯棒规格进行调整的调整装置。毛管定位叉，在轧机入口处，带垂直升降装置，液压操作。

焊接的轧机底座分为三件，用以支撑连轧机架，与水平呈45°定位。28个装在底座上的机架锁定装置。一套斜楔系统用于机架之间的联结。14个带齿轮联轴器的接轴，有大小两个型号，分别用于1~3架和4~7架，并将轧辊轴加工成扁平的，以便换辊或轧机出现故障时快速将轧辊轴与轧辊分开。另外7个液压缸安装在底座上，当更换工具时用来推出和拉回轴承座及轧辊部件。

14个换辊小车用于接受轧辊，用液压缸与垂直平面铰接，全套包括使换辊车平行轧机中心线移动的液压缸。

7个双输出轴减速箱，装在主电机的底座上，在主电机和齿轮箱之间有齿轮联轴器。MPM连轧管机组平面布置情况，如图4-37所示。

三、MPM连轧管机组的工作原理和工艺控制

（一）MPM生产工艺流程描述

为了获得良好内外表面质量的荒管，同时减少对轧制工具的磨损和防止抱棒，连轧前应除去毛管内外表面的氧化铁皮，并对芯棒表面和毛管内表面做适当润滑。

经穿孔延伸的毛管，抽出顶杆后被送至硼砂站，由一特制的喷嘴向毛管内部喷入硼砂，其作用是：（1）吹刷毛管内部的氧化铁皮；（2）硼砂在高温状态下生成雾状气体，充满毛管内部，防止其在随后的运动中发生内表面二次氧化，附着在毛管内表面的燃烧产物也可起到相当好的润滑作用。吹硼砂后毛管由回转臂送至连轧管机芯棒预穿线。

在预穿线，毛管定位后，测量过表面温度并涂过石墨润滑剂的芯棒，由预穿链将其插入毛管内。由1号回转臂将预穿到位的芯棒和毛管一起翻到主轧线，与此同时，从轧线返回的前一根轧后芯棒由2号回转臂送至返回辊道。

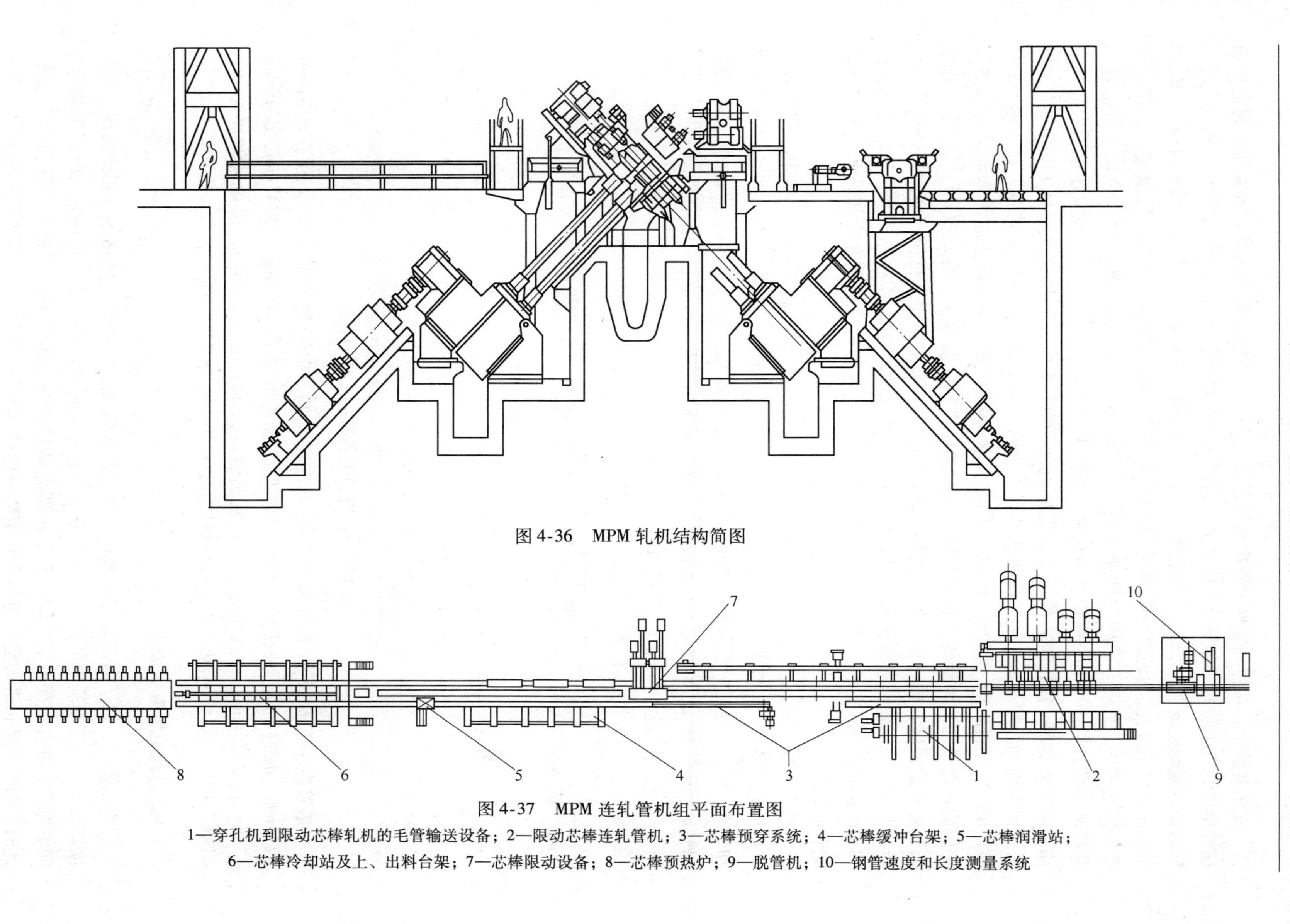

图 4-36　MPM 轧机结构简图

图 4-37　MPM 连轧管机组平面布置图

1—穿孔机到限动芯棒轧机的毛管输送设备；2—限动芯棒连轧管机；3—芯棒预穿系统；4—芯棒缓冲台架；5—芯棒润滑站；6—芯棒冷却站及上、出料台架；7—芯棒限动设备；8—芯棒预热炉；9—脱管机；10—钢管速度和长度测量系统

在主轧线上，芯棒的尾柄卡在限动齿条夹持头上，通过齿轮与齿条传动系统，将芯棒前端推至连轧机架间的一个预设定位置上。再由夹送辊将毛管夹住送到轧机进行轧制，此时芯棒的最大限动速度为 1.5m/s。在毛管进入连轧机前还需要通过压力为（130～180）$\times 10^5$Pa 的高压水除鳞装置，以去除毛管外表面的氧化铁皮，同时测量入口毛管的温度。轧制完毕芯棒快速退回，此时，芯棒返回速度最大为 4.5m/s。退回的芯棒被另一个预穿着毛管的芯棒所替换，以进行下一根管子的轧制。被换下的芯棒通过返回辊道和设在辊道中间的冷却巷道喷水冷却，用过的芯棒外表面温度高达 700℃左右，先将其冷却至 140℃左右，再由返回辊道到冷却站步进梁，冷却站共有 3 个站，每个站都有 8 组旋转盘，在 1 号、2 号站用 10 个大气压（1.01325×10^6Pa）的高压水进行冷却。为了防止芯棒弯曲，冷却过程中用旋转盘带动芯棒旋转，有必要时可以对芯棒进行分段冷却，冷却至 70～130℃（或重新预热到此温度）的芯棒，经辊道和运输链到润滑站喷涂石墨进行循环使用。经喷涂石墨后的芯棒，由运输链送至预穿前设定位置。如更换新芯棒时，需在芯棒预热炉内将其预热到 100±30℃后再出炉，经润滑后再投入使用。用过的旧芯棒分别在冷却站两侧台架上剔除和收集。

从 MPM 出来的荒管随即进入 3～5 架三辊式脱管机。连轧完毕时毛管尾部由脱管机拉出连轧机最后一架，芯棒快速退回零位。在脱管机出口处有激光装置，用来测量出口钢管速度和长度。同时，通过一套两通道热测壁厚装置（已拆除），直接测量热态荒管的壁厚，以便及时发现和控制荒管壁厚精度。轧后荒管用光学高温计逐根测量表面温度，如图 4-38 所示。

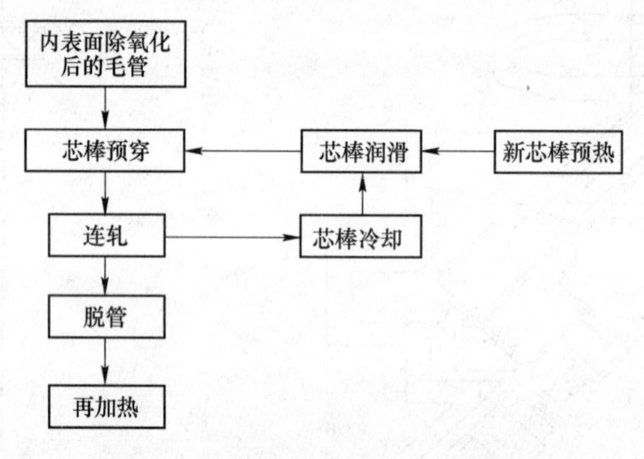

图 4-38　MPM 连轧管机组工艺流程图

毛管在相互交叉的 7 机架连轧机上进行轧制，根据规格的大小采用了 ϕ181mm、ϕ235mm、ϕ291mm 三种孔型系列，经过改造后又增加了 ϕ191mm、ϕ247mm、ϕ310mm、ϕ356mm、ϕ372mm 三个孔型系。最大轧制速度为 181 孔型 5.6m/s，最短轧制周期 27s。ϕ181、ϕ235、ϕ247 孔型 5.0m/s，ϕ291 孔型 4.5m/s，ϕ310、ϕ356 孔型 4.0m/s。

（二）连轧管轧制原理

连轧管时，管子内表面在孔型顶部处与芯棒接触，而在侧壁处则不与芯棒接触。孔型顶部的金属由于受轧辊的外压力和芯棒的压力作用延伸，并在轴向延伸的同时产生圆周方向的宽展，而孔型侧壁的金属在孔型顶部金属延伸时也被拉伸，并相应在纵向产生拉缩。此时，如若孔型顶部的金属宽展和孔型侧壁的拉缩数量比例不当，则导致过分充满或欠充现象。孔型过充满时，则会出现耳子，如过充满特别显著时，则会产生飞翅，造成轧卡故障，并且某一机架出现铁耳子以后随后机架的压下量过大，再产生新的耳子，这种恶性循环一直延续到成品机架。耳子会导致折叠缺陷或尺寸超差。孔型欠满时，会使随后的机架，及至成品机架孔型欠满，使成品管圆度和尺寸精度达不到要求。

为了使孔型顶部金属展宽与侧壁金属拉缩较为协调，使孔型正常充满，从金属塑性变形角度，建立连轧管金属流动的基本方程。

1. 连轧管金属流动的基本方程式

孔型中轧管的变形方式可分为两个区域：孔型顶部区和侧壁开口区。孔型顶部区金属受径向内外压力，且向压力和轴向压力，处于三向应力状态，金属减壁延伸，并向侧壁开口方向流动，(展宽)。侧壁开口区金属径向受外力，切向压力和轴向压力（附加）被拉缩。要使孔型正常充满，则应

$$\sigma_1 A + \sigma_1' A' = 0$$

式中　$\sigma_1 A$——孔型顶部的轴向应力，kgf/mm²；

A——孔型顶部金属的横断面积，mm²；

$\sigma_1' A'$——孔型侧壁金属的轴面拉应力，kgf/mm²；

A'——孔型正常充满时侧壁金属的横断面积，mm²。

2. 连轧基本方程

金属在轧制过程中，钢管在各机架间应遵守金属秒体积流量相等的连轧基本方程——流量方程：

$$\Delta_1 = \Delta_2 = \cdots = \Delta_7$$

$$F_1 V_1 = F_2 V_2 = \cdots = F_7 V_7$$

式中　Δ——各机架的金属秒流量体积；

F——各机架的钢管横断面积；

V——各机架的钢管出口速度。

（三）连轧管变形过程分析

预穿芯棒后的毛管在连续轧管机中轧制，对每个机架孔型来说，变形区分为减径区和减壁区两个区域，如图4-39所示。被送入轧辊孔型中的环形毛管，首先是四个点先与轧辊孔型接触，如图4-40所示。然后在轧辊的拽入力作用下，依次进入减径区和减壁区二时限塑性变形。整个变形过程分三个阶段：第一阶段为压扁变形，第二阶段为减径变形，第三阶段为减壁变形。

在减径区中，由于毛管是空心体，开始时仅几点接触，轧管孔型接触面很小，所以钢管首先发生压扁变形，即管壁发生塑性弯曲变形。此时钢管周长或横断面积不变，只是被轧辊孔型压缩处高度减小，而不与孔型接触的钢管其径向尺寸加大。随着管子逐渐进入变形区，压扁程度加大，同时，管子与孔型的接触面积增加，将接触面积增至一定程度后，孔型槽壁对管壁的支撑作用加大，管子除继续发生压扁变形外，将同时发生减径变形，直到毛管整个外圆完全与孔型壁接触时，压扁变形阶段结束，变形全部转入第二阶段——

减径。

在减径变形阶段，管子平均直径和平均周长减小，金属纵向延伸，管壁有所增厚。管壁增厚相当于横向变形。由于变形区中管子横断面上各处的金属的应力状态不同，因而增厚变形不同。孔型顶部（槽底）管壁外侧受孔型径向压力，且金属外流受槽壁限制，管壁增厚只能向管子内表面发展，故增厚较小，孔型开口处（辊缝处附近）金属处于自由镦粗状态，金属可向管内外壁流动，故增厚较多，其他部位介乎于上述两者之间，逐渐过渡。

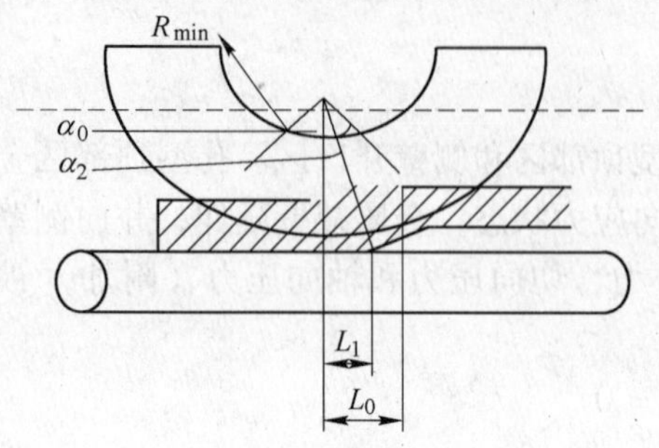

图 4-39　连轧管变形过程

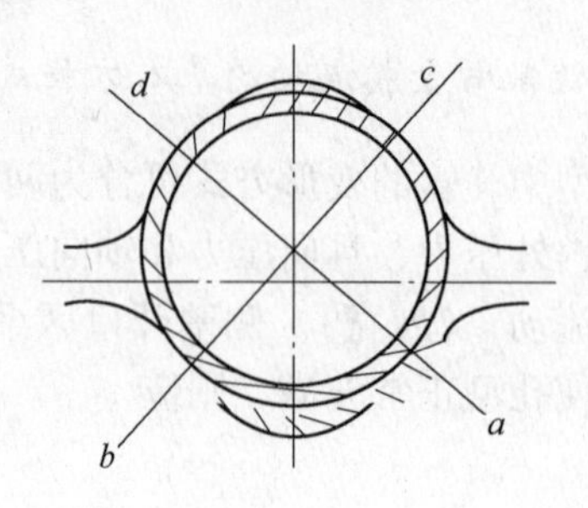

图 4-40　毛管在轧辊孔型中的变形

在孔型中，由压扁变形过渡到减径变形的位置，与许多工艺因素，如孔型形状，管子金属的变形抗力，轧辊直径和管子（直）径壁（厚）比等有关。宽高比大的孔型压扁变形大些，厚壁管（径壁比小的）压扁变形小些。

从管子内表面接触芯棒起，到荒管离开变形区为止，是减壁变形阶段，此时壁厚迅速减壁，同时也有少量的减径变形，因而获得较大的延伸。在此区中，管壁压下变形主要发生在孔型顶部（槽底），孔型开口处管壁金属得不到加工，或只由于孔型顶部金属延伸对开口处金属施加以横向附加拉应力而使其壁厚稍许减薄，结果导致荒管横向壁厚不均匀性增加，并使开口处管壁金属受轴向附加拉应力作用，如果拉应力过大会导致荒管两侧周期性横裂。经轧制后的荒管，其横断面已成椭圆形，在进行随后道次的轧制时，管子首先与孔型顶部（槽底）接触，但其变形仍按压扁、减径和减壁 3 个阶段进行。

（四）限动芯棒连轧管的运动学特点

1. 限动芯棒连轧管的轧件出口速度

带长芯棒的连轧管过程可看成是不同辊径的差速轧制过程。芯棒看成是半径无穷大的轧辊，当芯棒参与连轧系统工作时，芯棒相当于速度按某一特定的主动轧辊参与变形，形成在变形区内产生差速轧制。

限动芯棒连轧管时，芯棒速度 V_m 是恒定的，而且芯棒速度小于第一机架的轧辊圆周速度。为此，对芯棒而言所有机架均是导前机架，芯棒对金属的摩擦力的方向是与轧制方向相反的。此时各机架的轧件出口速度是恒定的。

$$V_{ix} = (V_i f + V_m f_m)/(f + f_m)$$

式中　V_{ix}——第 i 机架的轧件出口速度；

V_i——第 i 机架的轧辊平均圆周速度；

V_m——限动芯棒速度；

f——轧辊与钢管之间的摩擦系数；

f_m——芯棒与钢管之间的摩擦系数。

这样如果按秒流量相等的原则，调整好各机架的轧辊速度，就可以保证轧制过程稳定性。由于限动芯棒连轧管中，芯棒速度小于第一机架的轧件速度，因而它是一种稳定的轧速轧制状态。使轧制压力降低，促进金属在孔型中的纵向延伸，并且可采用圆孔型轧制，提高成品管尺寸精度。

但是芯棒与轧件的差速分布式是不均的，第一机架最小，以后的机架逐渐加大，至第七架达到最大，这种情况使各机架对管子的差速轧制效果不同，管子头尾所得到的轧制效果与管子中部不同。

2. 限动芯棒连轧管的芯棒速度

限动芯棒连轧管轧制过程中，芯棒的速度是恒定的，且由专门装置控制的。芯棒速度对轧制过程的影响主要有3个方面：

（1）影响轧制过程的差速轧制。芯棒速度越低轧件的差速越大，则差速效果越明显，可降低轧制力，减少宽展，不仅有利于延伸，并且有利于提高轧后钢管尺寸精度。为使全部轧机均为差速轧制，芯棒速度应低于第一机架变形区中轧件的平均速度。

（2）影响芯棒的长度。芯棒全长为两部分：工作段和连接杆。可以看出芯棒速度越快，则轧制统一长度的管子所需要的工作长度越长。

（3）影响芯棒的寿命。芯棒速度过低，相对速度大，摩擦热大，会导致芯棒磨损快，会使芯棒某些界面受轧制压力作用次数的几率增加，也会降低寿命。

总之，确定芯棒速度的基本原则，首先是芯棒速度必须低于任一机架速度，使各机架均处于同一方向的差速状态，据此芯棒速度应小于第一机架的轧件速度，然后再合理处理好芯棒长度与芯棒寿命的关系，使芯棒不致太长，寿命也有保证。

【思考与练习】

4-2-1　简述MPM连轧工艺流程。

4-2-2　产品缺陷形成的原因及排除方法有哪些？

4-2-3　轧制故障类型、产生的原因及排除方法有哪些？

任务3　PQF轧管工艺与操作

【学习目标】

一、知识目标

（1）具备轧前工艺准备（导卫、导板和轧辊预安装知识）。

（2）具备PQF工艺和操作知识。

（3）了解设备控制和监控知识。

二、技能目标

（1）能熟练进行轧前各项设备、工艺预安装和预调整。

（2）掌握轧制工艺规程和基本轧制工艺规程操作。

（3）具备轧管机调整的基本技能。

（4）掌握轧管机产生的一般缺陷和消除方法。

【工作任务】

（1）认识PQF轧管机的结构及设备组成。

（2）按工艺要求进行PQF轧管机组的工艺规程操作。

【实践操作】

一、PQF轧机调整要点

（1）注意配合好压下量和速度的关系。轧制新规格前，按照轧制表输入轧机的各项控制参数后进行轧制，过钢后应立即对轧制力曲线进行分析，一般来说，仅仅需要微调即可。

在调整过程中需要按照连轧机秒流量相等的原则进行调整。第一步，需要对轧制力水平进行判断，依据轧制力偏高或偏低，决定辊缝调整量的大小。对第一变形机架轧制力的判断尤其重要。连轧第一架轧制力的高低，除受堆钢和拉钢条件的影响之外，还受毛管几何尺寸的变化影响。毛管截面积较大时，连轧压下量相对较大，轧制力也因此偏高。若毛管偏厚，从毛管长度上可以较明显地反映出来。此时，要结合第二架轧制力判断毛管是否偏厚。若连轧一架轧制力总体水平偏高，而二架轧制力正常，同时毛管长度短于理论计算长度，可以判断毛管偏厚。针对此状态的调整，一方面要求上游机组进行相应调整以外，可以采用将第一架转速适当降低的方法缓解第一架的堆钢轧制状态。对于PQF轧机来说，由于孔型封闭的较严，建议采用微张力的轧制状态，以防止金属在孔型凸缘处挤出量偏大形成缺陷。

（2）掌握好连轧机终轧长度与理论计算长度之间的关系，使调整尽快一步到位。在使用PSS系统生成连轧机组轧制表时，需要按照来料长度对荒管长度进行精确计算，当新规格开始轧制的前几支，需要对荒管长度实际值和理论数据进行比较，按照长度差异估算荒管壁厚的调整量。对荒管长度的估算可以采用重量守恒的原则。此时的连轧调整可以采用整体调整的方式，一般情况下工作机架的调整量要稍大于精轧机架的调整量。以避免精轧机架工作状态不稳定影响产品精度。精轧机架轧制力偏低或偏高都会影响产品精度。轧制力偏高，则机架有可能处于过充满状态，需要适量加大上游机架的压下量。轧制力偏低，则机架有可能处于欠充满状态，需要适量减少上游机架的压下量。

（3）掌握好“对称”原则。“对称原则”指的是，由于各个机架孔型的交错布置，单数机架和双数机架的调整量要单独考虑，同时又要有机的结合。当壁厚精度发生对称性差异时，可以考虑对不同轧制方向上的轧制机架进行单独调整。以修正上述差异。

二、PQF机架更换

本套PQF机组，由于机架及其牌坊的特殊设计，机架置于隧道式牌坊中，因此相应配有一套机架更换系统。该系统多数为液压缸动作。该系统为位于PQF和脱管机之间的一组横移换辊小车，它具有3个位置，其中位置1正对PQF出口和脱管机之间的辊道；位置2为PQF出口一侧平台，安放换下来的机架；位置3为PQF出口另一侧平台，安放新备轧辊。

机架更换时，当PQF主机停机、冷却水关闭后，条件具备后做如下操作：

（1）小车解锁，小车到更换位对中，小车锁紧。

（2）机架到更换位，即将机架由轧钢位降到滑轨上。

（3）芯轴支撑缸打到更换位，芯轴与轧辊脱开。

（4）机架侧锁紧缸打开，机架平衡缸打开。

（5）小车锁紧台打开（位于PQF出口侧），机架下锁紧缸打开。

（6）抽出缸到位，抽出机架，小车解锁，新机架推上中间小车，小车锁紧。

（7）机架推入，机架侧锁紧缸锁紧，机架下锁紧缸锁紧，小车锁紧台锁紧（位于PQF出口侧），平衡缸锁紧。

（8）芯轴啮合，芯轴支撑让开干扰位，推入缸打开并返回。

（9）小车解锁，辊道返回轧钢位，小车锁紧。

（10）芯棒支撑到位，机架升起到轧钢位。

三、脱管机更换

该套脱管机更换方式与现有MPM机组（一套）定径更换方式相同。概述如下：脱管机主机停机，冷却水关闭后，机架与“C”形架脱开后，将载有新备机架的换辊车推到机架前，抽出旧机架，横移换辊车，推入新机架，实现快速换辊。

四、常见质量缺陷和典型故障处理

（1）内棱。钢管内表面存在棱状突起，或存在线状、槽状划伤，称为内棱。产生原因主要由于芯棒表面存在缺损、热环效应、粘钢等缺陷，轧制时造成钢管内表面缺陷。预防措施是加强芯棒日常维护，加强巡视；提高芯棒润滑质量；工艺参数设定，减小芯棒磨损。

（2）轧折、折叠。钢管外表面存在纵向的带状凹陷和折叠称为轧折和折叠。产生原因主要是由于孔型过充满时，金属在辊缝处挤出，在进入下道轧制时，金属不能压合，从而出现轧折缺陷。它们表现为轧折或折叠形式，折叠多在头尾出现，严重时通体出现。另外，轧辊孔型侧壁粘钢或者辊沿倒角磨损也会导致轧件产生条状折叠。还有一种折叠是因轧辊过热，在轧辊表面产生龟裂，轧制时造成轧件表面产生折叠。

预防措施是注意控制毛管尺寸，防止产生过充满；注意调整工艺参数，防止过充满；注意轧辊使用寿命，防止过度磨损；注意冷却水喷淋角度、给水量及冷却时间。

（3）外结疤。产生原因是轧辊出现碰伤或其他缺陷，导致在管体外表面出现规律性结疤。

预防措施是通过调整好连轧机前台高度和芯棒支撑机架的同心度防止芯棒等的对轧辊的碰撞，并加强对轧件外表面质量的巡视。

（4）拉凹。产生原因是由于孔型欠充满，使得管子内表面产生平滑椭圆形凹坑，严重时造成产品壁厚超差。如果是管坯温度不均，往往为局部的单个凹坑；若为工艺调整不好，压下量或者速度不匹配则会在轧件纵向上断续出现。

预防措施是提高加热质量，保证管坯温度均匀；进行合理的工艺参数调整。防止轧制时机架间金属流量不平衡。

【知识学习】

一、PQF 机组概述

该套连轧机组为限动/半浮动芯棒连轧管机组，又称 PQF（Premium Quality Finishing 高效、优质、精轧管）机组。本机组为 SMS-Meer 公司 INNSE 设计制造。它是目前世界最先进的连轧管设备，有多处采用新工艺、新技术。三辊连轧钢管孔型设计、独特的轧辊压下、平衡方式、先进的自动化控制管理系统等方面均在轧管领域最前沿。从工艺角度讲，PQF 与 MPM 比较具有以下优点：

（1）三辊孔型设计使孔型槽底与轧槽侧壁之间的圆周速度差异减小，从而使金属变形也变得均匀，轧管过程也更平滑、稳定，芯棒在孔型中的稳定性也更高。

由于环孔型上各点金属流动速差减小，故减小了槽底金属对侧壁金属的阻碍作用，从而可以消除在侧壁的波纹之类的缺陷。而且这种均匀变形可以提高延伸，增加轧制薄壁管和高钢级品种的轧制能力。这样就减少了机架数，减轻了对轧制工具的磨损，延长工具使用寿命。

（2）三辊孔型设计使凸缘区（钢管既不与轧辊也不与芯棒接触的区域）更小，约比二辊减少 30%。这也使轧制工具磨损均匀，减小材料损失。

（3）三辊几何形可以在相同芯棒下有更大的调节范围，且无大的公差影响。这样可以增大同规格芯棒的可轧壁厚范围，大大减少了芯棒数量（减少 50%），减少了工具更换频率。

（4）三辊的刚性轧辊设计，减少了轧制时的轧辊弯矩，也就使得可以轧制薄壁管和高级钢品种。

（5）均匀变形及合理的几何孔型设计，使得可以每个轧辊一个液压缸控制压下量，实现辊缝调整模型化。从而提高了壁厚精度，减少荒管头尾与中部的壁厚差异。

总之，本套 PQF 连轧机组是现代无缝钢管生产先进技术的集中体现，它做到了无缝钢管生产连续、高效，而且具有极高的机械化、自动化程度。它反映着我国钢管生产的最新技术水平，同时也是世界钢管生产的先进技术水平，为我公司早日成为世界石油套管生产基地奠定了坚实基础。

二、PQF 连轧工艺

（一）工艺目的

连轧管工序是钢管生产的重要工序，在热轧钢管生产中，轧管工序的主要工艺目的在于：将穿孔工序移送来的毛管进行减径、延伸并相应减壁，同时改善荒管内、外表面光洁度，提高壁厚均匀度。

（二）工艺流程

工艺流程如图 4-41 所示。除去内表面氧化物的毛管通过横移车放入轧线后，经润滑后的芯棒经另外一辆横移车也放至轧线，在预穿推杆推动下快速预穿入至设定位置，推杆夹持头打开，推杆返回。同时限动齿条夹持头锁紧芯棒。芯棒在限动齿条的推动下预插入轧机内，然后在 PQF 前夹送辊将毛管喂入轧机的同时高压水除鳞，此时齿条以与轧制规格匹配的限动速度（最大 1.35m/s）前进，随着毛管的轧制，芯棒支撑机架依次打开，完成轧制过程。当荒管与芯棒脱开后通过脱管机后第一段辊道，停止于 PQF 前的齿条夹持头释放芯棒，脱管机打开，芯棒穿过脱管机后翻到冷却站。芯棒经过冷却站后，通过 3 个巷道再经润滑环喷涂石墨，以备下一支轧制。齿条释放芯棒后以最大 5.5m/s 高速返回。

此设计中芯棒侧挂在齿条轧线侧。齿条返回零位后，夹持头锁紧芯棒尾柄，开始新的轧制周期。限动结束后夹持头打开。由于为侧挂式所以在齿条到零位之前预穿好的芯棒就可以在主轧线上等待下一支轧制，提高轧制节奏。

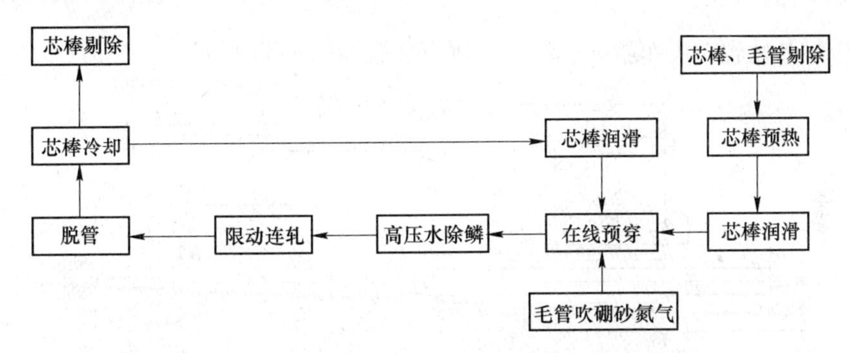

图 4-41　连轧工艺流程图

三、PQF 主机说明

（一）机架形式

连轧机组为 1 架 VRS（Void Reduce Stand 空减机架）和 5 架 PQF（Premium Quality Finishing）连续布置。各机架之间由钩子连接。牌坊为隧道式，如图 4-42 所示。

连同 VRS，各机架均为三辊轧制，每个轧辊由一台电机单独驱动。3 个轧辊互成 120°，前后机架轧辊互成 60°布置，如图 4-43 所示。

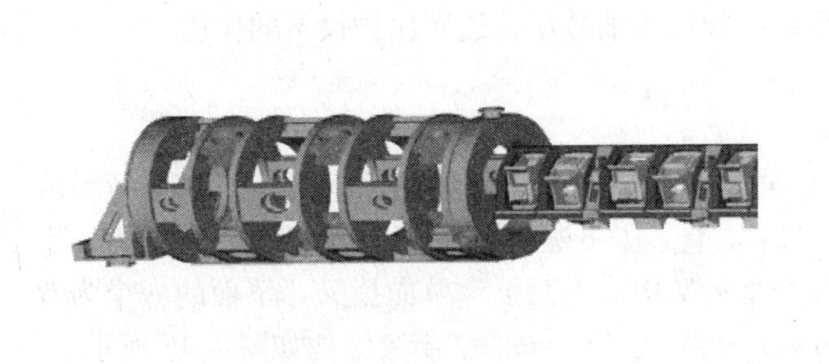

图 4-42　牌坊示意图

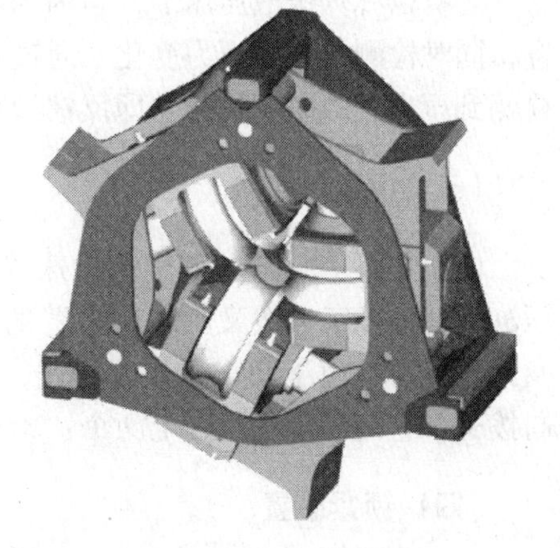

图 4-43　轧辊布置

（二）压下装置

1. 特点

在本套连轧机组中，压下装置采用独特设计。过去的轧机压下设计都是压下装置直接作用在轧辊的轴承座上，每个轧辊有两个压下丝杠或者液压缸，而这套压下装置采用液压伺服压下。液压缸头直接作用在 C 形臂上，每个轧辊只用一个压下头。这种伺服液压压下控制，变电气控制为液压、电气联合控制，可以实现辊缝调整模型化。这样提高了壁厚精度，减少荒管头尾与中部的壁厚差异。

2. 结构与原理

各液压缸与轧辊对应布置在牌坊上。压下装置如图 4-44 所示。

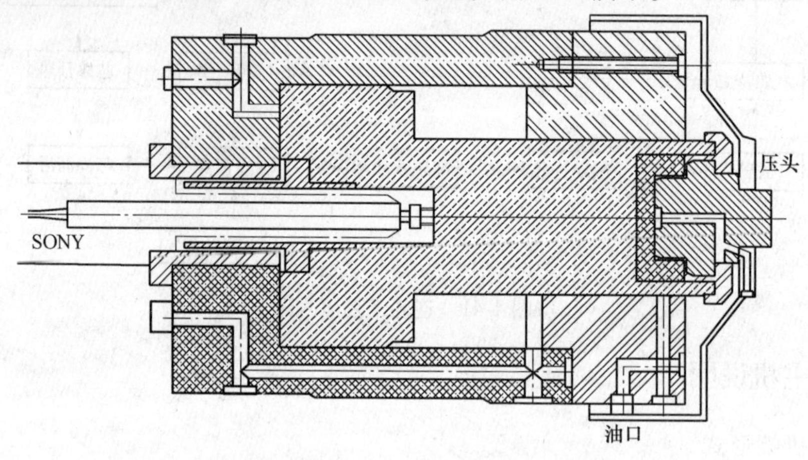

图 4-44　液压缸示意图

工作原理为需要调整辊缝时，若需要压辊缝，通过油口向缸体内加油增压，推动缸头下压。若需要抬辊缝，油口向外排油减压，在平衡力作用下轧辊抬起。液压缸头的最大行程为 105mm。

之所以称伺服液压压下，是因为在缸体内装有位置传感器。由它随时检测缸头的位置，同时检测缸体内压力变化。通过它返回的信号值，系统进行轧制参数计算和校核。当检测到压力过载时，信号立即反馈给系统，油口排油减压，达到保护设备的作用。

（三）平衡装置

由于 PQF 三辊轧机轧辊的特殊装配方式，平衡装置也配套采用新型设计，其装置为液压缸带动一拨叉，拨叉压在 C 形臂的“肩”上，压下装置的力是向轧制中心线的力，平衡力是反力。由于 PQF 的布置方式，3 个平衡叉中，上两个为单向拨叉，下面的一个为双向拨叉。它们的行程为：上两个：100mm；下拨叉：81mm。平衡叉结构如图 4-45 所示。

（四）锁紧装置

锁紧装置如图 4-46 所示。

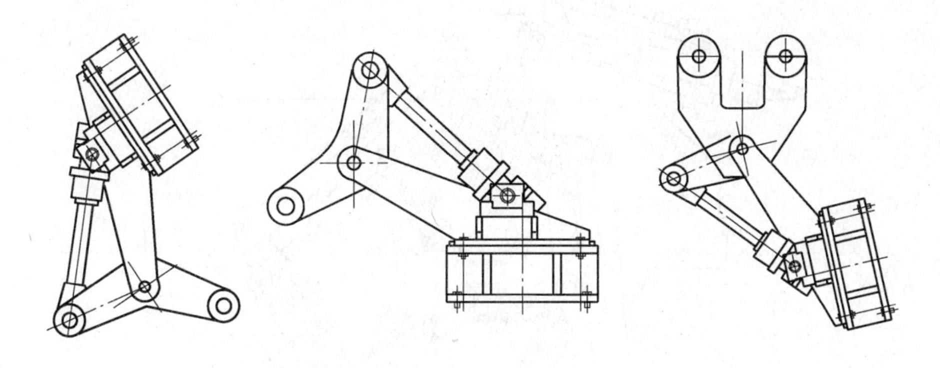

图 4-45　平衡叉结构图

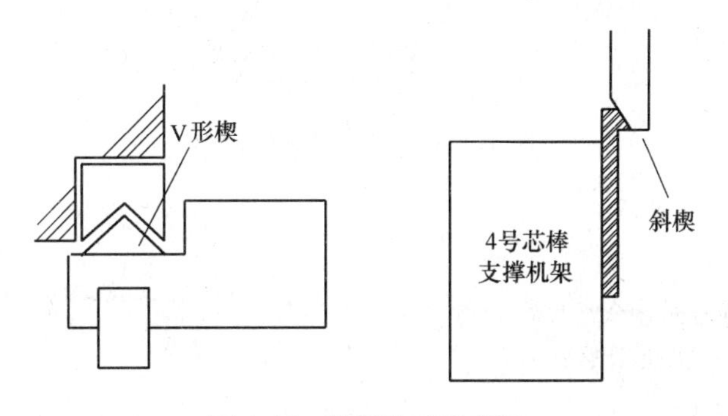

图 4-46　锁紧装置示意图

1. 横向锁紧

当支撑缸将机架升起后，机架一侧的底座上有“^”形突起，它可以嵌入牌坊上的另一个“^”形槽，以此实现横向锁紧。

2. 轴向锁紧

当 1VRS + 5PQF 机架及芯棒支撑机架推入牌坊之后，沿轧制线轴向上须锁紧。在入口侧，由第一架芯棒支撑架固定，出口侧装有三个斜楔。当机架到位后，斜楔扣住。扣板上侧为斜楔形，牌坊头装有液压缸推动的另一半斜楔，它向下压下以锁紧机架，使各机架紧紧挤在一起。

（五）芯棒支撑架

在连轧机架之间有 4 个三辊式芯棒自对中装置，这些机架都带有依芯棒规格进行调整的装置。芯棒支撑辊由液压缸控制，在没有毛管通过时抱住芯棒，使芯棒处在轧制中心线上。当毛管逐架轧到之前，支撑辊打开使毛管处于轧辊轧制下，芯棒位置由轧制孔型确定在轧制线上。从结构上保证芯棒处于轧制中心线，使轧出的管子减少壁厚不均等缺陷。这四架三辊支撑架分别位于 VRS 前、1 ~ 2 之间、3 ~ 4 之间和第 5 架之后。芯棒支撑架结构如图 4-47 所示。

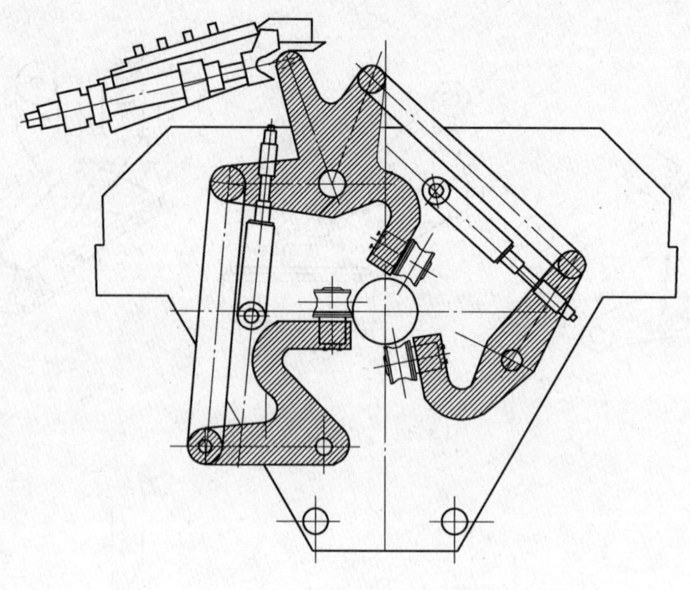

图 4-47　芯棒支撑架结构图

【思考与练习】

4-3-1　PQF 连轧工艺流程是什么?
4-3-2　PQF 连轧设备的组成是什么?
4-3-3　轧机调整方法是什么?
4-3-4　典型故障产生原因及排除方法是什么?

材料成型与控制技术专业

《钢管生产》学习工作单

班级:　　　　　　小组编号:　　　　　　日期:　　　　　　编号:
组员姓名:

实训任务:轧管工艺流程制定、技术规程训练、操作规程训练和产品质量缺陷分析
相信你:在认真填写完这张实训工单后,你会对轧管工艺有进一步的认识,能够站在班组长或工段长的角度完成技术规程、操作规程编制和产品缺陷分析的任务。
一、基本技能训练: 实训任务:根据观看的录像、动画、技术资料及教材分别给出三种轧管方法的工艺流程。 1. Assel 轧管的工艺流程: 2. MPM 轧管的工艺流程: 3. PQF 轧管的工艺流程:

二、基本知识：

1. Assel轧机工艺参数设置的主要内容有哪些？

2. 连轧管机采用限动芯棒的优点有哪些？

3. PQF连轧工艺的优点有哪些？

三、技能训练：

1. 请编制Assel轧机的简明技术规程。

2. MPM轧机的简要操作规程的编制。

四、综合技能训练：

请给出下列产品质量缺陷的特征、产生原因与处理措施。

1. 内直道：____
   控制措施：______________________________________

2. 拉裂：____
   控制措施：______________________________________

3. 辊印：____
   控制措施：______________________________________

4. 孔洞：____
   控制措施：______________________________________

教师评语	

成绩根据课程考核标准给出：

学习情境5　成品管生产

任务1　再加热

【学习目标】

一、知识目标

（1）具备再加热工艺的基础知识。

（2）工艺参数制定方法。

二、技能目标

（1）能熟练掌握再加热工艺规程编制。

（2）具备温度调整和点停炉操作能力。

【工作任务】

按工艺要求进行荒管再加热的操作。

【实践操作】

再加热炉的基本操作；常见质量缺陷及典型故障处理方法。

一、操作要点

（1）根据生产品种选择工艺路线。

（2）根据生产需要设定炉温、步进梁节奏，小冷床移送链节奏。

（3）点炉操作步骤：

1）配备相应灭火器、点火火把等相应工具；2）对再加热炉点火条件进行确认；3）与机械、电气、仪表点检员核实，机、电、仪设备已进入正常工作状态，具备点火条件；4）开风机。吹扫炉膛30min。同时做氮气吹扫、取样，合格后置换煤气。做煤气爆发试验合格后，把煤气送到各段烧嘴手阀前。依次打开所有冷却水阀门、仪表用压缩空气阀门、热风管路上各阀门。最后确认煤气管路、热风、压缩空气、冷却水管路无跑、冒、泄、漏情况；5）通知作业区、调度室再加热炉已具备点火条件，得到允许后开始点炉；6）点烧嘴：依次点燃所需点燃的烧嘴。按升温曲线升温，炉温大于650℃时，炉况控制系统进入自动状态控制。

（4）烘炉操作。执行完点炉操作程序后，按烘炉曲线进行升温、保温。

（5）停炉操作。各段仪表手动控制降温（500℃/h）到800℃后，调整各段仪表，各段煤气调节阀开口度到0%，各段空气调节阀开口度到0%。仪表面板强制手动给风，开口度30%～40%，风机开口度20%～40%，风压3500～8000Pa，烟道闸板开口度100%，关闭仪表上各控制阀。同时各段及总管做氮气吹扫、置换。关烧嘴前煤气手阀、各段盲板阀封堵。关煤气总管调节阀、急停阀、盲板阀封堵、1号截止阀、氮气吹扫阀、当炉温低于200℃时，停风机。

二、调整要点

（1）调节移送链节奏保证常化管入炉温度，450～550℃。

（2）设定炉温，温度波动范围±10℃。

（3）设定再加热炉步进梁节奏，保证加热时间。

（4）根据加热时间和加热温度保证定径开轧温度。

（5）炉膛压力为微正压为3～7Pa；空气过剩系数为0.95～1.15；升降温速度为50℃/h；最高炉温不大于1040℃。

（6）检修后点炉升温在150℃、350℃、650℃有3个保温点。

（7）根据生产情况调整辊道速度。

（8）停炉报警限位。热风压力 ≤3.5kPa；煤气总管压力≤4kPa；煤气分管压力≤0.5kPa；冷却水压力位110kPa；炉压为18Pa。

（9）步进梁行程。水平横移为285～295mm；升降为170～190mm。

三、再加热炉的炉温调整

再加热炉是以煤气为燃料的加热炉。再加热炉炉温的控制，就是要求我们的司炉工，通过调整煤气的流量大小，并合理配置一定流量的助燃空气，使各段的烧嘴，都能按照工艺要求的炉温稳定的燃烧，确保生产出符合性能要求的高质量的无缝钢管。炉温调整的工作有两点：（1）调整各段的温度：使钢管的整体受热均匀，防止产生并矫直炉内弯管。对不同钢种不同规格的钢管，及时调整并严格执行工艺要求的加热温度；（2）通过对炉温的监控及时发现异常状况：温度的波动可能是由于煤气调节阀或空气调节阀的故障产生的，及时发现，可以让相关人员在停炉后及时处理。

（1）温控系统。本厂使用的仪表系统为昆腾系统，各段采用的是串级双交叉并列限幅控制方式，包括：一台主控机，一台辅控机。

（2）再加热炉平面示意图及使用控制。在再加热炉的控制系统中：烟道闸板、风机流量、总管煤气压力、各段煤气流量、各段热风流量，是我们日常温度控制的关键。只有在充分了解空气，煤气以及氮气的管路分布，阀门安置的基础上，才能得心应手控制维护好再加热炉，如图5-1所示。

1）烟道闸板。烟道闸板是再加热炉的重要部件，再加热炉燃烧产生的废气通过烟囱产生的抽力，经烟道过烟道闸板被排到大气层中。一旦烟道闸板被不正常关闭，大量高温废气无法排出，炉膛压力迅速升高，高温高压气体会向炉门，烧嘴点火孔，炉底等未完全封闭的地方扩散，有可能产生如下严重后果：炉内步进梁以及梁的支撑柱在高温高压的作用下，硬度强度大幅度降低。此时，炉内负载（钢管）越大，分布越不均匀（短料），步进梁及支撑柱受到的损害（弯曲变形，断裂）越大；墙体耐热层由于高温高压气体超过其耐热限度而受到损毁，炉子使用寿命大幅降低；大量高温气体，火焰会向炉门，点火孔外扩散，引起火灾甚至爆炸。

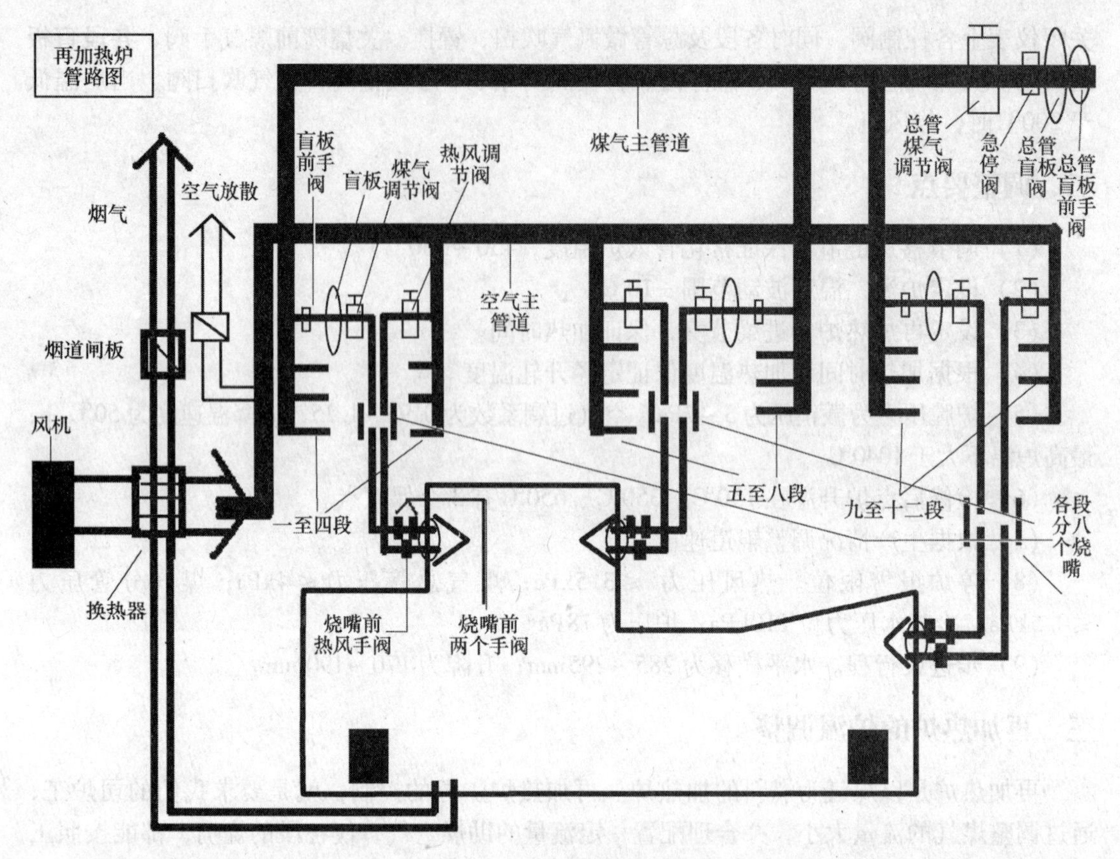

图 5-1　再加热炉平面示意图

在炉子冷态点火前，应打开烟道闸板（100%）吹扫炉膛，在炉温低于650℃时，烟囱尚未产生足够的抽力前，应保持烟道闸板全开（100%）；正常使用时，可以将炉膛压力通过仪表控制系统设置为3～7Pa。以降低煤气的过量消耗；突发因素引起停炉时，严禁关闭烟道闸板控制降温速度，应完全打开烟道闸板排出可能未完全充分燃烧的气体，确保炉子的使用安全。

2）爆发试验的概念及程序。在点火前，要对煤气管路里的煤气纯度进行检验，确保煤气管路里的煤气不含空气等杂质，防止烧嘴点火时发生爆燃等意外事故。即检查所有烧嘴前手阀是否完全关闭；打开放散阀，各段通过温控系统打开煤气调节阀（30%－50%开口度）送煤气吹扫管路十五分钟；燃气站及监护人员从各段取样阀处提取煤气点燃，观察煤气是否能稳定的充分燃烧，确定爆发试验合格；若不合格，重新吹扫数分钟后重新取样，直至合格；关闭各段放散阀，关闭各段煤气调节阀，准备点火。

3）管路充氮的意义和方法。正常停炉后，为防止煤气管路里的煤气与空气混合发生爆炸等安全事故，我们可以使用氮气吹扫煤气管路置换里面的气体，通过取样检测氮含氧量为0时，确认吹扫充氮合格。

方法是各段分别充氮，程序是关闭烧嘴前所有手阀，关闭各段煤气调节阀，煤化人员封堵各段盲板，关闭各段盲板前手阀，仪表人员关闭各段变送器，打开各段煤气放散阀。通过温控系统打开各段氮气阀，吹扫15min后，相关人员取样检测氮含氧量为0时，确认吹扫充氮合格。关闭各段放散阀后关闭各段氮气阀。

再加热炉设备检修或长时间不使用时，我们应该进行总管充氮。程序是关闭烧嘴前所有手阀，关闭总管煤气调节阀，关闭总管盲板前手阀，煤化人员封堵总管盲板，仪表人员关各段及总管变送器，打开各段放散阀，通过温控系统打开各段煤气调节阀（100%），打开总管氮气吹扫阀吹扫十五分钟以上，相关人员取样检测氮含氧量为0时，确认吹扫合格。关闭各段放散阀，关闭总管氮气吹扫阀。若设备下线检修，放散阀则不关。

4）点炉操作程序。这里只简单列出必要的步骤和注意事项，详细程序参见操作规程。

第一步，检查炉子的阀门状态，确认烧嘴前所有手阀完全关闭。

第二步，按爆发试验的程序对各段进行爆发试验至合格。

第三步，冷态点火（炉体温度低于650℃以下，主要针对九至十二段）现场两人以上，带好点火枪和对讲机。通知司炉工对准备点火的段送煤气，并适当关小烧嘴前风阀。一人将点火枪伸进点火孔不停的打火，另一人逐个打开上下两道阀门，同时观察烧嘴是否点燃。若不着，立即关闭烧嘴阀门，将风阀开至最大吹扫数分钟后重新点火，直至点燃。

热态点火：是不需要使用点火枪，通过直接送煤气点燃的一种点火方式，主要针对一至八段。需要热态点火的段，炉温必须要达到650℃以上时，才可以执行热态点火。

5）停炉操作程序。这里只简单列出必要的步骤和注意事项，详细程序参见操作规程。

第一步，逐步降低炉温至煤气流量处于最低水平时，通过温控系统将煤气调节阀和空气调节阀切换至手动状态。

第二步，关闭准备停火的段的烧嘴前手阀，该段烧嘴火焰完全熄灭后，关闭该段煤气调节阀。直至各段完全停火。

第三步，通过温控系统关闭煤气总管调节阀，彻底切断煤气。

第四步，通知煤化人员封堵各段盲板，关闭各段盲板前手阀。仪表人员关各段变送器。

第五步，执行充氮并检测程序。

注：停炉时还有一项重要的工作要做，那就是可以通过一定的方法来检查煤气调节阀是否漏气，以及烧嘴手阀是否内漏。这对下次能够安全的点火很重要。方法却很简单：①停火前，通过温控系统中的集中关段功能，关闭相应的段，观察是否还有烧嘴燃烧，可以判断该段煤气调节阀是否漏气。②停火前，通过只关烧嘴前上手阀或只关下手阀，观察是否还有烧嘴燃烧，可以判定该烧嘴的下手阀或上手阀是否漏气。发现有漏气的阀门，应做好记录，及时通知相关人员处理。

6）炉温控制的方法。再加热炉为三段式步进式加热炉、分预热段、加热段和均热段三段，为便于控制每段又分4个段分别控制。预热段包括一至四段，加热段包括五至八段，均热段包括九至十二段。每段有8个烧嘴，共8×12=96个烧嘴。

在温控系统中，十二段可以分别控制，但为了保证钢管整体受热均匀不产生弯管，我们温度调整的一个重要方向是：从预热段看，从加热段看或从均热段看，每段的设定温度和实际温度都应保持一致。

以九段为例看如何通过温控系统体调整炉温，打开九段控制画面，如图5-2所示。

PV值：实际值（实际温度，实际热风流量，实际煤气流量）。

SP值：设定值（设定温度，设定热风流量，设定煤气流量）。

MV值：阀门开口度（0~100%）。

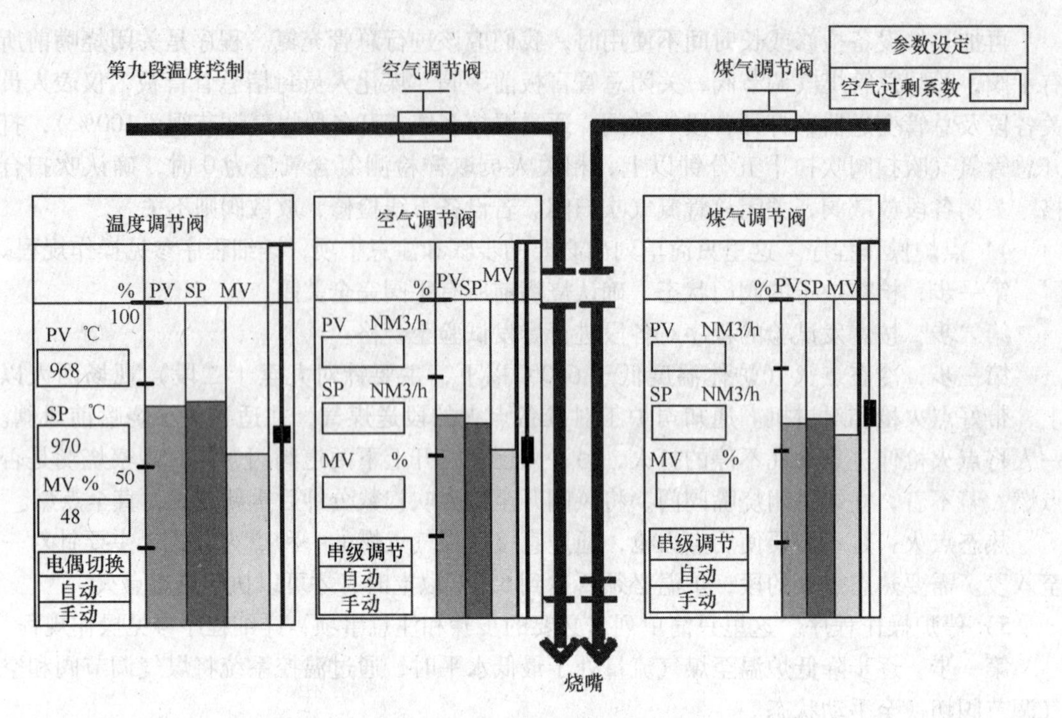

图5-2　温控系统九段控制画面

在煤气压力和空气压力一定的情况下，我们通过调整煤气调节阀开口度的大小，可以调节烧嘴煤气的供应量，通过调节空气调节阀开口度的大小，可以调节助燃空气量使之达到与煤气的合理配比。

在控制画面的右上角，有一个重要的参数：空气过剩系数，它的取值范围是：0.95～1.15，通过改变该系数，可以改变风量与煤气量的配比，达到调整火焰燃烧及炉内气氛的目的。

单独控制煤气量或空气量很麻烦，所以在煤气调节阀和空气调节阀控制系统中，添加了一个很重要的功能：串级调节。在自动状态下分别选中画面中煤气调节阀和空气调节阀的串级调节，就可以实现煤气和空气按过剩系数计算出的配比自动的上下调节，从而达到控制炉温的目的。

最终的目的是控制炉温，所以，在控制画面中有一个温度调节阀，它是一个虚拟阀门，通过调节温度控制阀的开口度，可以达到同时控制煤气和空气调节阀的目的。选中温度调节阀中的自动功能，设定需要的炉温，就可以通过系统自动的调节煤气量和空气量，使各段温度稳定在设定温度，波动范围不超过：±10℃。

加热段的五到八段和均热段的九到十二段控制画面完全相同。

预热段的一至四段有两个补充功能：①温度调节阀上添加了一个按钮，联动；②参数设定中添加了一个设定，串级修正（%）。

这是因为预热段是加热段加热能力不够时的一个补充段，它的烧嘴和五至八段相对。它不需要把温度控制在一个固定的值，所以我们使用联动功能，让一二三四段分别与相对应的五六七八段联动，从而使五至八段的温度更稳定，波动更小。通过修改串级修正系数，可以分别调节一至四段的煤气和空气流量，当其中一段修正系数为0%时，该段温度调节阀的开口度与相对应的段的温度调节阀的开口度相同，为10%时，开口度比相对应的段的开口度增加10%，以此类推。

司炉工的职责是让再加热炉安全的稳定的工作，所以日常维护中，不仅要完全遵照安全操作规程来进行工作，还要注意以下几点：点炉前一定要完全打开烟道闸板；送气前一定要检查烧嘴前手阀是否完全关闭；刚点着火时，风量要稍微大些；停炉时，要先关闭烧嘴前手阀；紧急停炉（非正常状态）时，一定要打开自动关闭的烟道闸板。

（3）炉温控制的基本参数。煤气压力为8~12Pa；风压为8000Pa；炉膛压力为微正压（3~7Pa）；空气过剩系数为0.95－1.15；升降温速度<50℃/h；最高炉温≤1040℃；设定炉温波动范围±10℃。

（4）仪表控制系统中的报警项目，如图5-3所示。

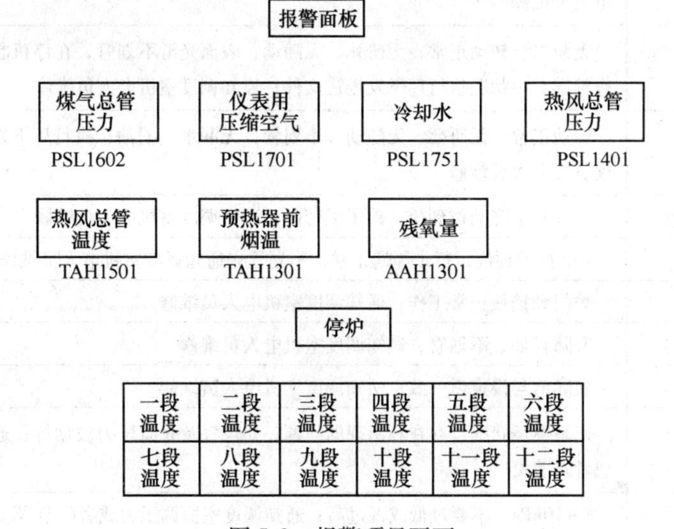

图5-3 报警项目画面

四、巡视和物流

（一）日常巡视

日常巡视的目的是为了及时发现影响生产和质量的问题。要求每小时巡视一次，并及时处理发现的问题，见表5-1。

表5-1 日常巡视项目表

项 目	问题说明及处理措施
脱管后荒管弯头	管头不向某个方向弯；通知连轧机组调整
荒管是否撞挡板	管头与挡板不撞或轻触为好，同时注意管尾与下小冷床挡板距离；通知连轧机组调整
工艺路线	常化、快速入炉为A，旁通为B，与实际生产路线一致
AB1号2号回转臂	动作周期各个位置和速度正常，托盘表面光滑，无粘钢，不划管；通知调度室机修人员用砂轮修磨
AB中间鞍座	鞍座整体无歪斜，接触面表面光滑，无粘钢不划管；通知调度室机修人员维修

续表 5-1

项　目	问题说明及处理措施
A 移送链	链条无错齿、动作正常，没有不动、走两步等现象，不划管；通知调度室机电人员维修
A 翻料臂	升降自如、不划管；通知调度室机电人员维修
A 剔料臂	动作正常，正常在低位，不划管；通知调度室机电人员维修
A 钢管炉内定位	居中，避开炉内有缺陷点；从再加热炉终端调整
A 入炉前辊道及信号	转动正常，无研死、无随动，表面光滑不划管，西端压板正常；执行厂下发辊道文件，通知调度室机电人员维修或者用砂轮修磨
A 入炉辊道	无漏水、转动正常，无研死、无随动，不划管；执行厂下发辊道文件，通知调度室机电人员维修
AB 炉内出炉辊道	无漏水、转动正常，无研死、无随动，表面光滑不划管，在停机状态下从两侧炉门检查辊道对中状况执行厂下发辊道文件；通知调度室机电人员维修
B 旁通辊道	转动正常，无研死、无随动，不划管，无漏水、漏油；执行厂下发辊道文件，通知调度室机电人员维修
AB 炉内装、出料钩	上升和下降动作到位、钩子无弯曲；通知调度室机电人员维修
A 步进梁	4 个行程到位，行走周期正常，不划管；通知调度室机电人员维修
A 入炉门和挡板	炉门和挡板正常工作；通知调度室机电人员维修
AB 出料门、旁通门	升降自如、不划管；通知调度室机电人员维修
AB 旁通辊道速度	实际值与设定值一致；通知调度室机电人员维修
AB 再加热炉状况	记录燃烧状况，存在和出现的问题，如煤气及介质压力波动等；通知调度室协调压力或者降节奏
A 煤气压力	8～10kPa，不要过低或者过高；通知调度室协调压力或者降节奏
A 各段热电偶温差	两个电偶及各段间差≤10℃；通知调度室电仪人员维修
调整参数	准确、有效、无错误，按照标准卡、联络卡等工艺要求；按照标准卡、联络卡等工艺要求调整
调整终端	调整准确、有效、不死机；通知调度室电修人员维修，鼠标、键盘损坏找热轧作业区更换

（二）物流管理

（1）再加热炉机组根据相应的作业指导书进行生产，当接到连轧结号通知和该炉的《轧管厂生产流动卡片》时，与连轧人员一起确认结号。

（2）当轧制工艺为旁通时，再加热炉人员在确认结号后，应马上如实填写该炉的《轧管厂生产流动卡片》送至定径机组，同时通知定径机组该炉炉号、支数和下一炉生产的炉号。

（3）当轧制工艺为常化时，再加热炉当班操作人员应控制再加热炉内不同炉号钢管之间有 3 个以上的空位。当一炉钢管出炉完毕时，再加热炉人员应立即通知定径机组结号和下一炉钢管的炉号，并如实填写该炉的《轧管厂生产流动卡片》送至定径机组。

（4）对再加热炉生产情况，当班人员应及时、翔实填写《再加热炉质量原始记录》。

五、常见质量缺陷及典型故障处理

（1）钢管性能不合：

1）在线常化工艺。保证入炉荒管温度≤550℃。

2）N80钢级再加热炉加热温度950~960℃。

3）K55钢级再加热炉加热温度940℃。须保证加热温度的均匀性和加热时间的合理性，避免炉温波动。

（2）钢管过热、过烧、氧化：

1）产生原因。加热温度过高，加热时间过长，空燃比配比不合理。

2）处理方法。按工艺要求设定加热温度；避免长时间在炉内停留，如停轧较长，应采取降低加热温度的方法。

（3）炉内弯管：

1）产生原因。入炉温度偏低，钢管预热后产生弯曲变形。

2）处理方法。控制好入炉温度450~550℃；钢管在炉内升温速度≤50℃/min；炉内发生弯管适应停轧，待将弯管处理完后再恢复生产，以避免造成恶性循环；低温管入炉应降低1~4段加热温度，以缩小温差，留出一定空料位，防止挤在一起，待都装入炉内后用步进两校循环操作保温10~15min，再出炉过定径。

（4）步进梁粘钢、划伤。钢管外表面位置相对固定的凹坑呈圆形分布或横向划伤。

1）产生原因。炉内炉膛压力高，氧化铁皮熔化粘在步进两梁上硌伤荒管；步进梁上升不到位或变形，钢管在前进过程中产生机械划伤。

2）处理方法。控制炉膛压力；步进梁定期更换，表面修磨；机电处理步进梁行程。

（5）炉内辊道粘钢。钢管外表面直线型分布麻坑。

1）产生原因。炉压高；辊道冷却水流量不够或漏水。

2）处理方法。控制炉压；调节水流量及温度；更换辊道。

（6）大冷床弯管：

1）产生原因。入炉温度控制有问题；加热时间不够；加热温度不合理，终轧温度不合适，上冷床后弯曲。

2）处理方法。入炉温度控制在600℃以下，34CrMo4等钢级控制在450~480℃；时间上控制步进梁节奏：181孔型≥34s；235孔型≥36s；235孔型≥48s；34CrMo4/2≥51s；控制合理加热温度，终轧800℃左右。

（7）某段（如七段）温度波动较大，长时间无法稳定：

1）产生原因。某段温度波动大，可能是由于该段的风阀或煤气阀不能平稳动作造成的。

2）处理方法。仔细观察该段控制画面，确定风阀或煤气阀是否有卡的现象，通知仪表人员修复。修复之前，可以通过手动调整来保持温度暂时稳定。

（8）炉内火焰发飘，点火孔、炉门处向外蹿火。这是炉压过高的表现。处理方法是立即检查烟道闸板是否意外关闭，检查各段风阀是否有卡住打不开的现象，通知仪表等相关人员处理。

（9）某段温度值超高报警。原因是该测温电偶断线。处理方法是切换到备用的 2 号电偶，通知仪表人员更换。

（10）突然出现停炉：

1）产生原因。有许多因素可以造成停炉，立即打开停炉报警画面，在这里根据报警项可以立即判定是煤气压力低造成的，还是风压低造成的，或是其他原因造成的。

2）处理方法。通知调度室，待报警项值恢复正常后，重新点炉。

【知识学习】

从连轧机出来的荒管在进入定径机之前，为了提高荒管的温度，使之温度均匀必须对其进行再加热（荒管再加热）。从金属学的角度讲，在线常化是一种热处理过程：回火加正火。它能提高钢管的钢级水平，在同样材质的条件下，常化态较轧制态的强度指标将高出约 20 ~ 30kg/mm^2。该工艺利用钢管轧后的余热经一次再加热，然后定径，这样较线外热处理节约能耗，也可以节省线外辅助设备。作用如下：（1）使钢管具有优良的综合使用力学性能。（2）使荒管具有光洁的外表面和直度。

目前在钢管的生产过程中荒管再加热普遍均采用步进梁式炉。因为步进梁式再加热炉具有机械化水平高，易于自动控制，加热质量好等优点。

为了保证再加热的质量，满足荒管再加热工艺对炉子的加热和保温要求，再加热炉应满足高产、优质、低消耗、长寿命及生产操作自动化的工艺要求。对于再加热炉所采用的工艺技术及其主要附属机械设备、液压、电控、仪控系统设计的技术措施和设备选型应保证指标先进、生产可靠、技术成熟、经济实用。本着这一原则，根据荒管品种或钢种、规格及生产要求，再加热炉优先选用单面加热、侧进侧出的步进梁式炉。

再加热炉常见生产故障及处理方法，见表 5-2。

表 5-2　再加热炉常见生产故障及处理方法

故障原因	操 作 要 点
风机不能启动及热风压力上不去	1. 阀门开启度是否太大；2. 机械、电气、仪表是否有故障
压缩空气压力不够	与空压站联系
管路有泄漏	巡检、通知调度室
煤气管路压力不稳	检查是否有异物堵塞管路：1. 测量按点压力；2. 巡检管线是否有泄漏
煤气压力太低	1. 恒压阀是否有故障；2. 通知调度室、三煤气厂
烧嘴点不着	1. 风量太；2. 点火枪太靠里或外
火焰不稳定	1. 空燃比调整是否合适；2. 炉压调整是否合适
烧嘴熄灭	关闭烧嘴重新点燃
炉体冒烟	调整炉压，调整空燃比
某段烧嘴不着	1. 风量太大；2. 检查该段煤气管路是否泄漏，阀门是否打开
风机突停（断电）	1. 关闭烟道闸板；2. 打开放散阀；3. 查找原因后点炉

一、再加热原理

（一）工艺流程

工艺流程，如图5-4所示。

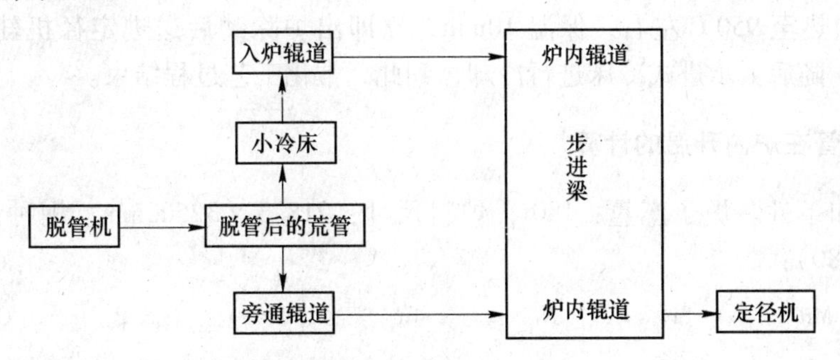

图5-4 再加热工艺流程图

（1）走旁通的管子从脱管后辊道上输送到定径机。

（2）走常化的管子经小冷床冷却后入再加热炉加热后送入定径机。

（3）走快速入炉的管子经小冷床横移入再加热炉加热后送入定径机。

（二）基本原理

常化是指钢坯加热到铁碳相图为A_{c_3}或A_{c_m}以上温度后，保温一段时间，使钢的金相组织转变为奥氏体，然后空冷，有时根据需要还可以吹风或喷雾等，使过冷奥氏体组织转变为珠光体，由于正火的冷却速度较常规退火的冷却速度要快些，如图5-5所示。因此得到珠光体组织也相应地要细小，可以获得如下目的：

（1）可以使钢材组织变得均匀，细化晶粒，为进一步热处理做好组织准备。

（2）可以改善一些钢种的力学性能，此时常化可作为热处理方式。

（3）改善低碳钢和低合金钢的金相组织和性能，为合金元素扩散创造条件。

将常化工艺应用在热轧管线的连续生产时，其工艺特点及包含变相，又包含了轧制变形，如图5-6所示。

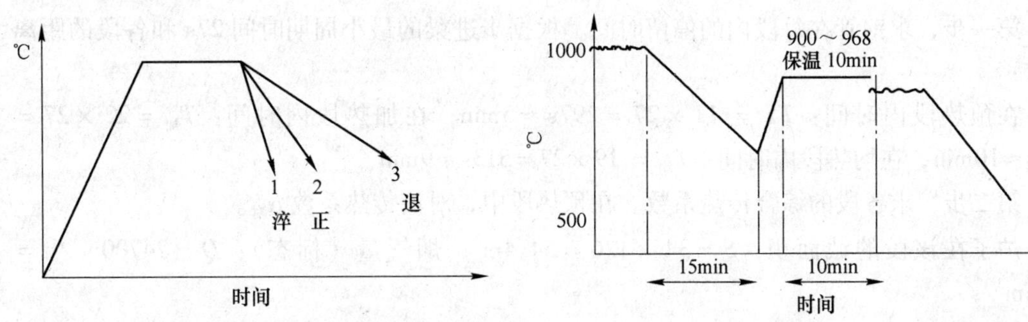

图5-5 热处理工艺路线

1—淬火，油或水冷；2—正火，风冷或喷零；3—退火，空冷或堆冷

图5-6 钢管在线常化工艺过程示意图

在线常化是将钢管从奥氏体相区，进行空冷或控制冷却速度，得到所要求的均匀的金相组织，这种工艺是将热处理过程与轧制变形过程有机地结合在轧钢连续生产的环节中，从而获得具有较高强度和良好韧性的成品管材。

从工艺过程示意图中可以看出，钢材在线常化的工艺路线是，钢管从脱管机脱出后的管材温度约为1000℃，通过辊道运送到链式移送机上冷却到500~550℃，约需14min，拨进再加热炉加热至950℃左右，保温10min，立即出炉除鳞后送进定径机轧制（变形量12%~15%），随后上步进式冷床进行冷却，到此，常化工艺过程结束。

（三）钢管在炉内升温的计算

（1）已知条件。炉子产量：180t；炉料尺寸：218.3×32500mm；钢种：低合金钢，成分如下（N80）：

C	Mn	Si	Ni	Cr	Mo	S/P	Cu	V
0.28	1.20	0.15	0.30	0.30	0.10	0.02/0.03	0.2	0.1

入炉温度：500℃，允许温差：±5℃；炉子结构尺寸如图5-7所示。

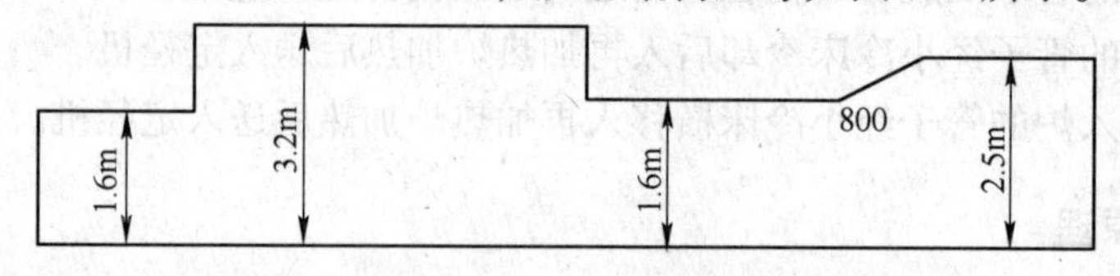

图5-7　炉子结构尺寸

空气过剩系数：$\alpha = 1.1$；空气量：$V_{空} = 11.38\text{NM}^3/\text{kg}$；烟气量：$V_{烟} = 12.23\text{NM}^3/\text{kg}$，求钢管在炉子内的温度。

（2）解：根据炉子的结构和供热制度，可以近似地把炉子三段中炉气的温度设定为800℃、1040℃、980℃。

由于钢管的壁厚相对于它的外径和长度来讲很小，所以钢管在炉内的传热可以用集中传热来计算。钢管在炉内每一段内的传热方式为辐射传热和对流传热两种方式，前面已经计算过，炉子的供热能力完全能满足钢管的加热要求，所以，可以根据钢管在每段中的停留时间，求出钢管在该段内的温升。

第一步，求钢管在每段内的停留时间。根据步进梁的最小周期时间27s和各段的距离可求：

在预热段内时间：$T_{预} = 11 \times 27 = 297\text{s} \approx 5\text{min}$；在加热段内时间：$T_{加} = 22 \times 27 = 594\text{s} \approx 10\text{min}$；在均热段内时间：$T_{均} = 19 \times 27 = 513\text{s} \approx 9\text{min}$

第二步，求各段的综合传热系数。在预热段中，对流传热系数$\alpha_{对}$。

炉子在该段的截面积：$S = 34 \times 1.6 = 54.4\text{m}^2$；烟气量（标态）：$Q = 24700\text{m}^3/\text{h} = 6.86\text{m}^3/\text{s}$

烟气流速：$V = Q/S = 6.86/54.4 = 0.126\text{m/s}$

因为　$\alpha_{对} = Nu = 0.664 Po^{\frac{1}{3}} Re^{\frac{1}{2}}$（根据已知查表求得）

$Re = ul/v = (10 \times 2.8)/(134 \times 10^{-6}) = 2 \times 10^5$；$Nu = 0.664 \times 0.701^{\frac{1}{3}} \times (2 \times 10^5) = 267$

所以 $\alpha_{对}=Nu\cdot\lambda/l=(2.67\times10^{-2})/0.28\times267=19.7\text{W}/(\text{m}^2\cdot℃)$

辐射换热系数 $\alpha_r=q_r/(T_1-T_2)$

设管壁黑度 =0.8，$T_1=500$，$T_2=800$，$\theta=33$

$$q_r=\varepsilon\times C_0\times\theta=0.8\times33\times1\times1.7\times10^3=4.5\times10^4$$

所以 $\alpha_r=4.5\times10^4/(800-500)=149.7\text{W}/(\text{m}^2\cdot℃)$

综合传热系数 $\alpha_{综}=\alpha_{对}+\alpha_r=19.7+149.7=169.4\ \dfrac{T_{预}-800}{500-800}=l\ \dfrac{\alpha_F}{C_{PV}}T_{预}$

根据毕渥公式，将查表，查图所得的数据代入公式可得：$T_{预}=960℃$。

同理，可顺利求得其余两段温度为：$T_{加}=814℃$；$T_{均}=963℃$。

由此可以划出钢管在炉内的温升曲线温度℃。

计算结果与初步设计基本相同。

计算分析：由图5-8曲线可以看出，加热段的斜率较大，预热段和均热段斜率较小，说明钢管在其热段温升较快，供热量集中、且大，符合加热制度，体现了炉子加热的特点。

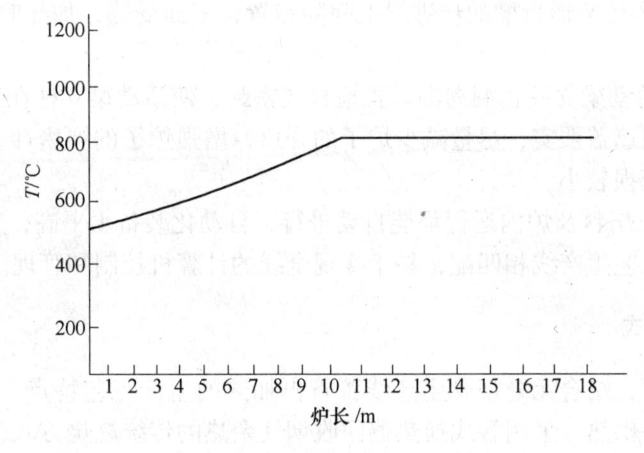

图5-8 钢管升温曲线示意图

二、再加热工艺与设备

（一）再加热炉工艺特点

无缝荒管由于其规格、品种、钢种较多，因而不仅其生产工艺，而且加热工艺也与其他钢材相比有较大的差别。因此再加热炉的加热工艺也随之具有不同的特点。主要表现在：

（1）由于生产荒管的品种、规格、钢种复杂，因此，要求再加热炉必须配备灵活、快速、准确的燃烧控制系统、坯料输送设备和低热惰性的炉衬结构。

（2）由于待加热的荒管钢种有很大一部分是合金钢，合金钢要求均匀缓慢地加热，防止在加热过程产生热应力而导致废品。因此，荒管入炉后的升温速度和入炉时，炉尾的排烟温度要严格控制。

（3）加热部分易脱碳钢种时，为防止高温脱碳，应控制低温段缓慢加热（以提高心部温度，缩小心表温差)；高温段快速加热至设定的保温温度，在满足加热工艺的前提下，尽量减少荒管在快速脱碳温度区的停留时间，从而尽最大可能地减小和防止易脱碳钢脱碳。

(4) 合金钢的加热工艺制度（指炉内升温速度和保温时间）根据所加热荒管钢种的含碳量和合金成分的不同而变化，因此再加热炉的炉温制度必须适应荒管加热制度和保温时间的要求。

综上所述由于荒管加热工艺制度要求温度均匀、控制准确、变化频繁的工艺特点，使得荒管再加热炉的设计与其他类型的加热炉有较大差别。

(二) 步进梁式再加热炉炉型特点

步进梁式炉是当今世界上无缝荒管生产线上采用最为广泛的再加热炉型，与其他炉型相比有其特殊的优点：

(1) 步进梁上部形状采用专门设计的 V 形齿槽，不仅适合于荒管的等间隔布置，还使得荒管每前进一步都能转动一个角度，保证加热的均匀性和避免荒管弯曲。

(2) 荒管在具有 V 形齿槽的步进梁上间隔布置，三面受热，加热时间短，温度均匀，加热质量好。

(3) 在炉底活动梁立柱孔洞周围设置拖板式密封，使活动梁立柱在升降和平移运动中由拖板始终将孔洞遮盖严实，尽量减少炉子的开口，增强炉子的严密性，使炉内冷空气吸入少，因而氧化烧损较小。

(4) 荒管装、出料及炉内运行都能自动进行，自动化装备水平高，生产操作灵活。特别适合与现代化工艺生产线相匹配，易于实现全线的计算机控制和管理。

(三) 燃烧方式

根据燃料条件，结合无缝钢管生产线荒管再加热的生产工艺特点，选用灵活、快速、准确的亚高速烧嘴供热、采用管式换热器回收烟气余热的传统燃烧方式仍是该炉子的最佳选择。

(1) 再加热炉由小能力、多布点的亚高速天然气烧嘴供热，即增加烧嘴数量、减小烧嘴能力，达到炉温均匀和必要时快速升温的目的。

(2) 再加热炉采用控制灵活的燃烧系统，可根据荒管的加热和保温工艺，建立不同钢种、不同的炉温制度，以适应各自的加热要求。

(3) 再加热炉采用连续比例控制燃烧方式来保证炉内温度均匀性和炉内气氛，以减少荒管的氧化和脱碳。

(四) 炉子尺寸的确定

合理的再加热炉有效炉长是满足生产线产量、生产节奏、加热和保温的必要保证，同时也是整条生产线工艺布置合理的前提条件。再加热炉生产的荒管规格复杂、品种多，出料节奏变化大，因此，炉子的尺寸必须同时满足产量、生产节奏、在炉时间、温度控制等几方面的要求，同时又要经济、合理。某厂再加热炉内步进梁齿距设计为 230mm，再加热炉装出料辊道中心线长 6900mm，最短出料周期为 24s。

（五）装出料方式的确定

某厂的步进梁式再加热炉采用炉内悬臂辊道进行侧进料和侧出料。

炉内悬臂辊道有直接水冷的直体形碳钢辊，也有间接水冷的带V形槽的耐热钢辊，还有其他类型的辊道。由于再加热炉内荒管对温度要求比较严格，采用辊身表面温度较高的间接水冷耐热钢辊。为了保证炉内荒管的运行准确，又把辊身设计成张角为120（°）的V形槽。炉内悬臂辊道为单独传动，变频调速，具有正反转功能。荒管依据光电管和编码器的配合，控制辊道速度的变化实现在装料辊道上的准确定位。荒管的出炉同样是由活动梁将荒管放在出料辊道上，依靠辊道的转动将荒管送出炉外。炉内辊道速度的变化范围必须与炉外辊道相匹配，才能满足整条生产线生产节奏的要求。

（六）其他特点

（1）根据荒管品种、规格和加热工艺的要求，合理确定炉型曲线，选择合理的加热保温制度和炉温控制段，使炉子达到节能炉型的生产指标。

（2）在保证实现荒管加热工艺要求的前提下，采取最佳的烧嘴选型和配置，以确保荒管加热温度的均匀性和保温温度的准确性。

（3）炉底机械结构采用双层钢结构框架斜坡双滚轮式结构。该机构配有数量分布合理的斜轨和滚轮，以及在两层框架的中心设置的可靠的定心辊，使整个炉底机构易于安装调整，维护量小，运行平稳可靠，停位准确。

（4）选用先进、实用、可靠的电控、仪控设备，采用先进、完善的自动化控制系统，优化机械设备的顺序控制和热工仪表的内烧控制，保证荒管的加热质量和炉子最低的燃料消耗，实现操作的自动化。

（七）炉子结构及辅助设备

再加热炉炉子结构示意图，如图5-9所示。

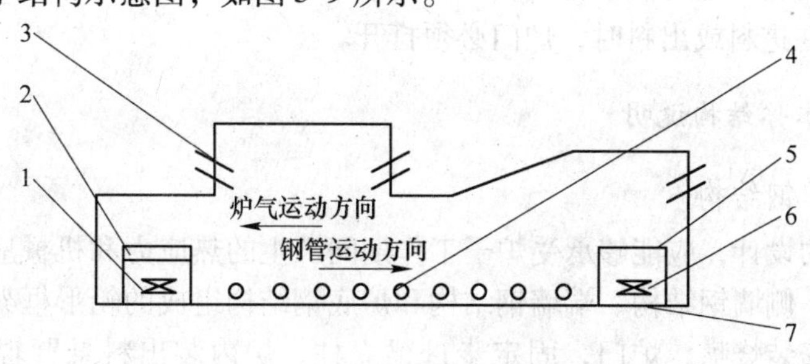

图5-9 再加热炉炉子结构示意图

1—入炉辊道；2—装料门；3—烧嘴；4—钢管；5—出料门；
6—出炉辊道；7—带弧形齿的步进梁和固定梁

1. 工艺流程简述

由轧线来的荒管通过辊道送往再加热炉，同时将荒管的长度等基本数据输入再加热炉的计算机系统，由计算机进行炉子工艺过程的监控和跟踪。

要入炉的荒管在炉外一定距离处等待，当接到允许荒管入炉信号后，炉外辊道及炉内装料悬臂辊道启动，待荒管运行到指定位置后装料悬臂辊道停止转动。装料辊道采用交流无级变频调速，借助光电管发出的信号使入炉荒管快速准确的定位。

进入炉内的荒管在装料辊道上定位后，随即被用耐热钢铸造的步进梁（包括活动梁和固定梁）支托，并通过活动梁上升—前进—下降—后退的周期运动从装料端向出料端移送。步进梁的形状是经过专门研究的弧形齿槽，不但适合于荒管的等间距布置，而且荒管在每前进一步的过程中，都能转动一个角度。即活动梁将荒管托起、前进，放到固定梁上，完成一个步距的前进；同时利用活动梁的前进步距（180～200mm），使大部分荒管每前进一步都能在同定梁上转动一个角度。因此荒管在前进的同时被逐渐加热，不仅使荒管的加热温度更加均匀，同时还可以避免荒管在炉内的弯曲变形。炉内荒管的中心标准高度高于炉底500mm，使炉气能围绕荒管流动，形成良好的循环，保证均匀加热。待荒管被加热到指定温度并被保温至预定的时间后，由活动梁送至出料悬臂辊道上，由出料悬臂辊道送往下一道工序。

荒管从入炉至出炉所用的时间（即在炉时间），根据荒管不同的品种、不同的规格以及不同的加热工艺制度，一般波动也不一样。荒管在炉内的传送可分为自动、半自动和手动三种形式。正常生产时控制方式为自动控制。

在炉子的整个工艺流程中，装料炉门、装料辊道、炉底机械、出料辊道和出料炉门之间有一系列严格的控制连锁关系，以此保证荒管在整个运行过程中准确无误地满足生产节奏的要求。荒管在炉内输送过程中各设备间基本的连锁关系如下：

（1）炉内装出料悬臂辊道上没有荒管时，辊道必须低速空转，不能停止。

（2）装料辊道转动时，荒管尚未定位，活动梁不能上升。

（3）活动梁正在上升过程中或处于高位，荒管不能入炉。

（4）进料辊道正在进料时，活动梁停在低位。

（5）出料辊道在出料过程中，步进梁在低位或中间位。

（6）荒管在出料辊道上未停稳时，出料辊道不能转动。

（7）荒管正在进料或出料时，炉门必须打开。

2. 再加热炉本体结构说明

A　再加热炉钢结构

炉体钢结构的设计，应能够承受炉子工作期间产生的热应力和机械应力。炉体钢结构是由炉顶钢结构、侧墙钢结构、端墙钢结构和炉底钢结构组成的箱形框架结构，用以保护炉衬耐火材料；安装烧嘴、炉门，固定步进梁立柱、炉内装出料悬臂辊道及各种炉体附件。炉体钢结构主要由型钢和钢板组成。

a　炉顶钢结构

炉顶钢结构的主要构件是采用焊接H型钢制成的横梁，通过型钢将它们焊接在一起，而成为一个矩形的整体框架。在H型钢下翼缘上吊挂炉顶锚固梁，H型钢横梁的两端架在炉墙钢结构的圈梁上，为了保持H型钢的整体稳定性，在上、下翼缘间配置一定数量的加强筋。炉顶钢结构除用于吊挂耐火材料和支撑烧嘴外，还用于支撑炉顶平台及部分空煤气管道。

b 侧墙和端墙钢结构

炉子四周侧墙和端墙的立柱是用工字钢和牢固地焊接在一起的组合槽钢制作而成的，侧墙和端墙钢结构由6mm厚的钢板与立柱焊接组成，并适当地用型钢加固，以防止钢板变形。立柱底板用地脚螺栓与基础或炉底钢结构固定，上部用槽钢圈梁联成矩形整体框架。炉子的烧嘴、装出料辊道、炉门、入孔门、窥孔等炉子附件均固定在侧墙和端墙钢结构上。

c 炉底钢结构

炉底钢结构由炉底框架和炉底钢板、炉底纵向大梁、炉底支柱三部分组成。炉底框架和炉底钢板是由工字钢、槽钢、6mm厚钢板焊接而成，用来支撑炉底耐火材料，安装固定梁立柱，留设活动梁立柱穿过的孔洞和安装孔洞周围的密封装置。

炉底钢结构横向大梁在炉底宽向贯穿全炉，支托所有的炉底框架。在炉底纵向大梁下面每隔一段距离有一炉底支柱来支撑，炉底支柱用H型钢和钢板焊接而成。

B 炉门

再加热炉除装料炉门和出料炉门外，在整个炉子四周炉墙上还装有必要的检修门、清渣门，其数量与尺寸的确定原则是使炉子获得最好的密封和操作过程中满足必要的维护和检修。再加热炉配备下列炉门：

(1) 进出料炉门及其升降机构。在再加热炉进料侧装有1套进料炉门及其配套的升降机构，进料炉门采用铸铁炉门。在1进料侧的炉墙钢结构上安装有无水冷却的炉门框，炉门内衬轻质耐火浇注料。炉门的设计选型应保证关闭严密。

(2) 检修炉门。在炉子两侧炉墙设有侧开式检修炉门2个。用于炉子检修时人员出入以及运送物料、清渣、烘炉时铺设临时烧嘴。炉门为钢板焊接件，内衬轻质耐火浇注料。炉门规格为696×824mm。为减少炉体散热，该炉门在平时生产时用耐火砖干砌。

(3) 观察门。在炉子两侧炉墙设有几个观察门，用于日常生产操作时观察炉况。

C 步进梁

步进梁由活动梁和固定梁组成，每种梁都是由支撑梁和立柱构成，用来支撑炉内荒管。支撑梁和立柱均由耐热合金铸钢铸造而成。

根据所加热荒管的直径、壁厚和长度的范围，步进梁的布置应保证炉内荒管在两个支点之间和支点外的悬垂度不超出安全范围，同时也要考虑最大限度地满足产品大纲所给定的荒管长度都能入炉。

荒管在步进梁上为单排布置。为了保证炉内荒管受热均匀，实现荒管的等间距布置，使炉内荒管之间都留有一定的间隙，步进梁的上表面被铸造成经专门设计的带弧形的V形齿槽，张角约120°，齿距（荒管中心距）为230mm。

固定梁的齿距（荒管中心距）为230mm，而活动梁的步距为180~200mm，小于或等于固定梁的齿距。由于固定梁的齿距大于活动梁的步距，所以荒管每前进一步自身就会随齿形转动一个角度，从而保证荒管从入炉到出炉表面的每一部分都能均匀受热，使温度更加均匀，有效地防止了荒管在炉内发生弯曲现象。即使在事故状态下荒管长时间不出炉，在步进梁踏步运动的过程中，只要每次踏步先前进一个齿距与步距的差值为30mm时，同样可以实现荒管自身的转动。同时，由于炉内荒管的中心标高高出炉底约500mm，使炉气能围绕荒管流动，形成良好的循环，保证均匀加热。

D　炉底密封

活动梁立柱穿过炉底的孔洞采用双层密封。活动梁立柱穿过炉底孔洞的上部采用拖板式密封。上部拖板式密封的主要作用是既防止炉内高温气体外溢，又防止炉外冷空气进入炉内。拖板由耐热铸钢铸造成两部分，两片对合套在立柱周围，中间由螺栓连接成整体。拖板与立柱之间留有 3 ~5mm 的间隙，使得立柱在升降和水平运动过程中拖板始终封盖孔洞。拖板的大小以前进和后退运动都能封盖孔洞为宜。拖板的材质与所在炉子的活动梁立柱材质相同。

E　炉子砌筑

再加热炉的炉墙、炉底内衬均采用性能良好的耐火浇注料整体浇注而成，外层采用双层轻质隔热材料进行绝热，从而组成复合砌体，以提高炉子的整体性、密封性和隔热性，获得最小的热损失和最大的炉衬寿命。炉墙和炉顶耐火内衬材料由紧固在炉子金属结构上的金属锚固件和耐火锚固砖来固定，炉顶采用耐火纤维。

3. 燃烧系统

A　再加热炉的供热能力分配和烧嘴形式

再加热炉的供热能力分配：再加热炉采用 2 段炉温制度（加热段、和均热段）、4 区供热控制；烧嘴的供热能力是通过热工计算确定的，在确定各段烧嘴的供热能力时考虑了一定的富余能力，便于各段炉温制度的调节。

烧嘴性能：为保证产品质量提高炉温均匀性再加热炉上采用天然气亚高速烧嘴，亚高速烧嘴在其自带的小型燃烧室内可实现约 75 % 以上完全燃烧，凭借燃烧产物的高温体积膨胀及剩余动头所积聚于燃烧腔体内的压力，加上调整烧嘴口的适当缩口，可使燃烧气流以 80m/s 甚至更高的速度喷出，而这种烧嘴的火焰长度则由于燃料已大部分预燃而相对较短且无局部高温，这就造成强对流搅拌的刚性好、动量大的高速冲击气流，结果便形成了均匀的温度场。

天然气亚高速烧嘴主要是通过提高混合气流地喷出速度而实现空气/燃料混合充分、燃烧完全，因而具有燃烧效率高，火焰分布均匀、稳定，加热速度快，调节灵活等特点。

B　再加热炉的助燃风机

再加热炉的助燃空气由一台节能型风机提供，设一台备用风机，在风机吸风口设置有消声器。在吸风口还设有调节阀，以调节空气流量和压力。

采取以下措施防止风机喘振现象的发生：一是采用风机进风口调节风压和风量的设计；二是采用热风放散措施，防止小风量情况发生。

C　再加热炉的排烟系统

再加热炉产生的烟气从靠近出料端的炉底各排烟口引出，进入炉尾各支烟道，汇集到地下总烟道后，经空气换热器、烟道闸板最后进入烟囱排入大气中。烟气是靠烟囱的自然抽力排出的。排烟系统包括空气换热器、烟道闸板和烟囱。

a　再加热炉的空气换热器

炉子燃烧所需的热风是由装在烟道内的空气换热器进行预热的。炉内烟气在再加热炉炉尾排烟口排出，经地下烟道进入空气换热器。管式预热器是一种常用的余热回收设备，广泛应用于冶金、机械、化工行业，插入件管式预热器较一般预热器具有传热效率高，体积小，气密性能好，维护方便的特点。

换热器由冷风斗、热风斗、高温及低温管组、风箱、膨胀节和法兰等组成，正常情况下换热器使用寿命为5年以上。采用以下措施对换热器进行保护：一是热风超500 ℃时自动放散；二是防止预热器高温变形和低温（结露）腐蚀的措施；三是防止高温变形，换热器高温侧前几排管子受高温烟气的辐射，温度较高，因此其受热变形较大，解决好前几排管子的热变形也是延长换热器寿命的关键。传统的换热器采用另加高温侧保护管组的办法，以经常更换保护管组达到延长寿命的目的，或可采用高温侧弯曲管子的办法来减轻热变形；四是防止低温腐蚀，在换热器低温侧，后排的管子温度一般较低，尤其在炉子负荷减少时，换热器管壁温度过低，烟气中含硫气体易结露造成管子低温硫腐蚀。传统的防止低温硫腐蚀办法是设置冷风管道旁通，以减少通过换热器的风量，提高热风温度，但冷风管道上需设置阀门，实现自动控制较难，或者因自动控制增加投资，否则就达不到有效控制的目的。本设备采用在换热器低温侧管组材料为20无缝荒管渗铝来达到防止硫酸腐蚀的目的（渗铅的荒管在低温具有抵抗SO_2和H_2S腐蚀的能力）。

b 再加热炉的烟道闸板和烟囱

再加热炉采用自然排烟。在空气换热器之后烟囱之前的烟道内装有一套无水冷烟道转动闸板，用于调节炉膛压力，烟道闸板由电动执行机构驱动并与炉压检测装置连锁。烟道闸板由支座、轴和翻板组成，翻板用耐热铸铁制成。闸板形式为蝶形中心转动轴。在车间厂房内设置一座金属结构的自然排烟烟囱。

4. 再加热炉机械设备

A 炉内装出料辊道

再加热炉炉内进料悬臂辊道由13个辊子组成。出料悬臂辊道由10个辊子组成，每个辊子都是单独驱动，变频调速，每个辊子的形状均为专门制造的V形辊，以保证荒管在辊道上运行稳定、准确。

炉内进料悬臂辊道的辊身采用高温合金钢铸造成型，固定在空芯轴的尾端；每个辊子都是轴芯单独水冷。每个辊子的圆周速度均由一台电机驱动控制，正常情况下使辊道空转以消除热应力而延长使用寿命。在运送荒管时，辊道将自动控制到规定的速度运行。

B 步进机械

炉底步进机械是用来支撑再加热炉平移框架和框架上的活动梁、立柱及炉内的荒管，并使荒管在炉内沿炉长方向作步进移动的设备。步进机械的运动包括平移运动和升降运动。

进入炉内悬臂辊道上的荒管由活动梁托起放到固定梁上的第一个齿位，通过活动梁与固定梁的相对运动一步一步向出料端输送。固定梁固定在炉底钢结构框架上，活动梁连接在炉底机械的平移框架上，它的运动是由升降框架和平移框架的联合运动来完成的。活动梁的运动轨迹为矩形，即上升—前进—下降—后退四个基本动作组成一个循环，将荒管向前输送一个步距。

步进机械采用全液压驱动。活动梁的水平运动及升降运动都是变速运动，从而实现荒管与固定梁的"软接触"，即活动梁托运荒管时"轻拿轻放"，以减小梁的震动，防止划伤荒管表面，同时也为了防止对步进机构产生冲击和震动。

根据再加热炉的特点，步进机械采用双层框架斜坡双滚轮结构。步进机械的设计必须保证最大重量的荒管满负荷布料（最大负荷）时的刚度和强度，而且要运行可靠，同时易于安装调整和检修。

再加热炉的炉底步进机械由 1 套平移框架、1 套升降框架、8 个平移滚轮、8 个升降滚轮、4 套平移定心装置（4 个平移导向轮）、4 套升降定心装置（4 个升降导向轮）、2 支平移液压缸、2 支升降液压缸、8 套升降斜轨座等设备组成。

平移框架用于支撑活动梁以及由活动梁支撑起的荒管负荷。平移框架采用型钢焊接加工而成，整个框架分成 3 片，便于制造和运输。在安装现场将分片框架用连接板通过高强螺栓及铰制孔螺栓连接，待安装调整合格后再将各连接板与框架焊死。

升降框架用于支撑平移框架以及作用在平移框架上的负荷，也用来安装平移和升降滚轮。升降框架采用型钢焊接加工而成。

平移定心装置沿再加热炉横向中心线对称布置共 4 套，用于平移框架的对中运行，保证其运动方向与再加热炉中心线始终保持平行，使平移框架运动时不偏斜，以减小荒管在炉内的跑偏量，使荒管准确地由进料辊道输送到出料辊道。该装置由导向轮及其底座和导向板组成。

升降定心装置沿再加热炉横向中心线对称布置共 4 套，其作用与平移定心装置相同，荒管在炉内的准确运行是二者共同作用的结果。该装置同样由导向轮及其底座利导向板组成，导向轮及底座由地脚螺栓固定在混凝土基础上，导向板由螺栓同定在升降框架的两侧。当升降框架运动时，导向轮在其两侧的导向板上滚动，使升降框架保持直线运动。平移导向轮和升降导向轮均为 ZG35SiMn 锻钢制造滚轮。

水平移动液压缸 2 个，其中 1 个带位移传感器，用于驱动平移框架作水平运动。平移缸位于装料端再加热炉中心线上，而轴固定在混凝土基础上，活塞杆端与平移框架铰接。当液压缸活塞杆伸缩时，驱动平移框架在水平方向上前进或后退。

升降移动液压缸 2 个，其中 1 个带位移传感器，用于驱动升降框架沿斜轨面运动。升降缸位于升降框架下部并沿加热炉中心线对称布置，而轴固定在混凝土基础上，活塞杆端与升降框架铰接。当液压缸活塞杆伸缩时，驱动升降框架沿斜轨面上升或下降。

（1）滚轮在炉宽方向沿炉子中心线对称分两列布置，分为上下两部分。共 8 个。上部滚轮即平移滚轮，安装在升降框架的两侧梁上部，用于支撑平移框架及其作用在平移框架上的所有负荷。下部滚轮即升降滚轮，安装在升降框架的两侧梁底部，用于支撑升降框架及其作用在升降框架上的所有负荷。平移滚轮是在平移缸的作用下在平移框架上滚动，使得平移框架作水平运动。升降滚轮是在升降缸的作用下在 120°倾角的斜坡轨道上滚动，使得所有框架作升降运动。平移缸和升降缸驱动上下两层框架在上下滚轮上联合运动，完成步进梁的矩形运动轨迹。平移滚轮和升降滚轮均为 ZG35SiMn 钢锻造滚轮。

（2）炉底斜轨座安装在升降框架两侧梁底部的混凝土基础上，共 8 套，沿再加热炉中心线对称布置。轨道面倾斜角为 12°。斜轨座由钢结构焊接而成，在斜面上安装有高硬度耐磨钢板制成的支撑轨道。作用是用来支撑升降框架及其作用在升降框架上的所有负荷，并使下部滚轮在其上滚动，完成升降框架的升降运动。

5. 液压及润滑系统

A 液压系统

再加热炉配置一套独立的液压系统，为炉子步进机械的升降运动和水平运动提供动力源，并满足步进梁的各种循环运动对步距、速度以及冲击负荷的要求，使其在预定的运动周期内完成各种设定的循环运动，满足工艺要求。

液压系统由以下部分组成：驱动液压缸、液压动力装置、液压控制阀台、液压中间配管。其中液压动力装置由油箱装置、油泵装置、循环冷却装置、回油过滤器、站内配管等组成。

B 润滑系统

炉区配置一套双线终端式集中润滑电动干油站，用于给步进机械滚轮、导向轮等设备的轴承和各润滑点提供润滑脂。

集中干油润滑系统由给油器、分配器、压力操纵阀、电控柜、电动加油泵等设备组成，通过管道连接到各润滑点，定时定量供给润滑脂。

集中干油润滑系统中间配管用于润滑泵站与机上配管的连接，配管由无缝荒管、软管、管件及管夹等组成。

6. 再加热炉基础自动化

A 系统概述

再加热炉基础自动化分为电控和仪控两部分。系统由可编程序控制器（PLC）、现场总线、工作站（HMI ）及通讯网络组成。PLC 用于生产过程的数据采集、逻辑和顺序控制、闭环调节控制、计算和过程 I/O 处理等。现场总线用于就地收集现场信号。工作站用于参数设定、操作和修改、报警和事故显示、过程画面显示、系统状态显示等。以太网通讯网络用于轧线控制系统 PLC 与加热线 P 比、工作站（HMI ）之间的信息传递。

B 控制功能

PLC 控制系统完成对生产过程中各种参量、数据的采集，输入输出信号的变换、处理、显示、记录、运算、连锁报警、回路控制、逻辑控制等功能。采用 HMI 显示的方式，显示各监视、控制所必需的各种操作、监视画面。操作人员通过对 HMI 上的总貌画面、流程画面、趋势记录、报警、操作等画面的观察分析，使用计算机键盘、鼠标进行操作。

再加热炉由 PLC 控制系统完成炉区机械设备的起/停控制和顺序连锁控制。加热炉区的受控设备包括：炉内装/出料辊道、装/出料炉门、步进机械、液压站、助燃风机等。在上述装、出钢过程和坯料的输送过程中，所有电控设备的运转状态、电气故障、设备故障均通过 PLC 系统进行在线监控，并以声、光报警方式提示，记录打印报警类型。P 优装置作为基础自动化系统，它具有下述控制功能：原始数据的采集和与其他相关系统间的数据通讯；荒管在炉内装料辊道上按布料要求的定位；炉内装料辊道的速度控制以及炉外入炉辊道的同步；装、出料炉门开闭及行程控制；炉内出料辊道的速度控制以及和炉外出炉辊道的同步；步进梁的行程设定和控制；步进梁正循环、逆循环、踏步、中间保持、步进等待的控制；炉内荒管位置跟踪；液压润滑站的控制；助燃风机的控制；炉区各设备间的连锁。

HMI 作为操作界面，它具有下述功能：坯料跟踪显示；设备操作与运转监控；事件记录；故障监视与报警的记录/打印；数据储存、记录、打印，包括入炉坯料数据（代码、钢种、规格）；产量记录。

C 设备动作过程描述

当荒管被运行到炉前上料辊道，在满足装炉条件时，装料炉门开启，炉内装料辊道和炉前上料辊道保持同步转动。然后在炉内装料辊道上准确定位并停在预定的位置上，炉内装料辊道停止。然后由活动梁将荒管托起移送到固定梁的预定位置上。随着步进梁的循环动作，荒管依次通过炉子的加热段、均热段，并被充分地加热到预期的出炉温度，随时等待出钢。当有出钢请求信号时，活动梁托起荒管，前进一步，并放到由低速转动到停止的炉内出料辊道上。与此同时，出料炉门开启，炉内出料辊道和炉外输送辊道同步转动，将荒管送出炉外。活动梁下降并退回到原始位。出料炉门关闭，同时炉内出炉辊道变为低速运转，等待下次动作。装/出钢过程及连锁关系，全部由 PLC 控制。

装钢控制说明：在不装钢时，炉内辊道处于低速旋转，炉门关闭；装钢开始，装料炉门开启，炉内辊道和炉外辊道将同转速运行，将荒管送入炉内。活动梁从后下位上升，托起荒管，然后前进一个步距，将荒管移送到固定梁上，同时炉内辊道变为低速运转。等待下个循环。

出钢控制说明：当炉子 PLC 收到出钢指令时，有关设备动作是出料炉门开启，炉内出料辊由低速变为停止；活动梁由下位上升托起荒管，前进一个步距后下降，将荒管放到炉内出料辊道上，并继续下降到下极限；炉内出料辊和炉外出料辊同步转动，将荒管送出炉外，同时活动梁退到后极限；当炉外的 HMD 检测到荒管的尾部时，关闭出料炉门，同时炉内心料辊脱离与炉外辊的同转速运行，转变为低速运转，等待下次出钢。

D 步进机构的控制

再加热炉步进梁机构采用全液压驱动。为了保证步进梁准确、安全、可靠的运行和实时监控步进梁工作状态，在升降和平移油缸各设置一个位移传感器。用于步进梁升降行程和水平行程的控制。

操作地点是就地操作和集中操作两种，前者是在调试或检修时用在现场通过就地操作箱操作，后者是主操作室通过操作台操作。

当再加热炉长时间等待出料时，为了不使管件弯曲及保证荒管加熟的均匀性，需采取中间保持和踏步动作。

正循环方式：步进梁从原点（后下极限）按照上升—前进—下降—后退的动作完成一个循环，从而使荒管按设定的步距逐步移向出炉侧。

逆循环方式：步进梁从前下极限按照上升—前进—下降—后退的顺序动作完成一个循环，从而使荒管按设定的步距逐步移向入炉侧。

中间保持：步进梁以操作员设定的周期由原点作一步上升—中间位置的动作，增加荒管的支撑点，防止荒管在炉内长时间加热由于重悬引起荒管变形。

踏步方式：步进梁以操作员设定的踏步周期由原点按步距前进—上升—后退—下降的

循环动作，使荒管在原齿位上做就地滚动。

为了防止步进梁运动对管件的剧烈冲击，延长机械寿命，避免荒管横向滑动，保证步进梁行程的精度，对步进梁升降及水平运动均采用加减速控制，按速度曲线控制运行，保证平稳输送管件。步进梁的控制均按电控系统 PLC 指令完成设定的运行轨迹。

E 仪表自动化控制系统

仪表检测控制系统的特点如下：

热工仪表和自动检测控制系统的装备以先进、经济、实用、可靠为原则，选择在其他类似炉子上使用具有成功经验的控制系统和检测控制仪表，以满足再加热炉的高效率、低消耗、安全、全自动的操作要求，确保生产产品的质量和技术经济指标，使自动化控制系统达到国内先进水平。

控制系统是一个集监视、操作、管理的综合性数字化系统，操作人员仅通过设在操作室内的 HMI 上的监视画面及键盘、鼠标即可进行操作、监控。必要的数据可通过 PLC 内部存储或打印机打印，保存数据。

控制系统的监控集中管理，操作容易，操作人员经简单的培训后即可掌握生产操作。处理问题快捷方便。

系统能稳定运行。安全性能高，连续长时间工作，故障少且恢复时间快。

控制系统需设置 UPS 不间断电源，工厂区域停电时 UPS 系统留有充足的时间进行故障处理，完成必要的安全工作。

再加热炉由检测仪表系统完成炉子的温度、压力、流量等工艺参数的采集、显示、记录，并将此数据输入 PLC 系统进行运算，从而完成炉子的热工检测和燃烧控制。主要检测与控制项目是Ⅰ、Ⅱ、Ⅲ、Ⅳ 的温度检测与控制；换热器前、后温度检测与控制；热风温度检测与控制；换热器保护控制；冷却水出水温度检测。炉膛压力检测与控制是热风总管压力检测；天然气总管压力检测与控制；冷却水总管压力检测；天然气总管流量检测；安全保护控制。

【思考与练习】

5-1-1 荒管再加热工艺流程是什么？

5-1-2 再加热原理与钢管在炉内升温的计算是什么？

5-1-3 再加热炉结构与特点是什么？

任务2 定 减 径

【学习目标】

一、知识目标

具备定减径工艺的基本基础知识。

二、技能目标

（1）具备定减径机机架更换操作能力。

（2）掌握生产过程中各种检测仪器、仪表的操作使用。

【工作任务】

按工艺要求进行定减径的生产操作。

【实践操作】

定减径机的调整与操作。

一、操作要点

定径工序为特殊工序，开轧前必须检查设备及在线检测仪表，并按轧制表和相关技术文件输入工艺参数，确认无误后方可进行操作。

生产过程中要注意监视掌握设备情况，观察仪器仪表及显示信号，监视钢管运行和轧制情况，发现问题及时处理。

观察上冷床钢管的直度，防止管子弯曲度过大，致使在冷床上无法滚动，影响生产。按照相关文件配置机架。

当班人员负责本班生产所需更换工具的准备工作。

工具更换前依据生产计划和相关文件，检查核对所准备的工具的准确性，换完后应再次确认。

随时监控管子长度，发现问题及时通知连轧机组。

每小时至少巡视一次定径区域设备运行情况及冷却水情况，发现问题及时处理并通知调度室。

每小时至少巡视一次大冷床钢管外表面，发现问题及时通知相关机组及调度室。

记录本班生产过程中的设备运行状况，所发生的生产事故及其处理情况。

二、更换机架前的准备工作

（1）确定定径机架；（2）按相关文件将机架摆放在小车上；（3）打开阀台的阀门连锁；（4）将链轮压入小车链条；（5）移动小车将空车停在C型座前并使两滑轨各处对齐；（6）停止要料；（7）回到手动状态并停车；（8）出口辊道切至手动；（9）关机架冷却水；（10）切换到地面操作；（11）释放夹紧装置并检查所有液压缸退回。

三、更换机架程序

（1）通过手动搬手选择，首先移动横梁并推进至机架前，放下小钩；（2）横梁将机架拉至小车中心线；（3）横梁向前伸1~3cm以放松小钩；（4）将小钩抬起；（5）横梁拉至“零”位；（6）更换机架超过7架时需通过手动搬手移动另一个横梁，方法同上；（7）清理C型座内的导向板并涂油；（8）移动带有机架的小车停在C型机座正前方将滑轨相互对正；（9）选择首先移动的横梁；（10）将机架推进到C型机座内；（11）横梁退至原始位置；（12）如果需要通过手动搬手移动另一横梁，方法同上；（13）接通机架夹紧装置并检查所有液压缸伸出。

四、开机后的清理工作

（1）将小车开至停止位；（2）释放链轮；（3）锁定阀台总阀门；（4）工具下线。

五、对更换机架操作注意事项的几点补充

（1）换辊小车移动前应确认小车周围无人，轨道上无杂物、换辊液压缸返回零位、钩子抬起，小车上机架摆在中间位置，且与横梁保持一定距离；（2）横梁如左右歪斜应及时恢复原位；（3）液压缸伸出时，横梁上小钩不要提前放下；（4）小车一定要对正。

六、荒管除鳞

（1）定径高压水压力为13～18MPa。为保证成品钢管外表面质量，正常生产必须投入高压水除鳞。开轧前应检查高压水压力及除鳞环喷嘴状况，如有堵塞及时清理。

（2）为保证整支钢管都除鳞，且避免除鳞水喷入钢管内部，除鳞开启和结束延时，根据入口辊道速度和主机速度的调整及时做相应的调整。

（3）为避免除鳞水喷入炉内，除鳞刷应根据挡水效果及时更换。

（4）荒管温度不低于800℃，即可进入定径机轧制，对有终轧温度要求的钢管品种因选择相应的工艺制度来满足要求。

七、定径前后辊道高度调整

调整原则是：钢管中心线＝轧制中心线；当荒管和成品管规格变化时，根据轧制表和辊道高度行程表进行调整，实际调整时应根据荒管和成品管的直度做适当修正，一般修正量不超过5mm。

八、定径机调整

定径机的速度调整要依据定径机的速度制度执行。定径机的速度制度由轧制表或其他相关文件提供，跟班工艺师根据生产的品种、规格，提取与之品种、规格相同或相近的轧制表提供给定径机组，或在其他相关文件中选择与之品种、规格相同或相近的定径机速度制度提供给定径机组。

在满足生产要求前提下，应选择较低转速，轧厚壁管时，转速不能太快，同时入口辊道速度应降低，减小对第一架的冲击。

九、机架配置方式

（1）定径机的机架配置方式有两种形式　前充满方式和后充满方式。前充满方式指的是变形机架集中在定径机的前部分布置，而不参与变形的机架集中在后部分。后充满方式则相反。

（2）机架分类：

工作机架是指参与钢管变形的机架，有传动轴。

传输机架只是起到传送钢管的作用，不参与变形，有传动轴，第一架需上导嘴。

导向机架不参与钢管金属变形，只起导向作用。

导管内径：194.5，248.5，305.6；辊：391，363.4，307.6，248.8。

工作机架又分为通用机架和精轧机架两种形式，前者用于同一孔型系列轧制不同规格的成品管，并完成主要的变形工作；后者仅用于轧制一种尺寸的成品管，布置在通用机架之后。

（3）机架编号。可根据机架编号布置机架，只有工作机架才有编号，其编号规则是孔型系列由两位字母表示；通用机架编号的前一位（或两位）数按顺序编排，该数表示孔型直径的大小。其编号的后两位总是零；成品（精轧）机架安装在通用机架之后，其前面一架工作机架的孔型编号的头一位（或两位）数与精轧机架孔型编号相同。精轧机架用编号后两位数字来区分，一般每套精轧机架的第一架，孔型编号最后一位数字为1，第二架为2，其次类推。

（4）机架配置原则：

1）工作机架。根据生产计划和相关文件（《轧管厂定径孔型参数表》和《轧制工艺联络卡》）配置。

2）传输机架。安排在导向机架之间的单数机架位置上。

3）导向机架。安排在工作机架之后，填充传送机架间的空位。

十、常见事故——卡管处理方法

（1）通知再加热炉及环形炉停止出料；（2）通知再加热炉辊道反转；（3）关闭轧辊冷却水；（4）选择主传动手动反转；（5）荒管全部退出轧机后通知调度室并恢复生产。

十一、质量缺陷及控制要点

（1）外径超差。钢管外经超过控制标准，超过正公差成为外经大，超过负公差成为外经小；正负公差全部超差，椭圆度过大。产生原因是定径机架加工尺寸有问题；轧辊过分磨损；终轧温度波动大；定径前台辊道高度调整不合适。处理方法是更换正确的机架，保证尺寸正确；保证加热稳定性，控制终轧温度。

（2）表面麻点（凹坑）。钢管表面呈现连续性的麻坑。产生原因是轧辊，轧槽磨损严重；轧辊冷却不好，表面发生粘钢；运送辊道表面不光洁；再加热炉内荒管高温加热时间过长，造成过热、过烧；定径高压水除鳞不正常，氧化铁皮清除不干净压入钢管表面。处理方法是更换机架或修磨轧辊表面。

（3）外结疤。钢管外表面呈规律性分布的疤痕。产生原因是定径机架辊面粘钢；轧辊表面有伤。处理方法是修磨定径后辊道；更换机架或根据实际情况加垫。

（4）青线。钢管外表面呈现对称或不对称的线型轧痕。产生原因是脱管机、定径机架孔型错位；孔型设计不合理，长轴半径过小，金属过充满；定径机架配置不合理，新旧机架搭配使用；轧辊加工不好，边部导角太小；装配不好，间隙量过大；轧低温钢；定径机主电机、叠加电机速度匹配不好。

处理方法是更换机架，避免新旧机架混用；改进孔型设计，合理分配各机架金属变型量；提高轧辊加工及装配质量；合理设定定径转速；不轧低温钢。

（5）磕瘪。钢管外表面凹陷，里面凸起，壁厚无损伤。产生原因是脱管后弯头，头部磕脱管后辊道；脱管后辊道高度不合适，尾部摔造成；定径前后辊道高度不好，咬入及抛钢时运行不稳定；大口径薄壁管尾部飞翅大。

处理方法是保证荒管在运输过程中不与辊道表面发生磕碰；调整好辊道高度；适当降低辊道速度。

（6）壁厚超差。钢管壁厚呈直线型，管体超过公差范围，多为偏薄，发生于机架较多时。产生原因是出连轧荒管在进入定径机轧制时，在外径减少时发生壁厚增厚变形，由于进入定径时钢管冷却不均匀（定径除鳞水嘴掉、除鳞环开裂），造成局部增厚较小。处理方法是更换水嘴或除鳞环。

（7）弯管。钢管在大冷床发生头部或管体弯曲。产生原因是定径机架装配不好；轧辊未推到位；壁厚偏差较大；冷却不均匀；大冷床冷热管搭界；大冷床步进梁错位。处理方法是提高机架加工装配质量；清洁滑道，保证中心线；提高壁厚均度；禁止冷热管搭界，应空出料位；处理大冷床步进梁。

（8）外表划伤。钢管外表面成直线型凹槽。产生原因是定径前后辊道转动不好；定径导管，导嘴等表面粗糙；管头弯。处理方法是保证辊道转动灵活；导管、导嘴等酶标光滑，无毛刺、凸起；保证直度。

【知识学习】

一、定径工艺与操作

（一）定径工序任务和目的

本工序的任务主要是通过一系列的操作后，除保持连轧后的钢管具有光滑的外表面光洁度和高精度的尺寸外，还要使热轧成品钢管具有优良的综合使用性能。其目的是，在一定的总减径率和较小的单机架减径率条件下来达到定径作用。另外定径工序还可以实现用一种规格管材能够生产多种成品管的任务。定径实际上是一种多机架的连轧管过程，与热连轧管的区别在于热连轧管时采用芯棒，而钢管的定径没有芯棒，是空心管材的连续轧制过程。定径生产工艺流程如图5-10所示。

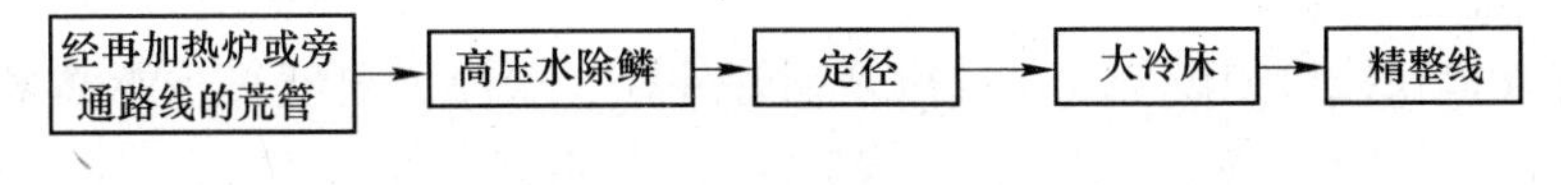

图5-10 定径机组工艺流程图

（二）定径机的特点

某公司轧管厂采用的定径机是三辊式集中差速传动的微张力定径机，轧机型号为SRW550J14M，该机组能实现微张力减径，因此定径时管壁增厚较小。集中差速传动是一种电气、机械并用的调速传动，它和直流电机单独传动相比有如下特点：

（1）速度刚性好。轧件咬入时电机虽有速降，但只影响定径机的轧制速度，而不改变机架间的速度比例。

（2）电气控制系统较简单，投资较少。

（3）结构紧凑，为缩小机架距离创造了条件。

（4）维护方便，操作简单。

集中差速传动由于具有上述优点，虽然调速范围和调速灵活性差一些，但若主传动电机采用直流电机，调速范围也较大，能够满足生产工艺的要求，因此应用很广泛。

（三）定径区域的设备及平面布置

定径区域的主要设备，如图 5-11 所示。

（1）入口辊道。高度可调，速度调整由再加热区域控制。作用是输送钢管。

（2）除鳞机。主要由除鳞箱、除鳞环组成，除鳞环上均匀布置 10 ~ 15 个喷嘴。除鳞时高压水压力 18MP，作用是除去钢管表面氧化皮。

（3）机架。按其作用不同分三种，即工作机架、传输机架和导向机架，机架外形为矩形，工作机架上装有驱动轴。机架上的 3 个轧辊互成 120°，分别安装在 3 个不可调整的轧辊轴上。机架安装在机座内，单数轴颈在下面，双数轴颈在上面，这样使相邻机架轧辊的辊缝互相交错成 90°。定径机机座上可安装至多 14 个机架，按照生产的要求确定工作机架，传输机架及导向机架的配置。传输机架的驱动轴必须在下面，导向机架无传动轴。

（4）机架夹紧装置。机架在机座上的固定是靠 14 个锁紧缸锁定的，只有在机架锁紧缸压力不低于 8×10^{6}Pa 时，才可以启动电机工作。

（5）传动设备。主电机和叠加电机通过差速齿轮箱将动力输给齿轮箱的 14 个输出轴上，输出轴又和 14 个剪针联轴器相连，然后传动力给机座上机架输入传动装置。主电机和齿轮箱之间装有一个齿轮联轴器；叠加电机和齿轮箱之间装有刹车盘和两个双颚制动器。剪针联轴器的作用是保护齿轮箱在轧制力矩超过 - 某一特定数值时（冷管），因过载而被损坏。

（6）机架拉出装置。主要由两个横梁、4 个液压缸、4 个支撑柱组成。

（7）换辊小车及其驱动装置。换辊小车由 4 个小车组成，小车驱动装置由一个液压马达组成。

（8）液压设备。机架锁紧缸；换辊液压缸；换辊小车驱动装置的链轮调整装置；液压马达；叠加电机和齿轮箱之的双颚制动器；机架冷却水的截流阀。

（9）出口辊道。高度可调。

（10）九通道在线检测设备。在线检测钢管外径、壁厚、温度等。能够采集、储存并分析测量数据。

（11）回转臂。将定径后钢管移送至冷床。

（12）冷床。步进梁式，由动梁和静梁组成。动梁由提升电机和平移电机驱动，这种冷床的特点是冷却均匀；钢管表面损伤少；具有矫直功能。

（13）润滑设备。稀油润滑系统 L5 对齿轮箱进行润滑。G8 甘油站为机座上的耐磨轴承、辊道、回转臂、冷床进行润滑。

二、减径工艺与操作

（一）减径机

减径除了有定径的作用外，还能使产品规格范围向小口径发展。减径机工作机架数较多，一般为 9 ~ 24 架。减径机就是二辊或三辊式纵轧连轧机，只是连轧的是空心管体。二辊式前后相邻机架轧辊轴线互垂90°，三辊式轧辊轴线互错60°，这样空心荒管在轧制过程中所有方向都受到径向压缩，直至达到成品要求的外径热尺寸和横断面形状。减径不仅扩大了机组生产的品种规格，增加轧制长度，而且减少前部工序要求的毛管规格数量、相应的管坯规格和工具备品等，简化生产管理；另外还会减少前部工序更换生产规格次数，提高机组的生产能力。正是因为这一点，如图5-11所示，新设计的定径机架数很多也由原来的5架变为7~14架，这在一定程度上也起到减径作用。

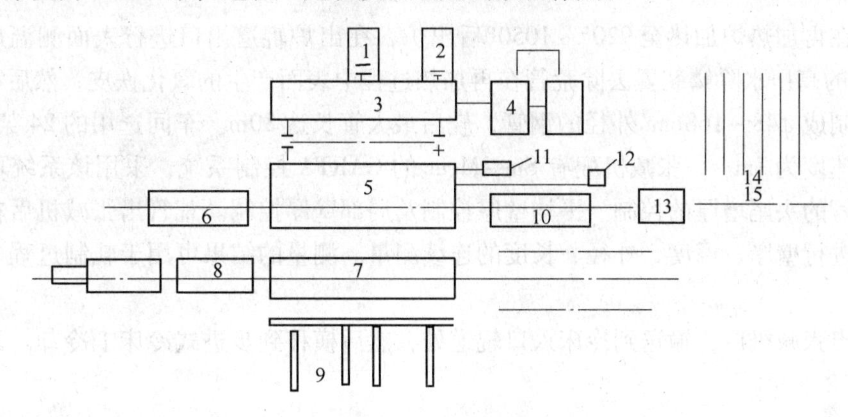

图5-11 定径机组设备组成示意图

1—主电机；2—叠加电机；3—驱动装置；4—润滑油箱；5—机座；6—除鳞水箱；7—换辊小车辊道；8—换辊小车；9—换辊小车拉出位置；10—出口辊道；11—油脂润滑；12—水截流阀；13—九通道；14—大冷床；15—回转臂

减径机有两种形式：一是微张力减径机，减径过程中壁厚增加，横截面上的壁厚均匀性恶化，所以总减径率限制在40%~50%；二是张力减径机，减径时机架间存在张力，使得缩径的同时减壁，进一步扩大生产产品的规格范围，横截面壁厚均匀性也比同样减径率下的微张力减径好。

三辊式定减径机和二辊式定减径机相比，存在以下几个方面的差异：

（1）机架间距三辊式定减径机机架间距比二辊式定减径机机小，但机械结构复杂。

（2）单机架变形量与二辊式定减径机相比，三辊式定减径机每个轧辊轧制变形量小，管端增厚长度小、切头切尾少、金属损耗少。

（3）钢管质量好。三辊式比二辊式定减径机轧辊孔型周边的速度差小，从而减少轧辊与钢管的相对滑动，轧辊较小，沿周边每个轧辊L型与钢管接触弧长较小，这使周边上所受的变形力比较均匀，金属变形时的流动趋于均匀，从而可以减少横向壁厚的不均匀程度，所以三辊式定减径机与二辊式定减径机相比，生产的钢管外径圆度较好。

（4）机架布置。三辊式定减径机轧辊交叉60°，使轧机结构简化，便于布置。

（5）张力的建立。三辊式定减径机轧辊数目多，则轧制时对钢管的拽入性能较好，可在较短的咬入钢管长度上建立足够的张力。

（6）可调整性。二辊式定减径机容易实现在线孔型尺寸的调整，以满足标准，规范对外径偏差的要求，而三辊式定减径机一般不能实现在线孔型尺寸的调整。

现在广泛采用的是三辊定减径机。

（二）张力减径机

张减的过程是一个空心体连轧的过程，除了起定径的作用外，还要求有较大的减径率，除此之外，张力减径还要求通过各机架间建立张力来实现减壁的目的。因而其工作机架数较多，一般为 12～24 架，多至 28 架，某厂二套选用的是 24 架，最大总减径率可达 72.6%。

荒管在再加热炉加热至 920°～1050°后出炉，在出炉辊道出口进行表面测温后，首先经 20MPa 的高压水除鳞装置去除荒管在再加热过程中表面产生的氧化铁皮，然后在张力减径机中轧制成 ϕ48～168mm 外径的钢管，轧后最大管长达 80m。车间选用的 24 架张减机，最大出口速度为 7m/s，张减机配有 Sms-Meer 的 CARTA 控制系统，采用该系统可以有效地进行钢管的头尾增厚的控制、平均壁厚控制及局部壁厚控制。荒管出张减机后在去冷床的辊道上进行壁厚、温度、外径、长度的连续测量。测量的结果可用于轧制过程中的闭环控制。

钢管出张减机后，输送到冷床入口辊道处，然后横移到步进式冷床上冷却。其过程示意如图 5-12 所示。

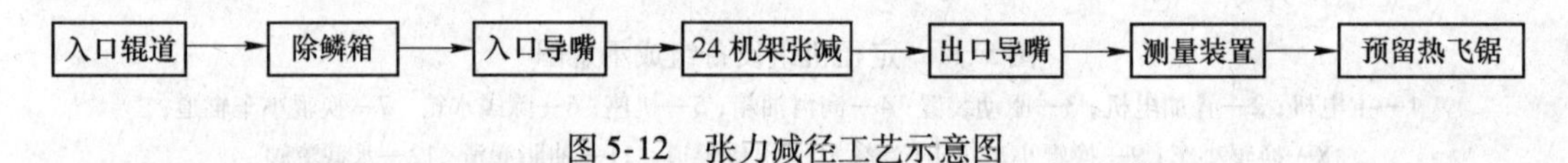

图 5-12　张力减径工艺示意图

张减段主要设备有：

（1）入口导嘴。内径 190mm（对应 175mm 荒管规格）。

（2）张减辊。两种形式，三辊在打开到圆时，辊缝分别为 0.6mm（用于精轧机架加工）和 3.4mm（用于工作机架加工）。

（3）导向管。分单向、二位、三位导管。

（4）导向辊。根据轧制规格的不同有 9 种规格。

（5）张减后飞锯。预留切尾、分段。

（6）测量装置（用于现场工艺控制的参考及闭环控制）。张减机的轧制功率，轧制力，轧制速度；出口钢管温度测量；超声波热态壁厚测量；钢管长度测量；钢管直径测量。

（7）齿轮箱（3 个减速箱体分别减速传动各机架轧辊）。机架 1 号～8 号所使用的减速齿轮和行星齿轮单元；机架 9 号～14 号所使用的减速齿轮和行星齿轮单元；机架 15 号～24 号所使用的减速齿轮和行星齿轮单元。

（8）可容纳 24 架轧机的焊接机座。

（9）齿轮机座。

（10）电机连接轴、轧辊传动轴。

（11）驱动电机机座。

（12）油润滑系统。

（13）张减机架，轧机由已装配好的 24 架三辊机架组成。

（三）张减中易出现的缺陷

（1）结疤。其原因是出再加热炉时，氧化铁皮黏结在硬杂质残留在管面上，在张减机中压入表层而引起（加强除鳞效果）。

（2）麻面。主要由轧辊孔型磨损引起，轻者通过修磨孔型来解决，严重要换辊。

（3）轧折。主要是单机压下率过大，辊缝设置不正确，还与孔型的正负宽展，速度制度不匹配有关。

（4）直径超差。由孔型设计不当、孔型磨损或轧机调整不正确所引起。这时一般精轧机架要更换，如果是可调机架，则可以进行微调。注意在微调中会引起一定的椭圆度的增加，所以要根据成品的公差范围和一定的椭圆偏信值来合理选定调整，如果不行，则应更换机架。

（5）壁厚偏差。主要由来料尺寸波动和各机架张力系数设置不当引起。主要措施是严格控制来料尺寸波动，并根据壁厚超差设置相应的速度制度。

（6）内六方缺陷。当在张减机中轧制总减径量较大的厚壁管时，内部形状可能会出现六角形，通常将这种轧制缺陷称作内六方缺陷，这种轧制缺陷是由轧制中实际情况决定的。

机理：在实际轧制中，沿管圆周截面压下量不同，造成张力不同，而形成的不均匀壁厚造成的。通常孔型底部压下量大，大部分接触区处在前滑区，形成的张力较大，管壁容易拉薄。在前后机架成60度布置的孔型中，有六个点被反复地加工，增厚减薄，最后总体趋势仍然是减薄，而在孔型底部顶点左右30度处，相对孔型底部金属来说形成一段内六角增厚段，这就形成了内六方缺陷。

方案：通常这种缺陷是可以通过合适的孔型来消除的，其实质就是建立在沿管周方向建立合适的张力条件，通过改善轧辊接触轧件的长度来改善张力条件，保证管周有均匀张力。如ϕ84mm的管，若采用1.07椭圆系数，接触长度为25mm，若采用1.02的孔型，将会达到33.5mm，减小接触长度就能显著减小孔型底部张力，有效防止壁厚拉薄。不过这种改变不是几个机架就能做到的，有时甚至需要10多个机架来实现。

（7）青线。这是在轧制中辊缝处形成的一种纵向的轧制痕迹，俗称青线。

机理：由于减径率太大，从而在辊缝处形成青线。一般在前一机架轧制时辊缝处形成的小凸痕可以在下机架轧制时轧入轧件内，但会加大下一机架的轧件宽展量，如果连续几个机架都出现这种情况，很容易出现过充满，这时除了表面青线存在外，还可能出现轧件内部轧折。一般在孔型中可以通过合适的宽展有效改善。

方案是选择椭圆孔型用负宽展轧制，尽可能用小的单机架减径率分配方案（具体根据提供的孔型特点选择）

（四）产品尺寸规格公差要求

（1）外径公差：±0.3mm（$OD<\phi100$mm）；±0.3%（$OD\geqslant\phi100$mm）。

（2）壁厚公差（公差检查按2σ统计法）：

$s<5$mm，±6.5%；5mm$\leqslant s<7$mm，±6.0%；7mm$\leqslant s<10$mm，±5.0%；

10mm$\leqslant s<13$mm，±4.0%；$s\geqslant13$ mm，±3.5%。

【思考与练习】

5-2-1　定减径工艺流程是什么？

5-2-2　定减径常见的产品缺陷及处理方法是什么？

材料成型与控制技术专业

《钢管生产》学习工作单

班级：　　　　小组编号：　　　　日期：　　　　编号：

组员姓名：

实训任务：定减径工艺流程制定、技术规程训练、操作规程训练和产品质量缺陷分析
相信你：在认真填写完这张实训工单后，你会对定减径工艺有进一步的认识，能够站在班组长或工段长的角度完成技术规程、操作规程编制和产品缺陷分析的任务。
一、基本技能训练： 实训任务：根据观看的录像、动画、技术资料分别给出定减径的工艺流程。 1. 定径的工艺流程：   2. 减径（张力减径）的工艺流程：
二、基本知识： 1. 产品尺寸规格公差要求？ 2. 减径率的分配？ 3. 入口荒管参数？ 4. 出口钢管参数？ 5. 定径前后辊道高度的调整原则？

三、技能训练：

1. 请编制定径工艺的简明技术规程。

2. 定减径的简要操作规程的编制。

四、综合技能训练：

请根据所给出的产品质量缺陷图片进行判别、分析并给出其处理措施。

1. 磕瘪：____________________

   控制措施：____________________

2. 青线：____________________

   控制措施：____________________

3. 轧折：____________________

   控制措施：____________________

4. 外结疤：____________________

   控制措施：____________________

5. 壁厚超差：____________________

   控制措施：____________________

教师评语	

成绩根据课程考核标准给出：

定减径常见的质量缺陷，如图 5-13 所示。

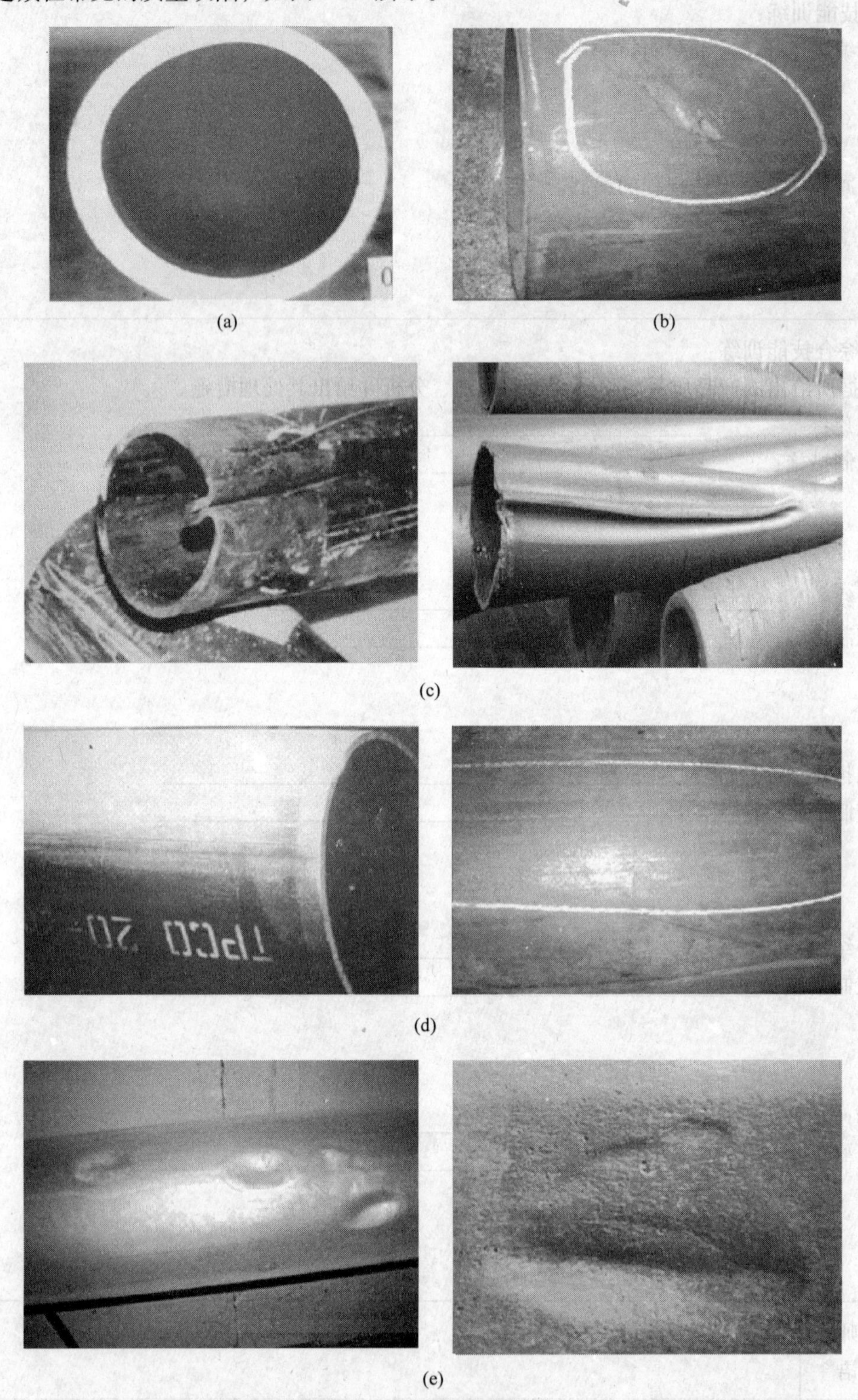

图 5-13　常见的质量缺陷

学习情境6　钢管精整

任务1　冷却、锯切

【学习目标】

一、知识目标

（1）具备钢管冷却、锯切工艺规程基础知识。

（2）钢管检验内容及方法。

二、技能目标

（1）能准确编制和合理选择钢管冷却、精整工艺规程。

（2）典型故障分析及排除。

【工作任务】

（1）按工艺要求进行冷却、锯切的操作。

（2）矫直、检测基本操作。

【实践操作】

一、管排锯的切割过程及工艺控制要点

（1）管排锯的切割过程。管排在挡板处撞齐后（切头、切尾、定尺），挡板离线。

（2）气动对中装置动作，将管排固定在管排辊道正中。

（3）锯屑板下降，锯主机前后升降辊道下降到低位。

（4）垂直夹紧预夹紧。

（5）水平夹具夹紧，达到设定压力要求。

（6）垂直夹紧二次夹紧，达到设定压力要求。

（7）锯片快速进给至转换点后，转换成设定的工作进给速度。

（8）锯片对管排进行切割，到达锯片行程设定点后，管排被完全切断。

（9）出口夹具工位扩张打开，锯片主轴向外伸出，锯片减震器打开。

（10）锯片快速返回到位。

（11）锯片主轴返回。

（12）水平夹具打开后垂直夹具打开。

（13）夹具工位扩张返回。

（14）锯屑板及锯主机前后升降辊道返回到高位。

二、管排锯工艺控制要点

（1）钢管切割温度。定径后，钢管经过冷床冷却，一些壁厚较厚及生产节奏较快的钢管，在到达冷床末端时，管体温度仍在 80℃以上（尤其是夏季），这时，钢管就必须进行水冷，以便于进行锯切。

（2）钢管的成排收集。因管排辊道的宽度及锯机水平夹具宽度（最大 1100mm）原因，收集后的管排宽度不应超过 1050mm（KSA1600L 的圆盘锯机管排最大宽度不能超过 1000mm），每排管最大支数见表 6-1。否则，钢管最大宽度超过标准，一是管排运行时会撞坏锯机夹具，二是管排在辊道上不能正常运行。

表 6-1　每排管最大支数

外径/mm	≤120	≤140	≤195	≤250	≤300	≤344.1
支数	7	6	5	4	3	2

三、锯切参数的设定

根据被切钢管的规格、材质设定相应的锯切参数。锯切参数主要包括锯片速度（锯片线速度）、锯片单齿切屑量、锯片齿数还包括锯机夹具压力。具体参数设定见表 6-2。

表 6-2　锯切参数设定

钢管壁厚 S/mm	锯切线速度/m · min^{-1}	锯片进给速度/mm · min^{-1}
$S<10$	≤130	≤600
$10 \leqslant S \leqslant 16$	≤115	≤500
$16<S$	≤105	≤400

表 6-2 中锯片进给速度为调整锯片速度和锯片单齿切屑量后所生成的数值。根据生产钢管品种情况，锯切速度和进给速度按公式计算。

四、夹具压力的调整

为防止钢管切割后，由于锯机夹具压力过大，造成管端椭圆度超标，可根据被切钢管的径壁比和材质，选择夹具压力。夹具压力分 $P1$、$P2$、$P3$（夹具夹紧时的压力）和保压（二次夹紧后切割时的压力）。一般压力调整为：$P1$ 约为（30 ~ 35）$\times 10^5$Pa，$P2$ 约为（45 ~ 50）$\times 10^5$Pa，$P3$ 约为（65 ~ 70）$\times 10^5$Pa。保压调整为（25 ~ 30）$\times 10^5$Pa。径壁比大于 30 的选择 $P1$ 压力，径壁比为 22 ~ 30 的选择 $P2$ 压力，径壁比 22 以下的选择 $P3$ 压力。

五、切头尾长度调整

根据钢管壁厚的情况，选择钢管的切头尾长度，以保证切后管端壁厚在标准范围内，并保证钢管头尾切割长度最短。此项工作可在操作台的上位机上实现。切头尾长度设定范围必须在 200 ~ 1200mm 之间。

六、定尺长度的调整

根据生产合同计划，调整钢管切割定尺长度。使切后定尺长度满足合同要求。并使钢管定尺长度在规定范围内得以优化切割。定尺长度要求范围在500mm以外的，锯机可采用主动切尾方式，即最后一倍尺长度差与来料长度差相同（都在定尺长度规定范围内），定尺长度要求在500mm以内的，可采用被动切尾方式，即所有倍尺长度均相同。钢管定尺长度的调整及倍尺数，由位于操作台上的上位机来实现。

七、管端质量的控制

切后钢管断面平面度、切斜度及几何尺寸要在控制标准范围内。

八、常见切割缺陷的处理方法

（1）定尺长度超标。原因是定尺长度实际数值与OIS显示数值不符；定尺锁紧装置失灵，钢管在撞齐时，定尺挡板后移；来料钢管长度差超标。处理方法是调整U31编码器，使定尺长度实际数值与OIS显示数值相符；检查锁紧装置，调整传感元件位置，使定尺装置正常锁紧；调整定尺长度在标准范围内，采取被动切尾方式。

（2）锯口断面出现凸棱。原因是锯片有打齿现象或端跳变大；锯片齿宽差超标；锯片稳定器调整不适当与锯片间隙过大或过小；锯切参数设定不合理。处理方法是更换锯片；调整稳定器与锯片间隙在0.1mm左右；适当改锯切参数。

（3）锯口断面切斜。原因是锯片端跳过大；锯片切割面积过大，锯齿变钝。处理方法是换锯片；调整稳定器与锯片间隙在0.1mm左右；更改锯机切割参数。

（4）锯口椭圆度超标。原因是锯机夹具压力过大。处理方法是根据被切钢管材质和径壁比，采取相应的压力值。

（5）锯口断面粘有长条锯屑。原因是锯片进给行程不够；锯片锯齿变钝。处理是调整锯切行程；更换锯片。

【知识学习】

一、精整工艺流程

精整工艺流程如图6-1所示。

二、冷却

钢管经定径过后，将通过辊道运送到预精整区，精整线的首道工序就是冷却，冷却在冷床上进行。冷床的形式有链式冷床、齿条式冷床、螺旋式冷床、步进式冷床。以步进式冷床为例，这种冷床的特点：(1）冷却均匀；(2）钢管表面的损伤少；(3）管子可在同一齿内旋转，以获得最大的直线度。

步进冷床的长度为58m，宽度34m，床面倾斜向下，倾角为2.78°。冷床沿宽度方向分四部分，每一部分各有一套提升和平移装置。冷床的末端设有水冷装置，以冷却厚壁管，冷却后管子的温度低于80℃。

（一）冷床结构组成

（1）回转臂移送机。从定径机出来的管子通过辊道运送到冷床前端，再通过回转臂移

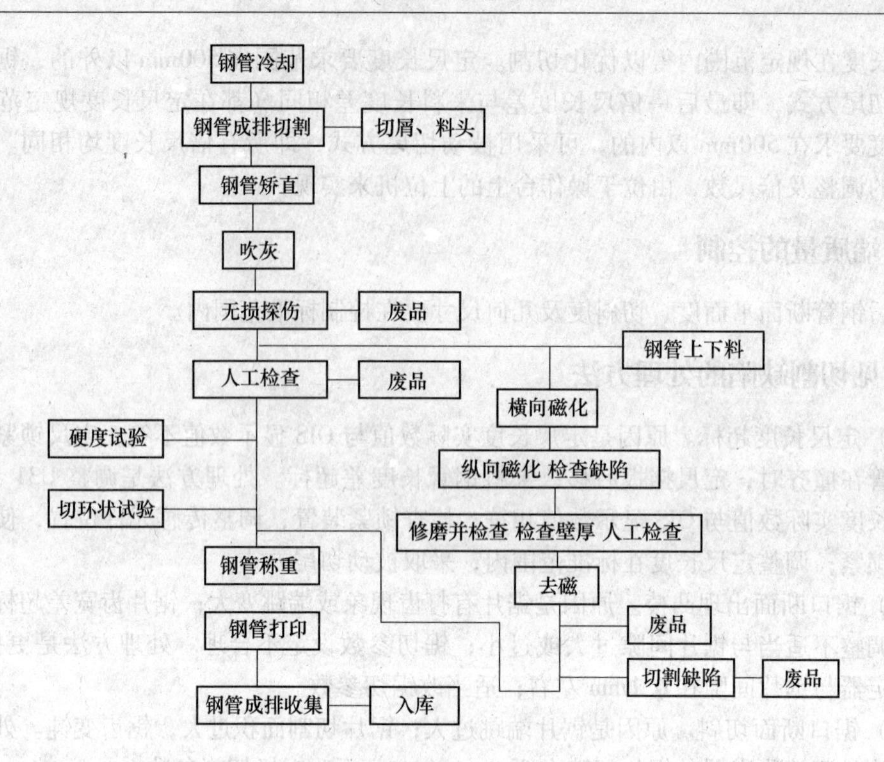

图6-1　精整工艺流程

钢机将管子送到冷床上冷却。

(2) 床身。冷床床身包括一个焊接钢结构的运动框架、一个焊接钢结构的固定框架、活动梁的提升、移送装置。运动框架、固定框架分别固定有齿条。步进梁的提升和平移过程，如图6-2所示。

当升降驱动电机驱动偏心轴转动时，通过连杆和拉杆使步进框架上、下运动，从而带动步进梁运动。因为偏心轴带动的摆杆和活动框架是滚动接触，这样就可以保证活动梁在提升驱动过程中只有升降运动，而无平移运动。同样当横移驱动电机驱动偏心轴转动时，通过连杆使摆动机构使运动框架水平移动。

钢管在步进梁的齿条和固定梁的齿条上通过对电气设备的控制将有两种动作方式，如图6-3所示。

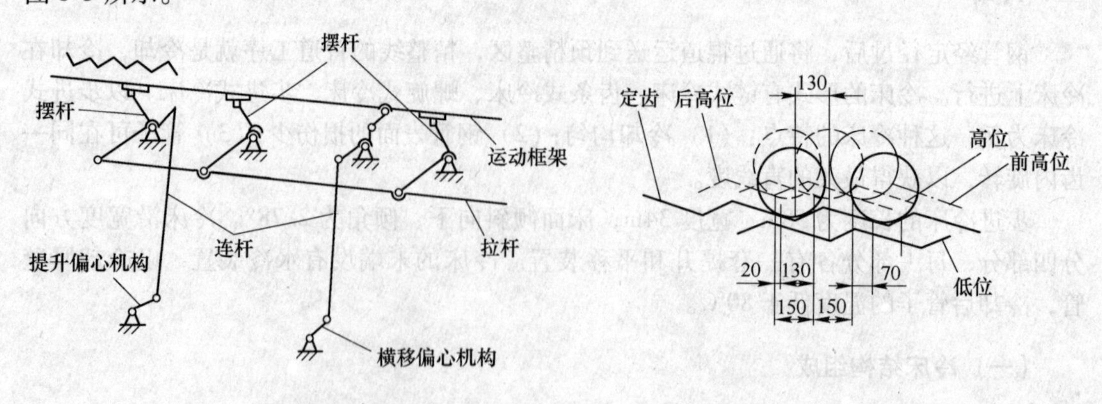

图6-2　冷床结构示意图　　　　图6-3　钢管提升移送图

为了说明钢管的运动情况，现将两种情况分解如下：

钢管分步前送时，如图6-4所示。在一个周期内管子前移距离为四个步骤位移之和，为130+150+70+0=350mm，等于一个齿形长。

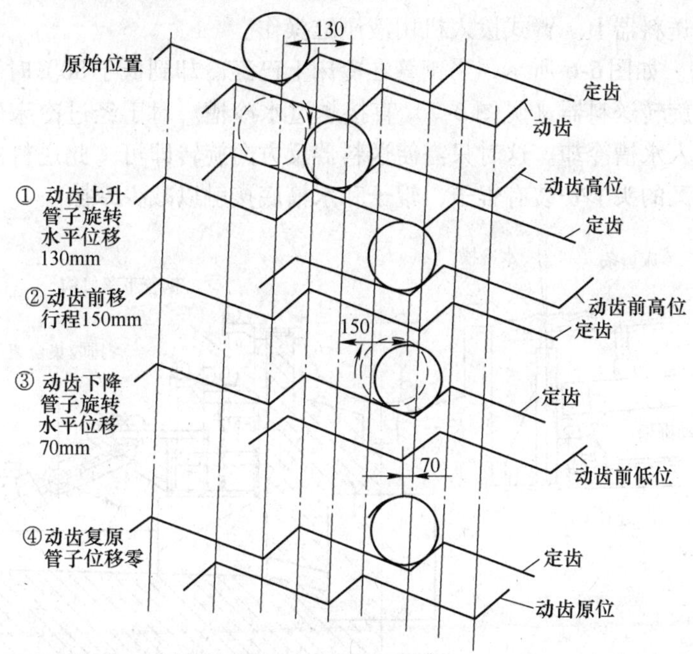

图6-4　钢管步进动作图

钢管在同一个齿形内动作，如图6-5所示。在一个周期内管子前移距离为四个步骤位移之和，等于130+(−150)+20+0=0。

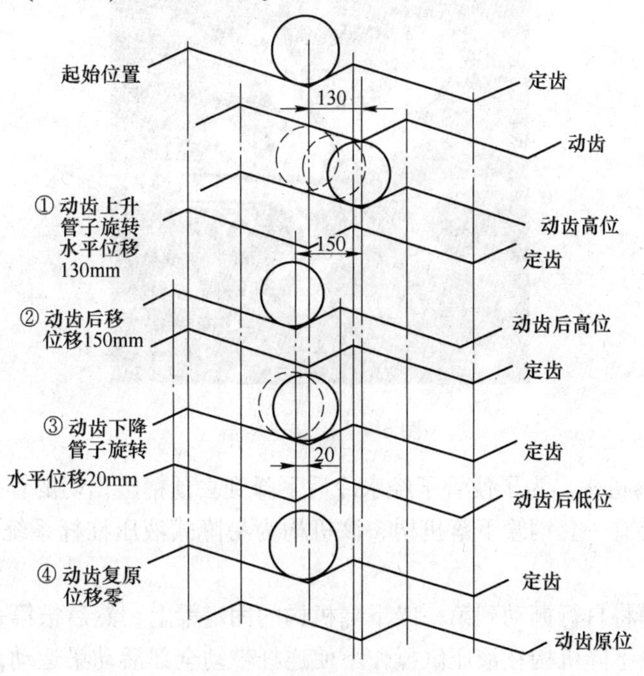

图6-5　钢管原地动作图

从上面的图上可以知道，不论采用哪一种工艺方法，管子在冷床上将不断地旋转。以获得良好的矫直度。

（3）臂式拨入机。钢管经过冷却后，在冷床的末端斜蓖条上将通过两台臂式拨入机送到水冷槽的旋转送料器上。臂式拨入机用液压缸操作。

（4）水冷槽。如图6-6所示，当钢管在冷床上已经冷却到低于80℃时，就无需进行水冷，这时钢管经旋转送料器（见图6-7）直接越过水冷槽。对于经过冷床后未降到所需温度的钢管，将进入水槽冷却。这时只需使送料器反方向旋转即可。此送料器可以两个方向旋转。送料器拨叉的头上安装有辊子，辊子和水槽底接触以减少摩擦。

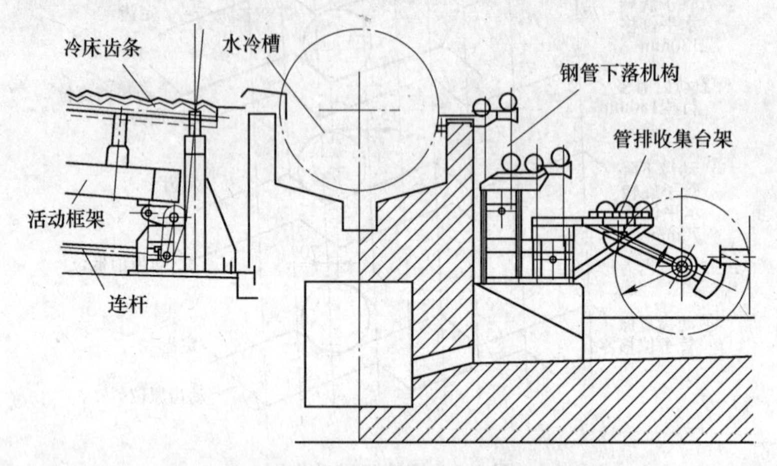

图6-6　冷床后钢管水冷和下落机构

图6-7　旋转送料器

（5）钢管下落机构。为了使管子经水冷后下降到去预精整锯切的管排收集台架上，在水冷槽的后面安装有一套钢管下落机构，该机构为易降式液压杠杆系统，其结构如图6-8所示。

钢管离开水槽将自行挪动到第一级下降机构的固定梁上，然后被第一级下降机构的活动梁接收，第一级下降机构在液压缸操作下使连杆带动全部活动梁运动，将钢管送到第二级下降机构的固定梁上，然后通过同样的动作方式将钢管送至管排收集台架上。钢管被第

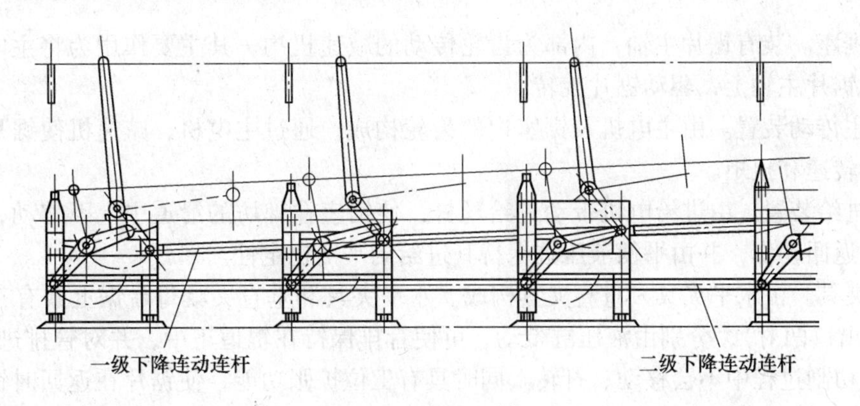

图6-8 钢管下落机构

一级下降机构送到第二级下降机构的固定梁的过程中，由于钢管在长度方向上下降的高度不同，因而使钢管倾斜，使管中残留的水排出。但通过第二级下降机构送至收集台架时，由结构决定使钢管下降高度在长度方向恢复了平衡。这样钢管就可以很稳定地进入精整锯切区域。

（二）冷床的技术性能

冷床形式为步进梁式，长度为58m，宽度为34m；齿数为164个；齿距为350mm；冷床倾角为2.77°；步进周期为20s/支；生产能力为120支/h，最大为130支/h。步进梁间距分三段：第一段（长5m）为500mm；第二段（长21m）为1000mm；第三段（长32m）为2000mm。起始2m齿条梁用铸铁板；步进梁传动为电气——机械传动；管子出料用易降式杠杆系统；步进周期约15s；提升电机为4台100kW、1100rpm直流电机；平移电机为4台22kW 、1600r/min直流电机。

三、锯切

精整锯切机组主要由四台管排锯及其辅助设备组成。目的是将定径后经过冷床冷却的钢管进行切头尾、分段，使切后钢管的定尺长度、管端质量符合相关要求。精整管排锯可切割钢管规格为：外径ϕ114.3～340mm；壁厚4.5～40mm。

锯切机组主要由冷床及下料装置、主机和辅助设备构成。

（1）冷床。为步进式，有冷却均匀、钢管表面损伤小，同时起到钢管矫直的目的。冷床末端设有水冷槽，当钢管温度高时，可进入水冷槽中进行冷却。

（2）下料装置。为了使冷床末端的钢管下降到管排收集台架上，在冷床末端安装有下料接料叉，其向两个方向倾斜。一是可以将钢管顺利地从接料台架上滚到接料叉上，二是将钢管倾斜，把水冷后钢管内的水倾倒干净。通过两级接料叉将钢管放到管排收集台架上。

主要参数：拨叉间距为3m；拨叉数为11个；下落高度为2m。

（3）主机。包括锯牌坊、锯座、主传动装置、进给装置、夹具、锯片减震装置、锯片冷却装置、锯片清屑装置等。

1）锯牌坊。为支撑锯座的重要部分、框架结构。底部与基础固定，中间由铜板作为锯座的滑道。锯座在锯牌坊中间进行上下滑动。

2）锯座。装有锯片主轴，内部为齿轮传动的减速机构，其主要作用为将主电机的动力传递到锯片主轴上，驱动锯片旋转。

3）主传动装置。由主电机及锯座内的齿轮构成，通过主电机、减速机使锯片主轴达到一定的转速和扭矩。

4）进给装置。由进给电机带动进给丝杆，使锯座在牌坊的滑道中上下移动，完成锯机进给及返回动作，并由平衡液压缸保持其进给的平衡稳定性。

5）夹具。由水平夹具、垂直夹具构成。水平夹具和垂直夹具每台锯上共有三对（入口一对，出口两对），分别由液压缸带动，可使管排保持在辊道正中，并对管排进行夹紧，使管排在切割过程中不会移动、打转。同时具有工位扩张功能，使锯片在返回时锯齿不会与钢管端面接触以保护锯齿及钢管端面的质量。

6）锯片减震装置。在锯座左右两侧各安装一套减震装置。主要由铜导板，位置调整装置及液压缸组成。铜导板内侧有许多小孔，通有高压风，液压装置使铜导板在锯机进给过程中靠近锯片（约0.05mm）使内外铜导板与锯片之间形成一个气垫，以达到锯片减震的目的。锯机返回时，液压装置使铜导板与锯片分离。

7）锯片冷却装置。由一个叉型的风管组成，叉内侧开有很多小孔，高压风从中吹出，对锯片进行冷却，冷却空气温度可达 -10℃。

8）锯片清屑装置。由电机带动金属传送带，将切割后的锯屑运出。

（4）辅助装置。包括管排辊道、气动对中装置、切头尾小车及挡板、定尺装置、回转臂、缓冲台架等。

1）管排辊道。由上百个辊道组成，辊道较宽，分别由电机带动，以实现管排的运输。

2）气动对中装置。锯机前后设有管排对中装置，由气动缸带动一对夹子，将管排固定在辊道的正中间，便于切割且可提高锯口端面质量。

3）切头小车及挡板。在管排锯出口处设有切头小车，由电机带动，齿轮传动使切头小车在齿条上行走，小车下装有升降挡板，使挡板可以在线、离线。小车行走约1000mm，即可使切头长度在200～1200mm内调整，由U31编码器向上位机传递小车位置。

4）切尾小车及挡板。在管排锯入口处设有切尾小车，由电机带动，齿轮传动使切头小车在齿条上行走，小车下装有升降挡板，使挡板可以在线、离线。小车行走约1000mm，即可使切尾长度在200～1200mm内调整。为了达到管头下料目的，在切尾挡板上装有推料液压缸。由U31编码器向上位机传递小车位置。

5）定尺装置。在管排锯后都装有定尺装置，其由液压缸带动升降挡板在线、离线。由另一个液压缸对定尺挡板位置进行锁定。由电机带动钢丝绳拖动定尺挡板进行位置调整，挡板位置由U31编码器向上位机上传递。定尺挡板的调整范围为9m，即可把定尺长度控制在6～15m的长度范围。定尺精度调整分精调和粗调两种。钢管主动切尾时实现粗调，精度为100mm，钢管被动切尾时实现精调，精度为1mm。

6）回转臂。由托盘及配重组成臂体，一根轴可连接多个臂体，达到横移管排的目的。精整锯切区域共有8个回转臂。

7）缓冲台架。由钢轨及链子组成，链子由链轮传动，达到横移钢管及缓冲的目的。

8）圆盘锯机主要参数（WVC 1600R）。锯片直径为1600mm；盘体厚为9mm（硬质合金锯片）；水平夹具开口度为100～1100mm；垂直夹具开口度为70～380mm；锯机进给行程为580mm；最大管排宽度为1050mm；锯片速度为11～150m/min；锯片进给速度为50～1000mm/min；水平夹具压力为0.5～7MPa；水平夹具夹紧力为6300～85000N；垂直夹具压力为1～7MPa；垂直夹具夹紧力为3500～27500N；锯片驱动电机为130kW、1500r/min；锯片进给电机为12kW、1468r/min；液压泵电机为18.5kW、1500r/min；冷却空气压力为0.6MPa。

9）圆盘锯机（KSA1600L）。锯片直径为1600mm；厚为8.1mm；水平夹具开口宽为110～1050mm；垂直夹具开口高为110～420mm；锯片速度最大为250m/min；锯片送进速度为10～1500mm/min；快速返回速度为7000mm/min；夹具压力最大为100bar（10^4kPa）；最大管排宽度为1000mm。所有设备的动作，都可由操作台上控制面板上的操作按钮实现。操作面板可实现钢管锯切全过程自动控制（自动）、部分设备的自动控制（半自动）、单体设备的动作控制（手动）。

【思考与练习】

6-1-1　冷却的工艺和设备的基本操作有哪些？
6-1-2　锯切的工艺和设备的基本操作有哪些？

任务2　矫直、检测

【学习目标】

一、知识目标

（1）具备钢材精整（矫直、检测）工艺规程基础知识。

（2）了解各精整设备工作原理。

二、技能目标

（1）掌握基本精整设备操作。

（2）掌握生产过程中各种检测仪器、仪表操作使用及数据分析。

【工作任务】

（1）按工艺要求进行管坯矫直的操作。

（2）按工艺要求进行管坯检测的操作。

【实践操作】

一、矫直机的矫直过程及工艺控制要点

（一）钢管的矫直过程

（1）钢管由上游辊道进入矫直机入口辊道。

（2）当钢管头部被入口辊道中间位置传感元件感应到时，辊道减速。

（3）当钢管头部被入口辊道末端位置传感元件感应到时，入口辊道第一段下落，入口快开缸闭合延时开始计时。

（4）管头进入入口矫直辊中间位置时，入口快开缸闭合，钢管被咬入，同时入口第二段辊道下落。

（5）通过快开缸延时的设定，管头进入中间辊和出口辊中间位置时，中间辊、出口辊快开缸相继闭合，钢管进入矫直过程。

（6）当管尾离开入口辊道中间位置传感元件时，入口辊道第一段上升。

（7）当管尾离开入口辊道末端位置传感元件时，入口辊道第二段上升，同时通过快开缸延时的设定，管尾到达入口辊、中间辊和出口辊中间位置时，入口辊、中间辊、出口辊快开缸相继打开。

（8）出口辊道上升，钢管被运送到出口辊道末端挡板处。

（9）出口辊道下降，通道侧门打开，钢管靠重力滚到L型接料钩上。

（10）接料钩下落，钢管滚到吹灰台架上，对钢管内表面氧化铁皮进行吹扫。

（二）工艺控制要点

（1）辊间距调整。辊间距＝钢管外径－压下量；压下量＝钢管外径×压下率

压下率根据表6-3选择。

表6-3　压下率

壁厚/mm 压下率/% 孔型	$S<6$	$6\leqslant S<8$	$8\leqslant S<10$	$10\leqslant S<12$	$12\leqslant S<15$	$15\leqslant S<20$	$S\geqslant 20$
ϕ181	<2.5	<2.1	<1.7	<1.4	<1.1	<0.8	<0.6
ϕ235、247	<3.0	<2.5	<2.0	<1.6	<1.2	<0.9	<0.7
ϕ291、310	<3.5	<3.0	<2.5	<2.0	<1.6	<1.0	<0.8

注：1. 此表为钢管允许最大压下率；2. 调整参数可根据钢管规格、材质在此范围内选择。

（2）挠度调整：根据被矫钢管屈服强度及弯曲度按表6-4选择。

（3）角度调整：以满足钢管和矫直辊接触线长度大于辊身长度的3/4以上为准。

表6-4　挠度　　（mm）

屈服强度 挠度 壁厚 S	<300	300～400	400～500	500～600	600～700	≥700
$S<16$	<4.5	<5	<7	<9	<13	<16
$S\geqslant 16$	<4	<4.5	<6	<8	<11	<14

注：此表为钢管允许最大挠度值。

（4）速度设定见表6-5。

（5）快开缸闭合、打开延时调整。通过调整快开缸闭合延时，既可保证管头不被矫直辊碰伤，又能够使管头弯曲得到最大限度的矫直。通过调整快开缸打开延时，可有效保证管尾不被矫直辊碰伤。

二、常见矫直缺陷的处理方法

（1）矫后钢管管体直度达不到要求。原因是挠度值太大或太小；压下量太小。处理方

法是根据钢管规格、材质及来料弯曲度，选择正确的压下量和挠度值；矫后钢管弯曲度大于来料弯曲度说明挠度值过大，如矫后弯曲度小于来料弯曲度（直度未达标）说明挠度值过小。见表6-5。

表6-5　挠度值

钢管壁厚 S/mm	主电机转速/r · min^{-1}	入口、出口辊道速度/m · s^{-1}
$S<10$	≤1200	≤1.8
$10\leqslant S\leqslant 16$	≤1050	≤1.7
$16<S$	≤900	≤1.6

注：按上表根据钢管不同规格选择主电机及入口、出口辊道速度。

（2）矫后管头弯曲度超标，管体不超标。原因是压下量不够；出口辊闭合较慢。处理方法是调整合适的压下量；调整出口辊闭合延时，减少矫直盲区。

（3）管头压扁。原因是矫直辊闭合过早，对管头产生碰伤；压下量过大。处理方法是调整矫直辊闭合延时；减少矫直辊压下量。

（4）管尾碰伤。原因是挠度值过大；入口上辊角度过小；调整中间辊打开延时。处理方法是降低挠度值。如来料弯曲较大，适当增加出口辊和中间辊压下量；适当增加入口上辊角度。

（5）管体矫痕。原因是矫直辊角度过小或过大；矫直辊没有压下量。处理方法是适当调整矫直辊角度（找出产生矫痕的矫直辊）；适当调整矫直辊压下量。

（6）管体划伤。原因是入口、出口巷道因残存锯屑；管端毛刺对巷道内衬板造成损伤，引起管体被划伤。处理方法是巷道内残存锯屑进行清理，对划伤的衬板进行修磨；及时更换锯片，减少管端毛刺。

（7）出口巷道衬板接口造成对管头的碰伤。原因是衬板接口错位，钢管在出口巷道内晃动，造成对管头的碰伤。处理方法是对出口巷道内衬板进行修磨整理；调整矫直参数（如增加挠度值、增加出口压下量等），减少钢管的晃动。

（8）管体表面被压伤。原因是出口通道侧门打开后，由于L型接料勾，传感元件问题，导致两支钢管在其上，通道侧门闭合后，压在第二支钢管上，造成管体被压伤。处理方法是调整由于L型接料勾传感元件的位置和灵敏性。

三、漏磁探伤设备的调整

（1）探伤所需样管。校验（或标定）探伤设备所用样管根据API或相关标准制作，样管上的人工刻槽缺陷基本可以有三种：N5、N10、N12.5。其中数值代表公称壁厚的百分比，比如N5代表公称壁厚的5%。数值越小即探伤标准越严格。除了按照API标准规定对不同的管材进行探伤外，通常根据用户要求选用样管的标准。

探伤操作人员应精心使用样管，保证样管的使用寿命。操作人员一旦发现样管有异常情况应立即通知有关人员及时补充避免影响正常生产。

（2）设备参数（系统参数）的调整原则。

校准定义：探伤设备在检测钢管产品之前，必须进行校准。校准是标准化的一个准备步骤，它是把检验系统的所有通道予以调整使能对一有机加工刻痕的参考标准（样管）产生等幅的信号。对钢管产品的正确检验，校准是最重要的步骤。

标准化（系统灵敏度）定义：标准化是对已校准的系统的总的灵敏度的调整，使系统能检测在钢管产品中的自然缺陷并按照API（美国石油学会）（或其他）的规定将它们分等。

参考标准（样管）定义：用于校准的参考标准为样品长度（从要检验的钢管产品上截下），具有切入表面的精确的机加工刻痕。参考标准应从可供应的最高质量的钢管产品中选择，笔直而且没有缺陷。应为每一种钢管产品的外径、壁厚和等级加工一个参考标准。

机加工的刻痕定义：机加工的刻痕是用车床精确地割入参考标准（样管）的壁厚的模拟缺陷。切割的深度在尺寸上制定到一个按钢管产品检验标准预先决定的管壁厚度的百分数。它们为产生用于校准电子装置到预定检测电平的信号提供了已知的输入。

系统调整：用于对机加工刻痕的校准。系统从参考标准（样管）得到的校准响应取决于线圈增益、频带增益、磁化电流电平（大小）、前置放大器增益控制和滤波器增益等的选择。

1）频带增益的选择（用于对机加工刻痕的校准）。每一频带的总的灵敏度可用调整频带增益予以增大或减小。每一频带可以有它自己的调整了的增益，或者所有三个频带均具有同样的增益电平。

2）前置放大器增益调整（用于对机加工刻痕的校准）。前置放大器增益选择器用于补偿对应于不同的钢管直径和壁厚的刻痕信号的强度变化。较大的前置放大器增益选择数对应于产生较弱信号的直径较小或管壁较厚的钢管。相反，较小的前置放大器增益选择数对应于产生较强信号的直径较大或管壁较薄的钢管。

3）滤波器值的选择（用于对机加工刻痕的校准）。通常滤波器值的选择用于补偿与不同的钢管直径和壁厚对应的内径刻痕频率（Hz）变化。较小的滤波器值对应于产生较低频率的内径刻痕信号的直径较小或管壁较厚的钢管。相反，较大的滤波器值对应于产生较高频率的内径刻痕信号的直径较大或管壁较薄的钢管。

4）磁化电流的调整（用于对机加工刻痕的校准）。磁化电流是无法适应所有的钢管产品的。产品中磁化电流的强度依赖于质量（壁厚和直径）和金属成分（等级）。必须为每一种产品等级、壁厚和直径决定一个磁化电流。确定磁化电流的一般原则是：应用在内径获得可用的缺陷信号所必须而又不会掩蔽外径缺陷信号的最低磁化电流。

系统调整——用于对自然缺陷的标准化

1）被检验的钢管产品应与参考样管具有相同的外径、壁厚及缺陷等级。

2）标准化处理的目标是建立对自然缺陷的适当的检测灵敏度（即设备的动态调整）。

3）标准（校准）用的样管上的机加工刻痕为已知形状和位置，而钢管产品内的自然缺陷可以是不同形状并可在钢管壁厚内任何地方发生。同样的，机加工刻痕具有已知的长度、深度和宽度，自然缺陷可有不同的长度、深度和宽度。自然缺陷的取向相对于磁通方向和检测器取向可为不同的相对位置。这样一些条件可能要求对一些系统控制作独特的调整以求对钢管产品内的自然缺陷进行适当的检测。

4）调整方法。频带增益的精确调整（调整增益）；缺陷标志系统的动作电平的调整（报废阀门的调整）。

四、漏磁探伤设备的常见故障及处理

（一）主机小车不能正常进、出

可能原因是主机轨道被异物阻塞；齿轮链条故障；操作台控制 IN/OUT 开关为断开位置；主机接线立柱处的 IN/OUT 断路器为 OFF 位置；横移电机故障；小车底轮轴承损坏。

故障处理方法是清除主机轨道异物；检查齿轮链条是否脱落或断开；将操作台控制 IN/OUT 开关打到相应位置；将主机接线立柱处的 IN/OUT 断路器打到 ON 位置；更换或修理横移电机；更换新的小车底轮。

（二）主机小车不能正常升/降

可能原因是操作台控制升/降的开关为断开位置；齿轮链条故障；主机接线立柱处的升/降断路器为 OFF 位置；升降电机故障。

故障处理方法是将操作台控制升/降开关打到相应位置；检查齿轮链条是否脱落或断开；将主机接线立柱处的升/降断路器打到 ON 位置；更换或修理升降电机。

（三）夹送辊故障

故障现象是自动过管时，夹送辊位置过低，钢管撞击夹送辊；在自动控制下，显示值在夹管时高于管外径；在自动控制下，显示值在夹管时和实际值相差不合理，由手动打自动后，自动位有变化；在自动控制下，显示值为异常。

故障原因和处理方法是：1 和 2 为联轴器松动，紧固即可；手动调联轴器，显示值跃变时为编码器坏，若是编码器坏了更换即可；线断或编码器坏，更换线或编码器即可。

（四）励磁电源故障

故障现象是 AMALOG、SONSCOPE，24V 电源前面板得电指示灯显示无电；指示有电，电流表指示为 0，电压表有显示，24V 亦同；一上电就跳或无法正常工作（在电流限幅最小，电压限幅最大时）。

故障处理方法是柜后保险烧了，同时调电压限幅到一半，24VDC 原因较多；柜后保险烧，AMALOG 烧：查线圈电阻，滑环和碳刷脏造成，清理滑环和刷握；在检查滑环正常的情况下，更换电源。

（五）编码器故障

故障现象是自动过管时，夹送辊位置过低，钢管撞击夹送辊；在自动控制下，显示值在夹管时高于管外径；在自动控制下，显示值在夹管时和实际值相差不合理，由手动打自动后，自动位有变化；在自动控制下，显示值异常。

故障原因为联轴器松动；手动调联轴器，显示跃变时为编码器坏；线断或编码器坏。

（六）SON 探头不动作

可能原因是无压缩空气；气动件损坏；主机处电气信号与气动件连接处的航空插头

脱落。

故障处理方法是恢复压缩空气供给；更换损坏的气动件；将航空插头插上并拧紧。

（七）探伤误报

可能原因是死机；探头损坏；航空插头脏或松动、滑环脏；相关滤波板损坏。

故障处理方法是关断所有电源，冷启计算机系统；更换损坏探头；清理航空插头并拧紧、清理滑环；更换相关损坏的滤波板。

五、涡流探伤中各参数的设定和调整

在完成探伤的技术准备工作之后和开始正式的涡流探伤之前，需要调节仪器和设备，选定如下技术参数。

（1）检测频率的选择。依据涡流渗透深度和检测灵敏度和检出缺陷的阻抗特性进行选择。

（2）激励电流的选择。有些仪器的激励电流设置为可调方式，根据探伤灵敏度要求、工件大小、填充系数和提离间隙等适当选择激励电流。一般来说，增加激励电流可以增大灵敏度。

（3）灵敏度的确定。在涡流探伤中，灵敏度以能够检出的最小缺陷尺寸表示。在不考虑信噪比的情况下，影响探伤灵敏度的直接因素是仪器的放大倍数。探伤时灵敏度的调整是用带有标准人工伤的对比试样作为参考基准的。在用对比试样调整、设定灵敏度时，应采用与实际探伤相同的激励频率、激励电流、磁饱和电流、工件传输速度等。如果仪器有相位和滤波调节功能，也应将它们事先设定好，因为各种检测信号是随着检波和滤波处理的不同而变化的。所以，灵敏度的最后设定应在其他检测条件和参数设定、调节完成之后进行。

（4）相位的设定。这里的相位，是指仪器进行相敏检波的移相器的相位角。检波相位的设定，通常是在适当的灵敏度下，采用对比试样反复地改变相位角进行试验。相位的选择应以能够最有效地检出对比试样上的人工缺陷为好。现代涡流探伤仪器都具有矢量光点显示，可以很快找到最佳相位。

（5）滤波方式的选择和滤波器挡位的设定。选择滤波方式和设定滤波器挡位，是在一定速度下使用对比试样进行研究的校准试验中，使人工缺陷的信号达到最大信噪比。有些涡流仪同时具有高、低、带通三种滤波方式。对于滤波功能较全的仪器，首先应确定使用哪种滤波方式。一般来说，低通滤波适用于静态和速度较慢的动态探伤，如手工探伤；带通滤波适用于速度恒定或速度波动不大的动态探伤，冶金行业中的在线和离线自动化探伤大多使用带通滤波方式；高通滤波适用于速度较快且速度波动较大的动态探伤，如高速线材的在线探伤。

（6）报警电平的设定。报警电平是衡量检测信号幅值大小的门限。一般门限值的高低可以调节，以适应不同的被检对象、不同探伤方法和不同探伤标准的需求。

（7）探伤速度的确定。从原理上讲，涡流探伤对速度没有严格的限制，有时可以达到很高的速度。但是速度增高时，工件传输中的振动往往较大，处理不好会带来较大噪声，使信噪比降低，影响探伤的可靠性。在进行自动探伤时，如果检测速度达到每秒钟数米以上时，还应考虑到对检测灵敏度的影响。

（8）磁饱和电流的设定。磁饱和线圈中通入的直流电流强度，需根据被探工件的材质、形状及大小来设定。磁饱和电流的设定原则是它产生的直流磁化场强度能有效克服磁噪声对涡流探伤的影响。

【知识学习】

一、矫直

轧管厂精整作业区生产线上安装有两台矫直机，主要作用是对来料钢管进行矫直，消除钢管在轧制、运输、热处理和冷却过程中产生的弯曲，使钢管直度符合相关要求，同时起到对钢管归圆的作用，保证管端及钢管外表面质量。矫直机的结构由主机和辅助设备组成。

（一）主机设备

主机设备包括机架、主传动装置、辊间距调整装置、角度调整装置、快开装置、矫直辊、液压站和控制系统等。

（1）机架。由上下两部分组成，由六根立柱支撑。均由钢结构构成。上部装有三套间距调整装置、三套角度调整装置，出口辊装有一套快开装置；下部安装有三套角度调整装置，入口、中间辊分别各安装有一套快开装置，中间上辊的间距调整装置与下部的离合器由一根传动轴连接完成矫直机的挠度调整。矫直辊安装在六根立柱中间。

（2）主传动装置。每台矫直机都有两套传动装置。分别用于传动3个上辊和3个下辊，传动装置与轧制轴线呈30度角布置。每一套传动装置包括一台电机、一台三路减速机（减速比约1:8）、3个万向接轴组成。

（3）间距调整装置。由调整电机带动蜗轮蜗杆，使调整丝杠旋转，从而带动矫直机上转鼓上下移动，达到调整辊间距的目的。调整中间辊挠度时，离合器闭合，传动轴带动上下辊同时上下移动，使挠度增加或减少。间距调整完毕后，由消除间隙液压缸锁紧，减少在矫直过程中上辊对丝杠的冲击。

（4）角度调整装置。矫直机的6个辊都可进行角度调整。分别由液压马达带动丝杠，使丝杠带动转鼓平台在一个角度范围内转动。角度调整完毕后，由每个平台上的两个液压锁紧缸将平台角度位置固定。

（5）快开装置。在入口、中间下辊和出口上辊都装有快开液压缸，液压缸与转鼓平台相连，可使装在平台上的矫直辊快速闭合、打开。快开装置有利于钢管在矫直时顺利咬入，同时可避免钢管在矫直过程中，矫直辊对钢管端部的碰伤。

（6）矫直辊。是钢管矫直的重要工具，由高铬钢为材料加工制成，根据产品大纲，用双曲线的方法设计辊面曲线。

（7）液压站。每台矫直机由一台液压站提供动力，主要用于矫直辊快开装置、角度调整装置和消除间隙液压缸。

（二）辅助设备

辅助设备包括入口升降辊道、出口升降辊道、接料钩等。

（1）入口升降辊道。由 7 个运输辊和 U 形半封闭护板组成，前 4 个、后 3 个运输辊分别由一个液压缸带动连杆使其升降。辊道设置为升降形式，主要是杜绝钢管在矫直过程中辊道对钢管表面的划伤。

（2）出口升降辊道。由一个封闭的巷道和八个运输辊组成，由一个液压缸通过连杆带动运输辊道一起升降。封闭巷道的侧面是一个由液压缸开启的门，用于矫直后钢管从侧门放出。

（3）接料钩。由一组 L 形的钩子和一个液压缸构成，目的是接住从出口侧门放出的钢管并把钢管放到探伤吹灰台架上。

（三）矫直原理

矫直作用主要是通过一对向上调节的中间辊来得到的，由此产生管子的纵向反复弯曲，与此同时每对矫直辊还对钢管施加一定的压力，使钢管横截面发生椭圆变形；这种椭圆变形、弯曲变形叠加，促使钢管在变形过程中有一个拉得比较开的塑性变形范围。矫直过程中，管子的每个横截面在这一塑性范围内连续多次地横向来回弯曲，同时弯曲变形逐渐减小，达到钢管被矫直的效果。

（1）冷变形是软化过程小，硬化过程很强的变形过程。冷变形的温度范围是其熔点绝对温度 0. 25 倍以下，基本是在室温下完成的。由于温度低于 0. 25T 熔时发生恢复很小，硬化在整个塑性变形过程中主导作用，因而冷变形时金属抗力指标随着所承受的变形程度的增加而持续上升。塑性指标则随着变形程度增加而逐渐下降，表现出明显的硬化现象，当积累的冷变形量过大时，在金属达到所要求的形状和尺寸以前，将因塑性变形能力的“耗尽”而产生破断。因此，材料的冷变形工作一般要进行多次，每次只能根据材料本身的性质及具体的工艺条件完成一定数值的总变形量，而且各次冷变形中间，需要将硬化了的、不能继续变形的坯料进行退火以恢复塑性。

冷变形的优点是所得到的制品表面光洁、尺寸精确、形状规整。恰当选择冷变形—退火循环时，可以得出具有任意硬度的产品。这是热变形很难实现的。

（2）包辛格效应。多晶体金属在受到反复交变的载荷作用时，出现塑性变形抗力降低的现象，称包辛格效应，如图 6-9 所示。

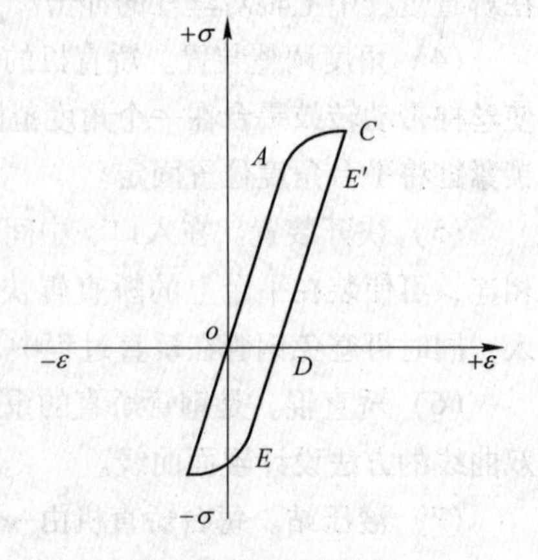

图 6-9 包辛格效应

显示包辛格效应时，所得到的应力变形曲线的例子，拉伸时材料的原始屈服应力在 *A* 点，若对此材料进行压缩时，其屈服应力也与它相近（在点线的 *B* 点），以同样的试样使其受载荷超过 *A* 点而至 *C* 点，卸载后将沿 *CD* 线返回至 *D*，若在此时对它施以压缩负荷，则开始塑性变形将在 *E* 点，*E* 点的应力明显地比原来受压缩材料在 *B* 点屈服应力低，这个效应是可逆的，若原试样经塑性压缩再拉伸时，同样发生屈服应力降低的现象。

实际上，当连续变形是以异号应力来交替进行时，可降低金属的变形抗力，用同一符号的应力而有间隙地连续变形时，则变形抗力连续地增加。

（包辛格效应仅在塑性变形不太大时才出现。如黄铜是在给予4%以下的塑性变形时才出现明显的包辛格效应，对于硬铝则小于0.7%。）

（3）在钢管矫直的过程中，它的变形有轴向变形和径向变形，但是它的变形是复杂的。

1）纵向弯曲分析。纵向弯曲矫直是使钢管产生与弯曲相反方向的塑性变形来达到矫直弯曲的目的，而不弯曲的管子断面只产生弹性变形，塑性变形区占支撑距的40%长度。

2）横向压扁效应。横向压扁及通过叠加椭圆压扁变形来达到矫直的目的。在矫直截面中产生如图6-10中 *BCDE* 的塑性区。这对矫直效果是非常重要的，因为弯曲矫直不能使截面全部为塑性区，利用压扁变形来补偿。另外，对局部弯曲、管端弯曲、纵向弯曲矫直效果很差，必须是纵向弯曲和压扁的共同作用才能达到满意的矫直效果。（注：提高钢管壁厚精度可提高钢管的抗压溃性能，矫直时，钢管压扁会在钢管中产生交变的切向应力，由于包辛格效应和残余应力的作用而使钢管强度降低。因此钢管的矫直要严格控制钢管的压扁量。）

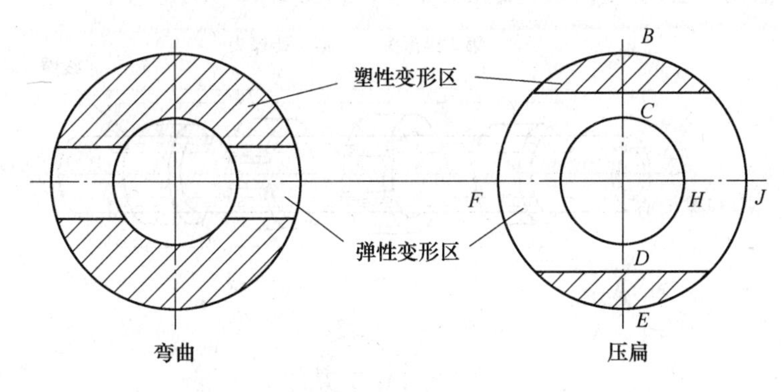

图6-10　变形原理图

3）螺旋接触带。矫直时钢管螺旋前进，钢管与矫直辊的螺旋接触带必须沿钢管全长覆盖。如图6-11所示，必须建立螺旋接触带与矫直辊倾角、矫直辊数量和矫直辊间距等的关系，使钢管每一断面均受到压扁产生椭圆效应，得到矫直效果。

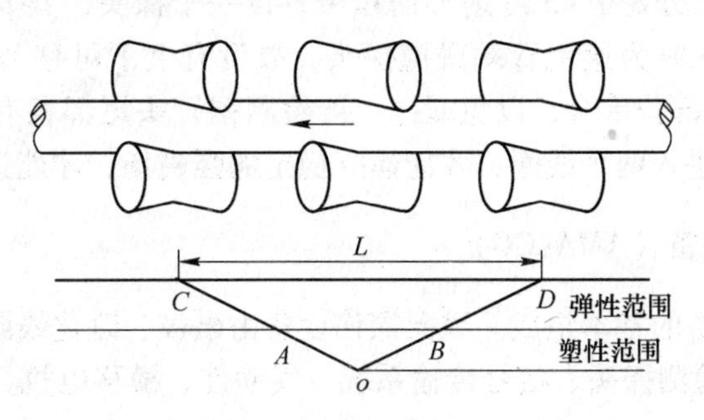

图6-11　矫直原理图

对于对向布置的六辊矫直机它除利用弯曲矫直（通过提高中间下辊高度）外，在上下两个矫直辊之间还给予一个径向压力。如果设两端矫直辊的距离为 L，则在 L 的范围内，包括弹性变形区和塑性变形区两部分。一般情况下，塑性变形区为 L 的 40%，即钢管沿 COD 曲线弯曲。但是 CA 和 BD 部分的钢管处于弹性变形区，所以钢管没有得到任何矫直，只有在 AOB 范围内，钢管由于发生塑性变形而得到矫直，而在 O 点的变形量最大，应该在此点（即中间辊）给钢管一个与它的原始曲率相同或稍大一点的弯曲曲率，使钢管得以矫直。

二、漏磁探伤

预精整区探伤设备是从美国 TUBOSCOPE 公司引进的漏磁探伤机组，主要包括纵向探伤设备（AMALOG）、横向探伤设备（SONOSCOPE）、夹送辊装置及集中传动辊道（国内、变频调速）等。采用漏磁探伤原理，检查钢管纵向内外表面缺陷和横向内外表面缺陷。

（一）横向探伤设备（SONOSCOPE）

（1）横向探伤设备的基本组成。横向探伤设备主要由导向套、磁化线圈、检测探头、信号传输系统、气动件、横移电机、升降电机及主机平台组成。

（2）横向探伤设备的工作原理及探头布置，如图 6-12 所示。

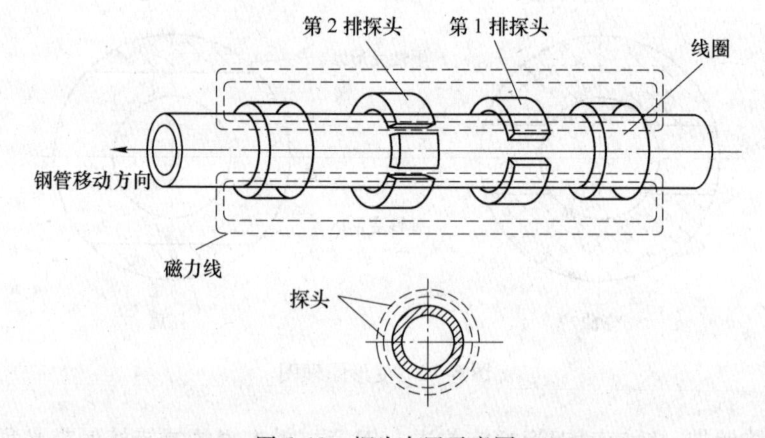

图 6-12　探头布置示意图

首先要有一个沿钢管纵向轴的磁力线的强磁场。为此需两个（或 3 个）磁化线圈。探头布置在沿钢管圆周，分 8 个 45 度扇形面积中各设一个探头，共 8 个分两排，与钢管外表面接触。当管端进入时为避免管端碰撞探头，故设有上下可移动的探头悬挂装置（气动）。各相邻探头有一部分重合，以免漏探。被检测钢管头尾部各有一段盲区，因为如图 6-12 所示，只有钢管进入两个线圈，才能建立稳定的强磁场，才能进行探伤。

（二）纵向探伤设备（AMALOG）

（1）纵向探伤设备的基本组成。纵向探伤设备由磁极、磁化线圈、旋转体、滑环、旋转电机、润滑系统、检测探头、信号传输系统、气动件、横移电机、升降电机及主机平台组成。

（2）纵向探伤设备的工作原理及探头布置。如图6-13所示，AMALOG载入稳定的直流电源，设备中产生一恒定磁场，磁力线的方向固定，当铁磁性无缝钢管进入设备中，磁力线在钢管管壁沿周边均匀分布。

如果钢管管体有纵向缺陷会对磁力线的传播造成阻碍，由于磁力线的连续性，磁力线将绕过形成障碍的缺陷在钢管表面形成磁桥。设备的两个探头跟随设备一同绕钢管旋转，每个探头中的线圈平行于钢管表面，一旦有缺陷存在线圈切割磁桥，在线圈中便产生感应电动势。这个感应电动势的大小取决于线圈切割磁桥处的磁通量，即由缺陷的大小决定。外表面缺陷会产生比较尖锐的磁桥而产生较高的感应电动势频率，内表面形成的磁桥还要经过管壁，所以在表面处生成的磁桥比较平缓感生出的感应电动势频率较低，如图6-14所示。探头检测出的电信号经过放大和信号处理，根据感应电动势频率的高低可以分辨并确认缺陷是内伤或是外伤然后在显示器上显示出来并可配合声光报警，同时可以转化为模拟数字量打印出来便于操作人员核查。

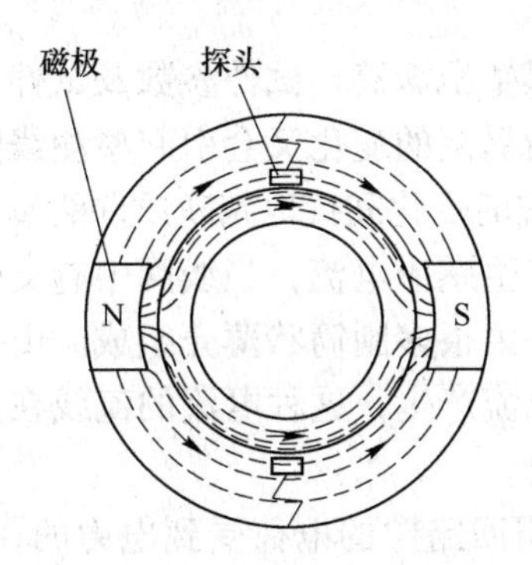

图6-13　纵向工作原理示意图

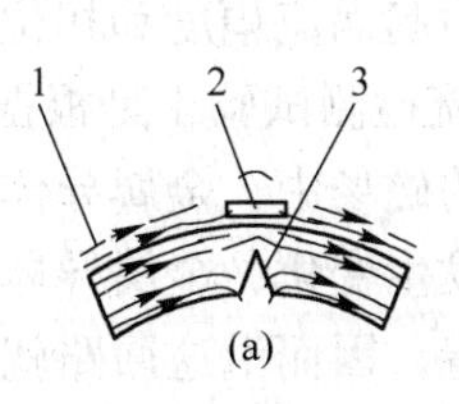

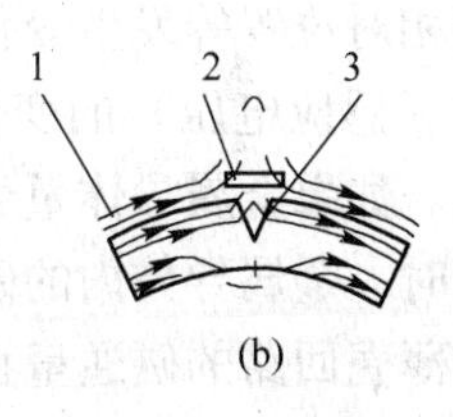

图6-14　缺陷及磁桥示意图
1—磁场；2—探头；3—缺陷

（三）工艺说明

漏磁探伤技术是根据铁磁性材料外表面或内表面存在缺陷处产生漏磁的原理来检测工件缺陷。固定式漏磁探伤装置（SONOSCOPE）用来检测钢管的横向缺陷，旋转式漏磁探伤装置（AMALOG）用来检测钢管的纵向缺陷。两套装置安装于同一条传送辊道上，通过计算机控制来实现连续地、自动地、无破坏地检测铁磁性无缝钢管内、外壁的横向和纵向缺陷，并根据缺陷的位置和大小（当量）喷记不同颜色的标记。

（四）漏磁探伤原理

漏磁探伤技术是根据铁磁性材料表面或内部存在缺陷会使空间磁场分布改变的原理来检测其缺陷的存在。（铁磁性材料或工件磁化后，在表面和近表面的缺陷处磁力线发生变形，逸出工件表面形成可检测的漏磁场。）

漏磁的产生，把一铁磁性工件置于恒定磁场中，它将被磁化，若在材料均匀和无缺陷的情况下，通过工件横截面的磁力线将是均匀分布的。假如在材料中存在缺陷，例如裂纹，那么在缺陷处的磁阻将增大，此时，磁力线将分成三部分，其中一部分继续保持原来的路径，通过缺陷（尽管磁阻很大）；第二部分则绕过缺陷，从缺陷以外的其他横截面通过；而第三部分，则从材料中逸出进入空气当中，从空气中绕过缺陷又回到材料中，这种磁力线逸出材料表面的现象称为“漏磁”，如图 6-15 所示。

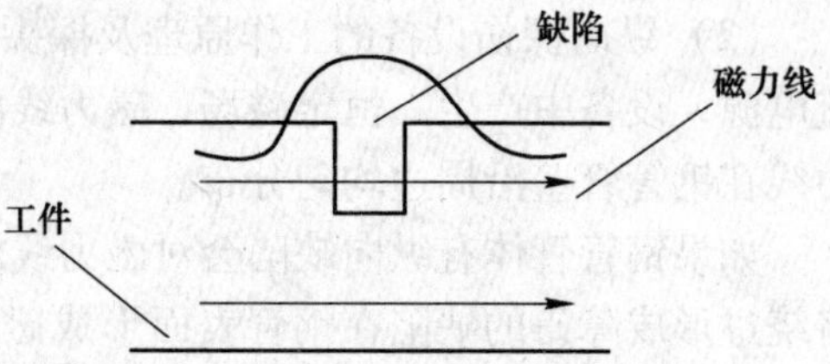

缺陷
磁力线
工件

图 6-15 漏磁

（五）漏磁探伤方法的局限性

只对铁磁性材料（材料或其合金）有效；材料必须被磁化到饱和或接近饱和；需要大的磁化电流；为了满足检验条件的要求，固定或旋转磁场的磁路形状常常很复杂。

三、涡流（ET）检测

（一）涡流检测原理

在涡流检测中，试件在检测线圈交变磁场作用下，感生出涡流。试件参数及试件和线圈相对位置等发生变化时就引起涡流幅度和相位变化，而涡流的变化又会引起检测线圈阻抗（感应电压）的变化。涡流检测试验正是根据线圈阻抗的变化间接地判断试件的质量情况。如果金属导体量于变化的磁场中，金属导体内也要产生感应电流，当线圈中有交变电流时，金属导体内的磁通量发生变化，金属导体可看成是由很多圆筒状薄壳组成。由于穿过薄壳回路的磁通量在改变着，因而沿这回路就有感应电流产生，这种电流的流线在金属导体内自行闭合呈旋涡状，所以称之为涡电流，简称涡流。

在电磁感应现象中，闭合回路中出现感应电流，说明回路中的电荷受到电力的作用，可见，磁场的变化在回路中激发了电场，通常称为感生电场（或涡流电场）所以说，电磁感应就是变化的磁场产生电场的现象。

（二）涡流的趋肤效应

处于变化磁场中的导体在磁场作用下，导体中会形成涡流而涡流产生的焦耳又使电磁场的能量不断损耗，因此在导体内部的磁场是逐渐衰减的，表面磁场强度大于深层的磁场强度。又涡流是由磁场感应产生的，所以在导体内磁场的这种递减性自然导向涡流递减性。我们把这种电流随着深度的增加而衰减，明显地集中于导体表面的现象称为趋肤效应。

我们知道涡流是由磁场感应产生的，既然导体的磁场呈衰减分布，可以料想，涡流分布也不会均匀。导体内的磁场强度和涡流密度呈指数衰减，衰减的快慢取决于导体的 μ、σ 及交变磁场的 f。

为了说明趋肤效应的程度，我们规定磁场强度和涡流密度的幅度降至表面值的 1/e（约为 37%）处的深度，称作渗透深度，用字母 δ 表示：

$$\delta = 1/\sqrt{\pi\mu\sigma f} \tag{6-1}$$

工程上经常采用的渗透深度公式是：

$$\delta = \frac{5.033}{\sqrt{\mu_r \sigma f}} \tag{6-2}$$

式中 μ_r——相对磁导率，无量纲；

σ——电导率，S/m（1/μΩ·cm）；

f——频率，Hz；

δ——渗透深度，cm。

结论：导体内的磁场和涡流衰减很快，在渗透深度处磁场强度和涡流密度只有导体表面的1/e（约37%），幅值较大的磁场和涡流都集中在导体的渗透深度范围以内。导体渗透深度以下分布的磁场强度和涡流密度均较小，但并非没有磁场和涡流存在。渗透深度是一个很重要的参数。

在涡流检测中，缺陷的检出灵敏度与缺陷处的涡流密度有关。导体表面涡流密度最大，具有较高的检出灵敏度；深度超过渗透深度，涡流密度衰减至很小，检出灵敏度就较低。只要降低频率，就能获得较大的渗透深度。

相位滞后是描述导体内磁场和涡流的另一个重要物理量。

$$\theta = -x\sqrt{\pi\mu\sigma f} \tag{6-3}$$

式中，θ 的单位是弧度（rad），$\delta = 1/\sqrt{\pi\mu\sigma f}$。

$$\theta = -\frac{x}{\delta} \tag{6-4}$$

当 x 等于渗透深度 δ 时，相位滞后量为一个弧度或57.3°，也就是说在渗透深度处的磁场和涡流的相位，比表面处的磁场和涡流的相位落57.3°。需要注意的是，这里的相位滞后不应与交流电路中电压和电流的相位差概念混淆。事实上，导体中的感应电压和感受应电流随着深度的变化都存在相位滞后现象。

相位滞后在涡流检测信号分析中起着重要作用。在涡流探伤中，由于不同深度位置的缺陷处的涡流存在着相位滞后，故而这些涡流在检测线圈中感应的缺陷信号就会产生相位上的差。根据信号相位与缺陷位置之间的对应关系，我们可对缺陷的位置进行判定。

（三）涡流探伤仪

（1）工作原理。信号发生电路产生交变电流供给检测线圈，线圈的交变磁场在工件中感生涡流，涡流受到试件材质或缺陷的影响反过来使线圈阻抗发生变化，通过信号处理电路，消除阻抗变化中的干扰因素而鉴别出缺陷效应，最后显示出探伤结果。

仪器具备三个基本功能　产生交变信号；识别缺陷因素；指示探伤结果。不论涡流探伤仪的组成方式如何，均应具备以上功能。

（2）涡流探伤仪原理框图：

信号发生电路 → 检测线圈 → 放大电路 → 信号处理电路 → 指示电路

（3）涡流探伤仪的信号处理方法：包括相位分析法、调制分析法、幅度分析法等。

相位分析法—是在交流载波状态下，利用伤的信号和噪声信号相位的不同来抑制干扰和检出缺陷的方法。

调制分析法—是利用伤信号与噪声信号调制频率的不同来抑制干扰和检出缺陷的方法。

幅度分析方法—是利用伤信号与噪声信号幅度上的差异来抑制干扰和检出缺陷的方法。

（四）探伤中各参数

在完成探伤的技术准备工作之后和开始正式的涡流探伤之前，需要调节仪器和设备，选定如下技术参数：检测频率；激励电流；灵敏度；相位；滤波方式和滤波器挡位；报警方式和报警电平；探伤速度；磁饱和电流强度；标记的延迟时间。

【思考与练习】

6-2-1 矫直的工艺内容?

6-2-2 漏磁探伤的原理与设备。

6-2-3 涡流探伤的原理与设备。

材料成型与控制技术专业

《钢管生产》学习工作单

班级：　　　　　小组编号：　　　　　日期：　　　　　编号：

组员姓名：

实训任务：钢管精整工艺与操作
相信你：在认真填写完这张实训工单后，你会对钢管精整有进一步的认识，能够站在班组长或工段长的角度完成精整的任务。
工艺基本知识： 实训任务：根据所给工艺流程图（见图 6-16），分析钢管精整过程中的重要工序。 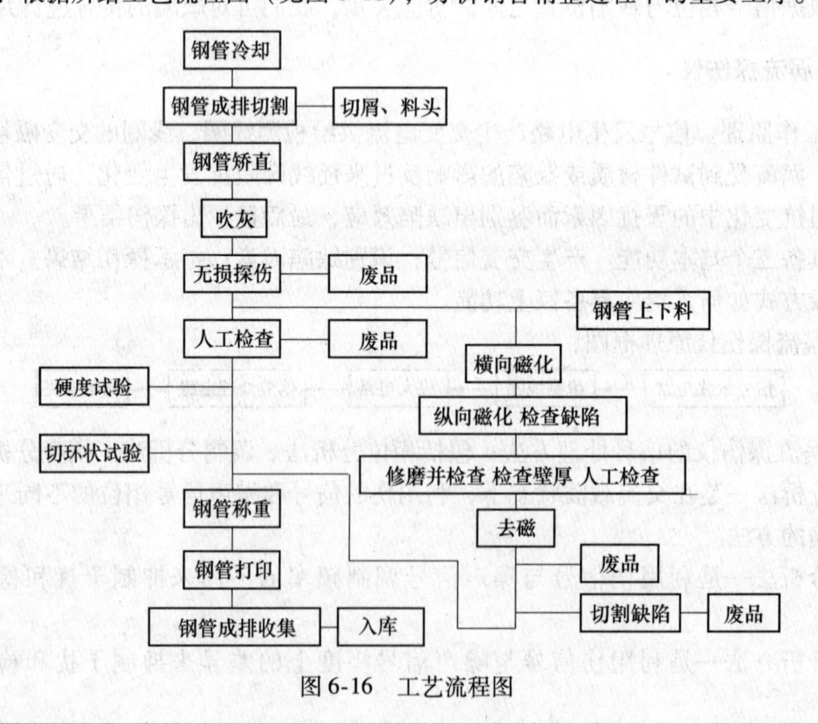 图 6-16 工艺流程图

工艺技能训练：

1. 请编制锯切的简明技术规程。

2. 矫直工艺的简要技术规程的编制。

精整设备调整：

请根据步进梁冷床步进动作图（见图6-17）给出一个周期内钢管的前移距离。

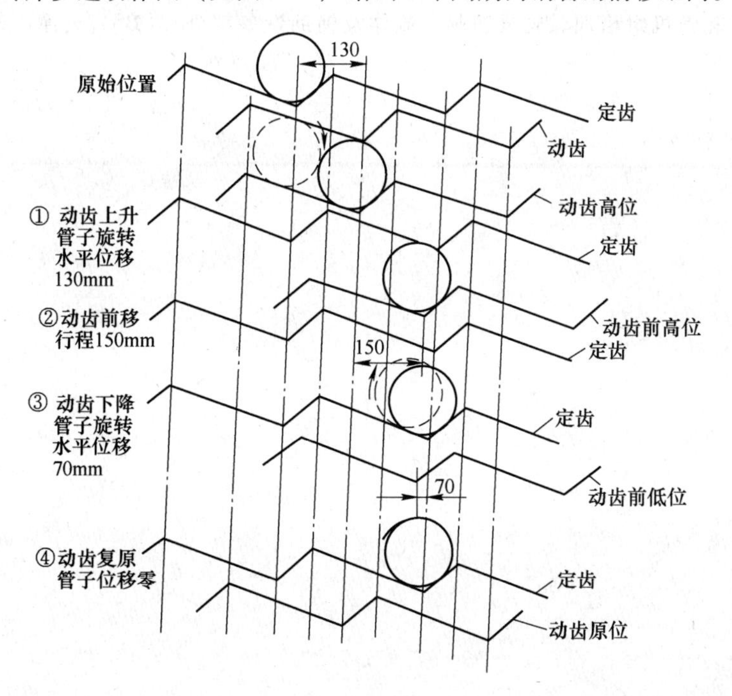

图6-17　步进梁冷床

教师评语	

成绩根据课程考核标准给出：

参考文献

[1] 李国祯．现代钢管轧制与工具设计原理［M］．北京：冶金工业出版社，2006.
[2] 严泽生．现代热连轧无缝钢管生产［M］．北京：冶金工业出版社，2009.
[3] 李群．钢管生产［M］．北京：冶金工业出版社，2008.
[4] 双远华、梁爱生．钢管生产技术问答［M］．北京：化学工业出版社，2009.
[5] 高秀华．钢管生产知识问答［M］．北京：冶金工业出版社，2007.
[6] 曲克．轧钢工艺学［M］．北京：冶金工业出版社，2005.
[7] 双远华．现代无缝钢管生产技术［M］．北京：化学工业出版社，2008.
[8] 王先进．钢管连轧理论［M］．北京：冶金工业出版社，2005.
[9] 钟锡弟．钢管生产基础知识问答［D］．天津：天津市无缝钢管厂热轧车间，1991.
[10] ϕ219mm 限动芯棒阿塞尔轧管机组［D］．天津：天津钢管集团股份有限公司，2006.
[11] ϕ250mm 限动芯棒连轧管机组［D］．天津：天津钢管集团股份有限公司，1991.
[12] 460 项目培训教材（工艺部分）［D］．天津：天津钢管集团股份有限公司，2006.
[13] ϕ140 Assel 轧管机组培训教材（工艺部分）［D］．天津：天津市无缝钢管厂，2006.
[14] ϕ140 Assel 轧管机组培训教材（机械、流体及辅助设备部分）［D］．天津：天津市无缝钢管厂，2006.

冶金工业出版社部分图书推荐

书　名	作　者	定价(元)
炼铁原理与工艺(第2版)(高职高专规划教材)	王明海　主编	49.00
轧钢机械设备维护(高职高专规划教材)	袁建路　主编	45.00
起重运输设备选用与维护(高职高专规划教材)	张树海　主编	38.00
轧钢原料加热(高职高专规划教材)	戚翠芬　主编	37.00
型钢轧制(高职高专规划教材)	陈　涛　主编	25.00
炼钢设备维护(高职高专规划教材)	时彦林　等编	35.00
天车工培训教程(高职高专规划教材)	时彦林　等编	33.00
炉外精炼技术(高职高专规划教材)	张士宪　等编	36.00
电弧炉炼钢生产(高职高专规划教材)	董中奇　等编	40.00
金属材料及热处理(高职高专规划教材)	于　晗　等编	33.00
有色金属塑性加工(高职高专规划教材)	白星良　等编	46.00
冶金生产计算机控制(高职高专规划教材)	郭爱民　主编	30.00
冷轧带钢生产与实训(高职高专规划教材)	李秀敏　等编	30.00
小棒材连轧生产实训(高职高专规划教材)	陈　涛　等编	38.00
塑性变形与轧制原理(高职高专规划教材)	袁志学　等编	27.00
冶金技术认识实习指导(高职高专实验实训教材)	刘燕霞　等编	25.00
中厚板生产实训(高职高专实验实训教材)	张景进　等编	22.00
冶金过程检测与控制(第3版)(职业技术学院教材)	郭爱民　主编	48.00
建筑力学(职业技术学院教材)	王　铁　等编	38.00
建筑CAD(职业技术学院教材)	田春德　等编	28.00
高炉炼铁工培训教程(培训教材)	时彦林　等编	46.00
连铸工试题集(培训教材)	时彦林　等编	22.00
转炉炼钢工试题集(培训教材)	时彦林　等编	25.00
转炉炼钢工培训教程(培训教材)	时彦林　等编	30.00
连铸工培训教程(培训教材)	时彦林　等编	30.00
高炉炼铁工试题集(培训教材)	时彦林　等编	28.00
初级轧钢加热工(培训教材)	戚翠芬　主编	13.00
中级轧钢加热工(培训教材)	戚翠芬　主编	20.00
地下采矿设计项目化教程(高职高专规划教材)	陈国山　等编	45.00
矿井通风与防尘(第2版)(高职高专规划教材)	陈国山　主编	36.00
炼钢生产操作与控制(高职高专规划教材)	李秀娟　主编	30.00
连铸生产操作与控制(高职高专规划教材)	于万松　主编	42.00
冶炼基础知识(高职高专规划教材)	王火清　主编	40.00
应用心理学基础(高职高专规划教材)	许丽遐　主编	40.00
自动检测和过程控制(第4版)(本科国规教材)	刘玉长　主编	50.00
炼铁设备及车间设计(第2版)(本科国规教材)	万　新　主编	29.00
金属材料工程认识实习指导书(本科教材)	张景进　等编	15.00